적중
TOP

소형선박
조종사

Contents

Contents

Contents

Contents

Information

01 시험개요

① 시 행 처 : 해양수산연수원

② 면허 개요 : 총톤수 5톤 이상, 25톤 미만의 소형선박을 운전하기 위하여 필요한 면허

③ 연관 면허

동력수상레저기구 조종면허	면허 취득을 위한 승무 경력 인정	소형선박조종사
	일반 2급, 요트조종면허 필기시험 면제	
	일반 2급, 요트조종면허 필기시험 면제	항해사·기관사·운항사

02 시험 응시 안내

① 응시 자격 : 응시 자격 제한 없음

② 응시원서 교부 및 접수장소

교부처		주소	전화번호
부산	한국해양수산연수원 종합민원실	49111 부산광역시 영도구 해양로 367 (동삼동)	콜센터 1899-3600
	한국해기사협회	48822 부산광역시 동구 중앙대로180번길 12-14 해기사회관	051) 463-5030
인천	한국해양수산연수원 인천사무소	22133 인천광역시 남구 주안로 115 (주안동) 전시문화빌딩 5층	032) 765-2335~6
인터넷	한국해양수산연수원 (홈페이지)	http://Lems.seaman.or.kr 민원서류다운로드(원서교부), 터넷 접수	051) 620-5831~4

※ 응시원서는 각 교부 및 접수처 또는 홈페이지에서 출력하여 작성하시기 바랍니다.

③ 원서접수

  1. 인터넷 접수 : 한국해양수산연수원 시험정보사이트(http://lems.seaman.or.kr)에 접속 후 "해기사 시험접수"에서 인터넷 접수

    ※ 준비물 : 사진 및 수수료 결제 시 필요한 공인인증서 또는 신용카드

  2. 방문접수 : 위의 접수장소로 직접 방문하여 접수사진 1매, 응시수수료

  3. 우편접수 : 접수마감일 접수시간 내 도착분에 한하여 유효 사진이 부착된 응시원서, 응시수수료, 응시표를 받으실 분은 반드시 수신처 주소가 기재된 반신용 봉투를 동봉하셔야 합니다.

Information

03 시험일정

① 정기시험

회	필기시험				면접시험	
	접수기간	필기시험	이의신청 기간	합격발표	면접시험	합격발표
1	3.2(화)~3.4(목)	3.13(토)	3.13(토)~3.15(월)	3.18(목)	3.20(토)	3.22(월)
2	6.1(화)~6.3(목)	6.12(토)	6.12(토)~6.14(월)	6.17(금)	6.19(토)	6.21(월)
3	8.24(화)~8.26(목)	9.4(토)	10.19(토)~10.22(월)	9.9(금)	9.11(토)	9.13(월)
4	11.2(화)~11.4(목)	11.13(토)	11.13(토)~11.15(월)	11.20(목)	11.20(토)	11.22(월)

② 상시시험 : CBT 시험으로 보통 월 2 ~ 3회 실시

04 시험과목과 내용별 출제비율

시험과목	과목내용	출제비율
항해	항해계기	24
	항법	16
	해도 및 항로표지	40
	기상 및 해상	12
	항해계획	8
	합계 (%)	100
운용	선체·설비 및 속구	28
	구명설비 및 통신장비	28
	선박조종 일반	28
	황천시의 조종	8
	비상제어 및 해난방지	8
	합계(%)	100
기관	내연기관 및 추진장치	56
	보조기기 및 전기장치	24
	기관고장 시의 대책	12
	연료유 수급	8
	합계 (%)	100
법규	해사안전법	60
	선박의 입항 및 출항 등에 관한 법률	28
	해양환경관리법	12
	합계 (%)	100

PART

01

항해 계기

01 항해 계기의 종류와 레이더

1-1 마그네틱(자기)컴퍼스의 분류와 구조

(1) 컴퍼스와 자기 컴퍼스(마그네틱 컴퍼스)의 특징

① 컴퍼스 : 자석을 이용해 자침이 지구 자기의 방향을 지시하도록 만든 장치로 <u>선박의</u> <u>침로나 물표의 방위를 측정하는 사용</u>

② 자기 컴퍼스(마그네틱 컴퍼스)의 특징 : 단독으로 작동이 가능, 전원 불필요, 구조가 간단하여 수리 및 관리가 쉬움, 비교적 가격이 저렴, 오차를 지니고 있으므로 반드시 수정하여야 함

(2) 마그네틱 컴퍼스의 종류

① 종류 : 건식 자기컴퍼스와 액체식 자기컴퍼스

② 선박에서는 액체식 자기컴퍼스를 주로 사용

(3) 마그네틱 컴퍼스의 구조

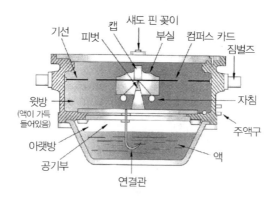

[마그네틱 컴퍼스의 볼 구조]

① 볼(Bowl) : 반자성 재료인 청동 또는 놋쇠의 용기로 주요 부품을 담고 있는 부분

② **컴퍼스카드(Compass card)** : 방위 눈금이 새겨져 있는 얇은 황동판(카드의 직경으로 컴퍼스 크기를 표시)

③ 캡(Cap) : 중앙에 사파이어가 끼어져 있으며 컴퍼스카드의 중심에 위치

④ 피벗(Pivot) : 캡에 꽉끼어 카드를 지지, 카드가 자유롭게 회전하게 하는 장치

⑤ 부실(Float) : 구리로 만들어진 반구체로 밑부분에 피벗이 들어감

⑥ **컴퍼스 액** : 에틸알코올과 증류수를 4:6의 비율로 혼합하여 비중이 약 0.95인 액, 점성 및 팽창계수의 변화가 작아야 함

⑦ 주액구 : 볼내 컴퍼스의 액을 보충하는 곳으로 주위의 온도가 15℃ 정도일 때 실시하는 것이 가장 좋음

⑧ **짐벌즈(Gimbals) = 짐벌링(Gimbal ring)** : 선박의 동요로 비너클이 경사져도 볼을 항상 수평으로 유지

⑨ **비너클(받침대, Binnacle)** : 목재 또는 비자성재로 만든 원통형의 지지대

    ㉠ **경사계** : 선체의 경사상태를 표시하는 계기

    ㉡ **상한차 수정구(quadrantal corrector)** : 컴퍼스 주변에 있는 일시 자기의 수평력을 조정하기 위하여 부착된 연철구 또는 연철판

    ㉢ 조명장치와 조정손잡이

    ㉣ 플린더즈 바 : 마그네틱 컴퍼스에 영향을 주는 선체 일시 자기 중 수직 분력을 조정하기 위한 일시 자석

    ㉤ B, C 자석 삽입구

⑩ **자침** : 자석으로 놋쇠로 된 관속에 밀봉

2018년 1 · 2차

01 자기컴퍼스에서 선박의 동요로 비너클이 기울어져도 볼을 항상 수평으로 유지시켜 주는 장치는?

    가. 피벗   나. 컴퍼스 액

    사. 짐벌즈   아. 섀도 핀

2017년 1차

02 육안으로 물표의 방위를 측정하는데 쓰이는 계기는?

    가. 컴퍼스   나. 항해기록장치

    사. 로란   아. 무선방향탐지기

03 자기컴퍼스에서 북을 0도로 하여 시계방향이므로 360등분 된 방위눈금이 새겨져 있고, 그 안쪽에는 사방점 밤위와 사우점 방위가 새겨져 있는 것은?

  가. 볼　　　　　　　　　　　　　나. 기선

  사. 짐벌즈　　　　　　　　　　　아. 컴퍼스 카드

  ▶ 컴퍼스 카드(compass card) : 360등분 된 방위 눈금이 새겨져 있고, 그 안쪽에는 사방점(N, S, E, W) 방위와 사우점(NE, SE, SW, NW)이 새겨져 있음

04 소형선에서 주로 사용하는 액체 자기컴퍼스의 액체 구성 성분은?

  가. 알콜과 증류수의 혼합액　　　나. 알콜과 염산의 혼합액

  사. 증류수와 염산의 혼합액　　　아. 증류수와 해수의 혼합액

05 자기컴퍼스에서 컴퍼스 주변에 있는 일시 자기의 수평력을 조정하기 위하여 부착되는 것은?

  가. 경사계　　　　　　　　　　　나. 플린더즈 바

  사. 상한차 수정구　　　　　　　　아. 경선차 수정자석

06 자기컴퍼스의 용도가 아닌 것은?

  가. 선박의 침로 유지에 사용　　　나. 물표의 방위 측정에 사용

  사. 선박의 속력 측정에 사용　　　아. 타선의 방위 변화 확인에 사용

1-2 마그네틱 컴퍼스의 오차

(1) 편차(variation, 偏差)

① 편차의 뜻 : 진자오선(진북)과 자기자오선(자북)이 이루는 교각으로 장소와 시간의 경과에 따라 변함

② 편동 편차(부호 E) : 자북이 진북의 오른쪽에 있을 때

③ 편서 편차(부호 W) : 자북이 진북의 왼쪽에 있을 때

④ 편차는 해도나 자침편차도에서 구함

(2) 자차(Deviation, 自差)

① 자차의 뜻 : 자기자오선(자북)과 자기첨퍼스의 남북선(나북)이 이루는 교각으로 선수방위에 따라 변함

② 선내 철기류 및 선체자기의 영향 때문에 발생

③ **편동자차**(부호 E) : 나북이 자북의 오른쪽에 있을 때

④ **편서자차**(부호 W) : 나북이 자북의 왼쪽에 있을 때

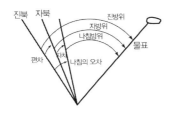

[편차, 자차, 나침의 오차 및 방위]

[편동편차, 편서편차]

(3) 자차가 변하는 경우

선수 방위가 바뀔 때(가장 큼), 지구상의 위치 변화, 선박의 경사(경선차), 적하물의 이동, 선수를 일정한 방향으로 장시간 두었을 때, 선체의 심한 충격, 동일한 침로로 장시간 항행 후 변침할 때, 선체의 열적인 변화, 나침의 부근 구조 및 나침의의 위치 변경, 지방자기의 영향을 받을 때(우리나라의 경우 청산도가 제일 큼), 낙뢰·발포·기뢰의 폭격을 받았을 때

(4) 자차 계수와 자차 측정

① **자차 계수** : 자차를 그 요인별로 분석하야 각각의 최대치를 계수로써 나타낸 것

② **자차 수정** : 자차를 없애는 것이 아니고 그 침로에서 자차를 최소화 하는 것, 자차계수를 최소로 하여야 함

③ **경선차**(heeling error) : 선체가 수평일 때는 자차가 0°라 하더라도 선체가 기울어지면 다시 자차가 생기는 수가 있는데, 이 때 생기는 자차

④ **자차 측정시 주의 사항**

　㉠ 컴퍼스 볼(Bowl) 내에 기포가 있으면 기포를 제거한 뒤 컴퍼스 액을 보충

　㉡ 볼의 중심이 비너클(Binnacle)의 중심선과 일치하는지 확인

　㉢ 컴퍼스 기선이 선수미선과 일치하는지 점검

　㉣ 컴퍼스 주변에 있는 자성체는 항해상태로 둠

　㉤ 연철구와 플린더즈바가 영구자기를 띠고 있는지 점검

플러스학습　**자기 컴퍼스 설치 시 유의사항**

• 선체의 중앙부분 선수, 선미 선상에 위치　　• 시야가 넓고 방위측정이 쉬운 곳에 위치

• 주위에 전류도체가 없는 곳에 위치　　• 선체 및 기관의 진동이 비교적 적은 곳에 위치

07 진북과 자북의 차이는?

가. 경차 나. 자차

사. 편차 아. 컴퍼스 오차

08 자북의 진북의 왼쪽에 있을 때의 오차는?

가. 편서 편차 나. 편동 자차

사. 편동 편차 아. 편서 자차

09 자차에 대한 설명으로 옳은 것은?

가. 선수 방향에 따라 자차가 다르다.

나. 선수가 180°일 때 자차가 최대가 된다.

사. 선수가 360°일 때 자차가 최대가 된다.

아. 선수가 090° 또는 270°일 때 자차가 최소가 된다.

10 자차를 변하게 하는 요인으로 볼 수 없는 것은?

가. 선체의 경사 나. 선수방위의 변화

사. 선저탱크 내로의 주수 아. 선체 내의 철구조물 변경

11 진침로는 070°이고 그 지점에서의 편차가 9°W, 자차가 6°E일 때 정침해야 할 나침로는?

가. 067° 나. 073° 사. 076° 아. 079°

▶ 편차나 자차가 W이면 더해주고, E이면 빼주면 된다. 070°(진침로) + 9°(편차) − 6°(자차) = 073°

12 자침방위가 069°이고, 그 지점의 편차가 9°E일 때 진방위는 몇 도인가?

가. 060° 나. 069° 사. 070° 아. 078°

13 자기컴퍼스 취급시 주의사항으로 옳지 않은 것은?

가. 기선이 선수미선과 일치하는지 점검한다.

나. 방위를 측정할 때는 자차만 수정하면 된다.

사. 볼 내의 기포는 제거해 주어야 한다.

아. 비너클 내의 수정용 자석의 방향이 정확한지 점검한다.

 07 사 08 가 09 가 10 사 11 나 12 아 13 나

1-3 자이로 컴퍼스(전륜 나침의)

(1) 자이로 컴퍼스(전륜 나침의) 특징

① 고속으로 회전하는 회전체(gyro, 로터)를 이용하여 지구상의 북을 알게 해 주는 장치

② 자기 컴퍼스에서 나타나는 편차나 자차가 없고 지북력도 강함

③ 방위를 간단히 전기 신호로 바꿀 수 있으므로 여러 개의 리피터 컴퍼스를 동작시킬 수 있음

④ 레이더, 통합항법장치, 선박자동식별장치(AIS) 등과 연동이 가능

⑤ 항상 전원이 공급되어야 하며 정상 가동되기까지 4시간 정도 소요

⑥ 양극 지방에서도 사용이 가능

(2) 자이로컴퍼스의 원리와 종류

① 방향보존성 : 자이로스코프를 경사지게 하더라도 회전체 축은 처음에 지시한 방향을 그대로 유지

② 세차운동 : 자이로축에 토크를 가하면 힘이 가한 방향의 90도 다른 방향으로 로터축이 회전하는 현상

③ 자이로컴퍼스의 원리 : 자이로 축의 수평 세차 운동과 제진 세차 운동이 합성되어 북을 가리킴

④ 종류
　　㉠ 경사제진식 : 로터축의 경사에 따라 힘을 가함
　　㉡ 방위제진식 : 지북작용과 시간차를 두고 힘을 가함

(2) 자이로컴퍼스의 구성

① 주동부
　　㉠ 자동으로 북을 찾아 정지하는 지북 제진 기능(북탐제진기능)을 가진 부분
　　㉡ 고속으로 회전 운동을 지속하는 회전체와 그 축에 알맞은 토크를 주는 토커(torquer)로 구성

② 추종부 : 주동부를 지지하고, 또 그것을 추종하도록 되어 있는 부분(컴퍼스 카드 부착)

③ 지지부 : 선체의 요동, 충격 등의 영향이 추동부에 거의 전달되지 않도록 짐벌즈 구조로 추종부를 지지하게 되며 그 자체는 비너클(받침대)에 의해 지지

④ 전원부 : 로터를 고속으로 회전시키는데 사용하는 전원을 담당

(3) 자이로컴퍼스의 오차가 생기는 원인

① 지반운동과 세차운동의 평형상태가 깨지면 오차가 생김

② 자이로컴퍼스 자체의 결함에 의한 것과 선박의 운동에 의한 것이 있음

(4) 자이로컴퍼스 오차의 종류

① 위도 오차(제진오차)

　　㉠ 제진 세차 운동과 지북 세차 운동이 동시에 일어나는 경사 제진식 제품에만 있는 오차

　　㉡ 적도 지방에서는 오차가 생기지 않으나, 그 밖의 지방에서는 오차가 생김

　　㉢ 오차는 위도 오차 수정기로 수정하거나 완전 자동식 수정 장치(일명 적분기)로 수정

② 속도 오차 : 항해 중 지면에 대한 상대 운동이 변함으로써 평형을 잃어 생기는 오차

③ 가속도(변속도) 오차 : 항해 중 선박의 속도나 침로가 변경되어 그 가속력이 컴퍼스에 작용하여 생기는 오차

④ 동요 오차 : 항해 중 선체가 요동할 때 생기는 오차

2018년 2차

14 경사제진식 자이로 컴퍼스에만 있는 오차는?

　가. 위도오차　　　　　　　　나. 속도오차
　사. 동요오차　　　　　　　　아. 가속도오차

2017년 3차

15 자이로 컴퍼스에 대한 설명으로 옳지 않은 것은?

　가. 고속으로 돌고 있는 로터를 이용하여 지구상의 북을 가리키는 장치이다.
　나. 자차와 편차의 수정이 필요없다.
　사. 방위를 간단히 전기신호로 바꿀 수 있다.
　아. 자기컴퍼스에 비해 지북력이 약하다.

2017년 3차

16 자이로 컴퍼스에서 자동으로 북을 찾아 정지하는 지북 제진 기능을 하는 부분은?

　가. 주동부　　　　　　　　　나. 추종부
　사. 지지부　　　　　　　　　아. 전원부

---

14 가　15 아　16 가

1-4 방위 측정기구

(1) 섀도 핀(shadow pin)

① 놋쇠로 된 가는 막대로 컴퍼스 볼 유리 덮개의 중앙에 핀을 세울수 있는 섀도핀꽂이가 있음

② 사용시 한쪽 눈을 감고 목표물을 핀을 통해 보고 관측선의 아래쪽의 카드의 눈금을 읽음

③ 주의 사항 : 가장 간단한 방위 측정법이지만 핀의 지름이 크거나 핀이 휘거나 하면 오차가 생기기 쉽고, 특히 볼이 경사된 채로 방위를 측정하면 오차가 생김

(2) 방위환

컴퍼스 볼 위에 끼워서 물표의 방위와 태양의 방위를 측정할 수 있는 기구

(3) 방위경

컴퍼스 볼 위에 장착하여 고도가 높은 천체나 물표의 방위를 정밀하게 방위 측정하는데 사용

(4) 방위반

방위환으로 방위를 측정할 수 없을 때 물표가 잘보이는 장소에서 방위를 측정할 수 있는 기구

1-5 선속계(측정의, log)

(1) 정의

선박에서 속력과 항주거리(항행거리) 등을 측정하는 계기

(2) 종류

① 핸드 로그(hand log) : 단위 시간당 풀려나가는 줄의 길이로 선속을 측정

---

② 패턴트 로그 : 선미에서 회전체를 끌면서 그 회전체의 회전수를 이용

③ 유압 선속계 : 동압관(pitot tube)의 원리를 이용

④ 전자 선속계 : 전자유도의 법칙을 이용

⑤ 도플러 선속계 : 초음파의 도플러 효과를 이용

⑥ 상관 선속계 : 2개의 독립 송수파기로 초음파의 지연 시간을 이용

(3) 전자 선속계

① '도체와 자기장이 상대적인 운동상태에 있을때 도체에는 기전력이 유지된다'는 페러데 이의 전자유도법칙을 응용(대수속력 표시)

② 자기장이 일정하면 기전력의 세기는 운동의 속도에 비례하며 이 기전력은 도체나 자 기장이 움직이면 발생

③ 구조 : 검출부(전압을 검출, 전극의 부식방지를 위해 아연판 부착), 신호 증폭부(전압 을 증폭하여 지시기로 보냄), 속력·항정 지시기(속력 및 항정을 나타냄)로 구성

(4) 도플러 선속계

① 항해 중인 선박이 해저로 발사한 음파와 반사되어 수신한 음파는 주파수차가 생기고 이것은 선박의 속도에 비례한다는 원리를 이용(대지 속력과 대수 속력을 측정)

② 구조 : 송신파를 송수파기에 보내는 송신부, 음파를 송수신하는 송수파기, 송수파기로 되돌아 온 미약한 신호를 증폭·검파하는 수신부, 수신부로부터 온 신호를 추적하여 처리하는 연산부, 연산부로부터 계산된 속력 및 항정을 표시하는 지시부로 구성

플러스학습　**항해 계기와 전원**

• 전원이 필요없는 계기 : 자기컴퍼스, 기압계, 쌍안경 등

• 전원이 필요한 계기 : 선속계, 레이더, 자이로컴퍼스, 음향측심기 등

2017년 2차

18 전자식 선속계와 관련이 없는 것은?

　가. 도체　　　　　　　　　　　나. 자기장

　사. 기전력　　　　　　　　　　아. 초음파

2017년 3차

19 전자식 선속계의 검출부 전극의 부식방지를 위하여 전극 부근에 부착하는 것은?

　가. 도관　　　　　　　　　　　나. 자석

　사. 핀　　　　　　　　　　　　아. 아연판

2018년 1차

20 전자식 선속계가 표시하는 속력은?

　가. 대수속력　　　　　　　　나. 대지속력

　사. 대공속력　　　　　　　　아. 각기속도

2017년 2차

21 전원(電源)이 있어야 사용할 수 있는 계기는?

　가. 기압계　　　　　　　　　나. 선속계

　사. 쌍안경　　　　　　　　　아. 자기컴퍼스

1-6　측심기(sounding machine, 측심의)

(1) 정의와 용도

① 수심을 측정하고 해저의 저질 상태 등을 파악하기 위한 장비

② 용도 : 어군의 존재 파악, 해저의 저질 상태 파악, 수로 측량이 부정확한 곳의 수심 측정(안전항해를 위해 사용)

(2) 종류

① 음향측심기

　㉠ 측심 원리 : 음파는 거의 일정한 속도로 진행한다는 등속성 원리를 이용하여 연속적으로 수심을 측정하는 장치

　㉡ 음향측심기 수심 계산 : Ds(선저에서 해저까지의 수심)=1500(수중에서 음파의 속도)×1/2t(음파가 진행한 시간)

② 핸드레드(Hand Lead, 측연) : 수심이 얕은 곳에서 사용하는 측심의로 래드(납)이 해저에 닿았을 때 그 길이로 수심을 측정

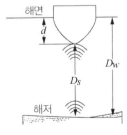

[측심 원리]

[핸드레드]

22 음향측심기에서 1분당 100번 측심하고 선박의 속력이 10노트라면, 연속한 두 측심지점의 거리는?

  가. 약 1m   나. 약 2m

  사. 약 3m   아. 약 5m

  ▶ 1노트(Knot)가 1시간에 1해리이므로 10노트(Knot)는 1시간에 10해리이니 18,520m
     18,520m ÷ 60분 = 308.6m
     308.6m ÷ 100 = 3.08m

23 음향 측심기의 용도가 아닌 것은?

  가. 어군의 존재 파악   나. 해저의 저질 상태 파악

  사. 선박의 속력과 항주 거리 측정   라. 수로 측량이 부정확한 곳의 수심 측정

24 아래 그림은 무슨 계기인가?

  가. 나침의   나. 선속계

  사. 양묘기   아. 핸드 레드

25 음파의 속도가 1,500m/s 일 때 음향측심기의 음파가 반사되어 수신한 시간이 0.4초라면 수심은?

  가. 75m   나. 150m

  사. 300m   아. 450m

  ▶ 수심(D) = 1,500m/s × 0.2sec = 300m

1-7 육분의(Sextant)

(1) 정의

지문 항법이나 천문 항법에서 연안 물표나 천체의 양각, 협각, 고도를 측정하는 계기

22 사 23 사 24 아 25 사

(2) 육분의의 구조

[육분의의 구조]

(3) 육분의의 오차

① 수정할 수 있는 오차

ㄱ 수직오차(제1 수정) : 동경이 기면에 수직이 아닐 때 생기는 오차

ㄴ 수평오차(제2 수정) : 수평경이 기면에 수직이 아닐 때 생기는 오차

ㄷ 기차(제3 수정) : 인덱스 바를 이동시켜 0°에 놓았을 때 수평경과 동경이 평행하지 않아서 생기는 오차

ㄹ 조준오차(제4 수정) : 망원경의 시축선이 기면에 평행이 아닐 때 생기는 오차

② 수정할 수 없는 오차

ㄱ 편심오차(중심차) : 호의 중심과 인덱스 바 회전의 중심이 일치하지 않기 때문에 생기는 오차

ㄴ 눈금오차 : 육분의의 호, 마이크로미터, 버니어 등에 새겨진 눈금의 부정확 때문에 생기는 오차

ㄷ 분광오차 : 차광 유리나 동경의 거울면이 고르지 않기 때문에 생기는 오차

2018년 2차

26 사용자에 의해 육분의에서 수정이 가능한 오차는?

가. 중심차   나. 분광오차   사. 눈금오차   아. 수직오차

1-8 기타 항해계기

(1) 시진의(크로노미터, Chronometer)

선박 항해에서 배의 위치선을 구하거나 무선통신에 의해 항해에 유익한 정보를 얻기 위하여 시각을 확인하는 계기(정밀한 시계)

(2) 기압과 기압계

① 기압 : 대기의 무게때문에 생기는 압력

② 기압의 단위 : hPa, 1mb=1hPa

③ 기압계의 종류

⊙ 아네로이드 기압계 : 액체를 사용하지 않는 기압계로서, 기압의 변화에 따른 수축과 팽창으로 공합(空盒, 금속용기)의 두께가 변하는 것을 이용하여 기압을 측정

ⓒ 수은 기압계 : 상부를 진공으로 한 유리관의 일부를 막아서 수은조 내에 세워 관내의 수은주 높이를 재어서 그와 평행하는 대기 압력을 구하는 기압계, <u>기압계실 내부의 급격한 기압변화, 부착온도계의 불확실성, 진공상태의 불량, 수직성결여 등에 의해 오차가 발생</u>

ⓒ 자기 기압계 : 기압의 변화를 자동적으로 기록되게 한 기계로서 정해진 위치에 고정 시켜서 사용

(3) 항해기록장치(VDR)

① 선박의 운항 중 발생되는 각종 항해 자료, 수심, 타 사용 내역, 엔진 사용 내역, 풍향, 풍속, AIS 관련 자료 등을 기록

② 해양 사고가 발생했을 때 항공기의 블랙박스처럼 회수하게 되는데 사고 원인을 분석하는 데 사용

2018년 2차

27 다음 중 수은 기압계에서 발생할 수 있는 오차가 아닌 것은?

가. 중심차   나. 분광오차

사. 눈금오차   아. 수직오차

1-9 레이더(radar)의 원리 및 구조

(1) 레이더의 원리

① <u>전자파의 특성인 등속성, 직진성, 반사성을 이용</u>하여 해상에 존재하는 장애물이나 선박 등과 같은 물표의 존재를 탐지하는 장치

② 탐지 물표의 방위와 거리를 측정함으로써 물표의 위치나 이동 상태 등을 알아냄

③ 레이더에서 사용하는 전파 : 파장이 짧은 마이크로파(극초단파)를 사용

④ 마이크로파를 사용하는 까닭

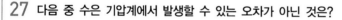

ⓐ 회절 현상(파동이 장애물이나 좁은 틈을 통과할 때 그 뒤편까지 파가 전달되는 현상)이 적어 직진성이 양호

　　ⓑ 지향성이 예리해지며, 안테나 이득이 커짐

　　ⓒ 작은 물표로부터의 반사파가 강해짐

　　ⓓ 외부 잡음의 영향이 적어 수신 감도가 좋음

　　ⓔ 최소탐지거리가 짧음

⑤ 레이더의 장점

　　ⓐ 밤, 낮, 안개, 눈, 비 등의 날씨에 관계없이 이용 가능

　　ⓑ 360° 전방위의 물표 및 지형을 지시기에 표시 : 시계불량시나 협수로 항해시 편리

　　ⓒ **충돌예방에 유리** : 타선박의 상대위치 변화표시

　　ⓓ 한 물표로 선위측정이 가능

　　ⓔ **육상 송신국이 필요 없음** : 선박에서 송수신

　　ⓕ 태풍의 중심 및 진로파악으로 피항에 용이

⑥ 레이더의 단점

　　ⓐ 전기적 · 기계적 고장이 생기기 쉬움

　　ⓑ 다른 계기보다 이용거리가 짧음

　　ⓒ 선박에 송신장치나 영상판독에 기술이 필요

　　ⓓ 컴퍼스방위보다 정확도가 떨어짐

플러스학습　　**전파의 특성**

• **전파** : 공간을 빠른 속도로 퍼져나가는 전기적 세력의 전달 과정
• **특징** : 등속성, 직진성, 반사성

---

(2) 레이더의 구조

① 송 · 수신기

　　ⓐ **송신기** : 전파를 발생시켜 증폭한 후 안테나에 공급

　　ⓑ **수신기** : 안테나로부터 발사된 전자파가 해상의 장애물이나 선박에 부딪혀 되돌아오는 반사파(echo)를 수신

② **송 · 수신 절환 장치** : 송신할 때에는 수신기로 향하는 통로를 차단하고, 수신할 때에는 송신기로 통하는 통로를 차단

③ 안테나

④ **지시기** : 반사파 신호를 영상으로 나타냄

2017년 3차

28 전파의 특성이 아닌 것은?

　가. 직진성　　　　　　　　나. 등속성

　사. 반사성　　　　　　　　아. 회전성

2017년 3차

29 레이더를 이용하여 얻을 수 없는 것은?

　가. 등대의 방위　　　　　　나. 육지와의 거리

　사. 본선의 위치　　　　　　아. 본선이 위치한 지점의 수심

2016년 4차

30 물표까지의 거리를 측정할 수 있는 계기는?

　가. 자기 컴퍼스　　　　　　나. 육분의

　사. GPS(지피에스) 수신기　　아. 레이더

1-10 레이더(radar)의 성능

(1) 최대 탐지거리

① 물표를 탐지할 수 있는 최대거리

② **영향을 미치는 요소** : 송신출력, 수신감도, 파장, 안테나의 높이, 물표의 종류, 공중선의 RPM, 기상 상태, 도파관의 길이

(2) 최소 탐지거리

① 가까운 거리에 있는 목표물을 탐지할 수 있는 최소거리

② **영향을 미치는 요소** : 펄스폭, 수직빔폭, CRT의 특성, 수신기의 특성, TR관의 회복시간, 기상 상태, 공중선의 높이로 인한 사각

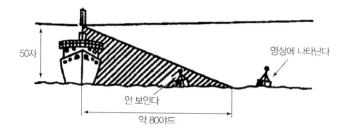

[레이더 수직비임폭과 사각]

28 아　29 아　30 아

(3) 방위 분해능

레이더 안테나로부터 같은 거리의 동심원 상에 서로 인접하여 분포하는 2개의 물표로부터의 영상을 서로 분리하여 탐지할 수 있는 최소한의 거리

(4) 거리 분해능

레이더 안테나에서 보았을 때 같은 방위 선상에 서로 떨어져 있는 2개의 물표로부터 반사된 영상을 서로 분리하여 탐지할 수 있는 최소한의 거리

1-11 레이더(radar)의 작동방식

(1) 진방위 표시 방식(North-up)

① 자선의 위치가 화면상의 어느 한 점에 고정되지 않으며, 자선을 포함한 모든 이동 물체가 화면 상에 그 진침로 및 진속력에 비례하여 표시되는 레이더
② 타선과의 항법 관계를 쉽게 확인할 수 있으며, 이에 따라 자선이 취해야 할 피항조치를 사전에 알 수 있으므로 충돌 회피에 효과적임

(2) 상대 동작 레이더(relative motion radar)

① 자선의 위치가 PPI(Plan Position Indicator) 상의 어느 한 점(주로 PPI의 중심)에 고정되어 있기 때문에, 모든 물체는 자선의 움직임에 대하여 상대적인 움직임으로 표시
② 선박에서 일반적으로 가장 많이 사용되는 방식
③ 상대동작 레이더에서 타선의 진벡터(진침로와 진속력)를 알고자 할 때에는 도식적인 해석, 즉 레이더 플로팅을 필요로 함

(3) 영상의 방해현상과 거짓상

① 영상의 방해현상
　㉠ 해면반사 : STC스위치로 조정

ⓒ 눈, 비 등에 의한 혼란 : FTC 스위치로 조정

ⓒ 맹목구간 : 스캐너가 연돌, 마스트보다 낮아 전파가 차단되어 물표를 탐지 못하는 구간

ⓔ 차영현상 : 전파가 차단되어 약해지는 현상

ⓜ 타선박의 레이더 간섭 : CRT화면상에 약간 넓은 나선형으로 밝게 눈이 내리는 것처럼 발생

② 영상의 거짓상 : 다중반사, 간접반사, 측엽효과, 2차 소인 반사, 거울면 반사 등

2017년 2차

32 상대운동 표시방식 레이더 화면에서 본선을 추월하고 있는 선박으로 옳은 것은?(단, 본선 속도는 현재 12노트이고, 화면상 탐지 범위는 12마일이다.)

가. A   나. B
사. C   아. D

1-12 레이더 조정기/레이더 플로팅

(1) 레이더 조정기

① 전원스위치(Power Switch) : 대부분 'OFF', 'STBY', 'ON'의 3단계의 조작이 가능하도록 구성

② 동조 조정기(Tuning) : 레이더 국부발진기의 발진주파수가 항상 일정하도록 유지하도록 조정하는 조정기

③ 수신기 감도 조정기(Gain) : 수신기의 감도를 조정하는 것

④ 해면 반사 억제기(STC) : 자선 주변의 해면으로부터의 반사파를 억제시키기 위한 조정기

⑤ 우설 반사 억제 조정기(FTC) : 비·눈 등의 영향으로 화면상에 방해현상이 많아져서 물체의 식별이 곤란할 때 방해현상을 줄여주는 조정기

⑥ 휘도 조정기 : 레이더 화면상에 나타나는 영상의 밝기를 조정하는데 사용

⑦ 가변 거리 조정기(VRM) : 가변 거리환의 반경을 임의로 변화시키기 위한 조정기

⑧ 전자 방위선(EBL) : 목표의 방위를 측정할 때 사용하는 전자 방위선 조정기

⑨ 방위 전환 스위치 : 필요에 따라 레이더 화면을 진방위 표시방식과 상대방위 지시방식으로 선택하는 장치

⑩ 중심이동 조정기(off center) : 거리선택 조절없이 원하는 곳의 화면을 좀더 넓게 보기 위해 사용하는 조정기

⑪ 선수휘선 억제기(Head Line off) : 선수휘선이 화면상에 표시되지 않도록 함

⑫ 탐지거리 선택기 : 레이더의 탐지 거리를 전환시켜 주는 장치

(2) 레이더 플로팅(radar plotting)

해상에서 선박 상호 간에 또는 다른 장애물과의 충돌 위험을 사전에 탐지하여 자선이 안전하게 항해하는데 필요한 정보를 수집하는 수단

2017년 2차

33 파도가 심한 곳에서 레이더 화면의 중심 부근에 있는 소형 어선을 탐지하기 위해서 조절하는 것은?

가. 전원 스위치   나. 중심 이동 조정기
사. 해면 반사 억제기   아. 가변 거리환 조정기

2017년 4차

34 (   )에 적합한 것은?

> (   )는 레이더의 국부 발진기의 발진 주파수를 조정하는 것으로 국부 발진기의 발진 주파수가 적절히 조정되면 목표물의 반사에 의한 지시기의 화면이 선명하게 된다.

가. 동조 조정기   나. 감도 조정기
사. 해면 반사 억제기   아. 비 · 눈 반사 억제기

1-13 마이크로파 표지국

(1) 유도비컨(Course Beacon)

① 좁은 수로 또는 항만에서 선박 안전을 목적으로 2개의 전파를 발사

② 선박이 항로상에 있으면 연속음이 들리고 좌우로 멀어지면 단속음이 들리도록 전파를 발사하는 것

(2) 레이더 반사기(radar reflector)

부표 · 등표 등에 설치되어 레이더 전파의 반사 능률을 높여 주는 장치(경금속으로 된 반사판)

(3) 레이마크(Ramark)

① 레이더 등대라고 하며 일정한 지점에서 레이더 파를 계속 발사하는 표지국

② 선박의 레이더 화면에 한 줄의 방위선으로 나타나 방위와 거리를 알 수 있음

(4) 레이콘(Racon)

① 선박 레이더에서 발사된 전파를 받은 때에만 응답하며, 레이더 화면상에서 일정한 형

태의 신호가 나타날 수 있도록 전파를 발사

② 표준 신호와 모스 부호를 이용하는 무지향성 송·수신장치

(5) 레이더 트랜스폰더(Radar Transponder)

① 정확한 질문을 받거나 송신이 국부명령으로 이루어질 때 다른 관련 자료를 자동적으로 송신

② 송신 내용은 부호화된 식별 신호 및 데이터가 레이더 화면에 그 위치가 표시되도록 하는 장치

(6) 토킹 비컨(talking beacon)

선박 레이더에서 발사한 전파를 받은 때에만 응답하며 음성 신호를 3°마다 방송하므로 가장 간단하고 정확하게 자기선박의 방위확인이 가능

(7) 소다비전(shore based radar television)

주요 항만이나 수로의 교통량이 많은 해역의 육안에 레이더를 설치하여 항로표지를 감시함과 동시에 통항하는 선박의 상황을 레이더로 포착하여 그 영상을 텔레비전으로 방영

2018년 2차

35 선박 레이더에서 전파를 받을 때에만 응답하여 레이더 화면상에 일정 형태의 신호가 나타날 수 있도록 전파를 발사하는 표지는?

가. 레이콘　　　　　　　　　　나. 레이마크

사. 유도비컨　　　　　　　　　아. 레이더 반사기

2018년 1차

36 선박의 레이더 영상에 송신국의 방향이 휘선으로 나타나도록 전파를 발사하는 것으로 표지국의 방향을 쉽게 알 수 있어 편리한 전파표지는?

가. 레이콘(Racon)　　　　　　　나. 레이마크(Ramark)

사. 유도 비컨(Course beacon)　　아. 레이더반사기(Radar reflector)

2017년 2차

37 레이더 트랜스폰더에 대한 설명으로 옳은 것은?

가. 음성신호를 방송하여 방위측정이 가능하다.

나. 송신 내용에 부호화는 식별신호 및 데이터가 들어있다.

사. 좁은 수로 또는 항만에서 선박을 유도할 목적으로 사용한다.

아. 선박의 레이더 영상에 송신국의 방향이 위선으로 표시된다.

---

35 가　36 나　37 나

38 전파의 반사가 잘 되게 하기 위한 장치로서 부표, 등표 등에 설치하는 경금속으로 된 반사판은?

　　가. 레이콘　　　　　　　　　　나. 레이마크

　　사. 레이더 리플렉터　　　　　　아. 레이더 트랜스폰더

39 좁은 수로 또는 항만에서 두 개의 전파를 발사하여 중앙의 좁은 폭에서 겹쳐서 장음이 들리도록 한다. 선박이 항로상에 있으면 연속음이 들리고 항로에서 좌우로 멀어지면 단속음이 들리도록 전파를 발사하는 표지는?

　　가. 레이콘　　　　　　　　　　나. 레이마크

　　사. 유도 비컨　　　　　　　　　아. 레이더 리플렉터

40 선박의 레이더에서 발사된 전파를 받은 때에만 응답전파를 발사하는 전파표지는?

　　가. 레이콘(Racon)　　　　　　　나. 레이마크(Ramark)

　　사. 토킹 비콘(Talking beacon)　　아. 무선방향탐지기(RDF)

1-14 전자 · 전파 항법장치

(1) 로란-C 수신기

GPS 수신기를 사용할 수 없을 때를 대비한 장거리 선박 위치 측정 시스템으로, 주국과 종국으로부터의 도래 전파의 수신 시간차를 측정하여 선박의 위치를 구함

(2) 위성 항법 장치

① GPS(Global Positioning System)

　㉠ 선박, 항공기, 자동차 및 기타 이동체의 위치를 알 수 있는 가장 현대적이고 발전된 위성 항법 장치

　㉡ GPS는 위치를 알고 있는 3-4개의 위성까지의 거리를 측정하여 위치를 구함

　㉢ GPS 위치 계산에 선박은 3개의 위성이, 항공기는 4개의 위성이 필요함

　㉣ GPS 오차로는 전파 속도의 변동에 따른 오차, 시계 오차, 다중 경로 오차, 기하학적(GDOP) 오차, 고의 오차, 위성 천체력 오차 등이 있음

② DGPS : 위치를 알고 있는 기준국에서 GPS 위치를 구하여 보정량을 결정한 다음, 이 보정량을 규정된 포맷에 따라 방송하면, 기준국으로부터 일정한 범위 내의 DGPS 수신기가 자신이 측정한 GPS 신호에 그 보정량을 가감하여 정확한 위치를 구하는 방식

(3) ECDIS(전자 해도 표시 장치)

전자 해도 및 각종 항해 정보를 표시하는 장치

(4) 자동 조타 장치

침로를 바꾸는 변침 동작이나 침로를 유지하는 보침 동작을 자동적으로 알아서 시행하는 장치

① <u>복원타(비례타)</u> : 자동 조타장치에서 선박이 바람이나 파도 등의 영향으로 설정한 침로로부터 벗어난 각도의 편각을 없애기 위하여 사용하는 타

② 제동타(미분타) : 복원타에 의해 선수가 회전할 때에 설정 침로를 넘어서 회전하는 것을 억제하기 위하여 사용하는 타

③ 수동 조타 : 조타수가 선장 또는 항해사의 지시에 따라 타를 잡는 것

(5) 선박 자동 식별 장치

① <u>선박 자동 식별 장치(AIS)</u>

  ㉠ <u>대양에서부터 연안 항로까지 선박의 통항을 관리하여 선박의 안전 항행을 확보하기 위한 장치</u>

  ㉡ <u>AIS는 선박 상호 간, 선박과 AIS 육상국 간에 자동으로 정보(선박의 명세, 침로, 속력 등)를 교환하여 항행 안전을 도모하고 통항 관제 자료를 제공함</u>

② <u>선교 통합 항해 장치 시스템</u> : 위치, 침로, 속력 등 선박의 현재 상태 및 주위 선박의 움직임, 위험물의 존재 등을 자동으로 파악하여 계획된 항로를 보다 안전히게 항해하도록 하는 장치

플러스학습   선박교통관리제도(VTS)

• 해상 교통량이 많은 항만 입구 부근이나 좁은 수로 등에 해상교통의 안전과 효율을 향상시켜 선박 운항의 경제성을 높이기 위한 목적으로 설치
• 특정 해역 안에서 교통의 이동을 직접 규제하는 것으로, 항만 당국의 권한에 의하여 실시
• **VTS의 기능** : 데이터의 수집, 데이터의 평가, 정보 제공, 항행 원조, 통항관리, 연관활동 지원 등

2017년 1차

41 인공위성을 이용하여 선위를 구하는 장치는?

가. 지피에스   나. 로란   사. 레이더   아. 데카

2017년 3차

42 다음에서 설명하는 장치는?

이 시스템은 선박과 선박 간 그리고 선박과 육상 관제소 사이에 선박의 선명, 위치, 침로, 속력 등의 선박관련 정보와 항해 안전 정보 등을 자동으로 교환함으로써 선박 상호간의 충돌도 예방하고, 선박의 교통량이 많은 해역에서는 효과적으로 해상교통관리도 할 수 있다.

가. 지피에스(GPS)   나. 전자해도 표시장치(ECDIS)
사. 선박 자동 식별 장치(AIS)   아. 자동 레이더 플로팅 장치(ARPA)

41 가   42 사

02 항해술의 기초와 해양 기상

2-1 지구상의 위치

(1) 대권

지구의 중심을 지나는 평면원

(2) 소권

지구의 중심을 지나지 않는 평면원

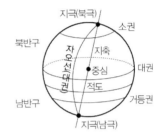

[대권과 소권의 지축]

(3) 지축

지구가 자전하는 가상의 축(지구는 지축을 중심으로 서에 서동으로 1일 1회전)

(4) 지극

지축의 양쪽 끝(남극/북극)

(5) 적도

지축에 직교(90°)하는 대권

(6) 거등권

무수히 많은 소권 중에서 적도와 평행한 소권

(7) 자오선

수많은 대권 중 양 극(또는 지축)을 지나는 모든 대권

(8) 본초자오선

자오선 중 영국의 그리니치 천문대를 지나는 자오선으로 경도 0°의 측정 기준이 됨

(9) 항정선

지구의 표면에 있는 모든 자오선과 같은 각도로 만나는 곡선

(10) 위도(Lat)

어느 지점을 지나는 거등권과 적도 사이 자오선상의 호의 길이

(11) 경도(Long)

어느 지점의 자오선과 본초자오선 사이 적도의 호의 길이

플러스학습 **경선과 표준시**

지구는 24시간 동안 360°회전을 하므로 경도 15°마다 1시간씩 차이가 난다. 본초 자오선에서 동쪽으로 갈수록 시간이 빠르고 서쪽으로 갈수록 시간이 늦다. <u>우리나라는 동경 135°를 표준 경선으로 사용하여 영국보다 9시간 빠르다.</u>

---

43 ( ) 에 순서대로 적합한 것은?

> "우리나라는 동경 ( )를 표준 자오선으로 정하고 이를 기준으로 정한 평시를 사용하므로 세계시를 기준으로 9시간 ( )."

가. 120°, 빠르다   나. 120°, 느리다
사. 135°, 빠르다   아. 135°, 느리다

▶ 우리나라의 **표준 경선** : 동경 135°선이므로 경도 0°선인 본초 자오선을 지나는 영국보다 9시간이 빠르다.

---

44 용어에 대한 설명으로 옳지 않은 것은?

가. 지구의 자전축을 지축이라 한다.
나. 자오선은 대권이며, 적도와 직교한다.
사. 적도와 직교하는 소권을 거등권이라고 한다.
아. 어느 지점을 지나는 거등권과 적도 사이의 자오선 상의 호의 길이를 위도라고 한다.

2-2 거리와 속력

(1) 해리

① 해상에서 사용하는 거리의 단위
② 1해리=1,852m(위도 1′는 60마일)

(2) 노트(knots)

① 선박의 속력 = 거리(sea mile)/시간(hour)
② 1노트(Knot) : 1시간에 1해리를 항주하는 선박의 속력

(3) **선박의 속력**

① 대지속력 : 선박이 항주 중 지면과 이루는 속력(절대속력)

② 대수속력 : 선박이 항주 중 수면과 이루는 속력(일반적인 선박의 속력, 상대속력)

③ 대수속력과 대지속력이 일치하지 않는 원인 : 바람, 조류 등의 영향

(4) **항정**

출발지에서 도착지까지의 항정선산 거리로서 마일로 표시

(5) **동서거**

선박이 출발지에서 목적지로 항해할 때, 동서 방향으로 간 거리

2017년 3차

45 지리위도 45도에서 위도 1분에 대한 자오선의 길이는?

가. 약 1,000 미터　　　　　　　　나. 약 1,545 미터

사. 약 1,852 미터　　　　　　　　아. 약 2,142 미터

▶ 거리 : 자오선 위도 1′의 평균 거리를 사용. 1해리＝1,852m(위도 1′는 60마일)

2017년 3차

46 45해리 되는 두 지점 사이를 대지속력 10노트로 항해할 때 걸리는 시간은?

가. 3시간　　　　　　　　　　　나. 3시간 30분

사. 4시간　　　　　　　　　　　아. 4시간 30분

▶ $10 = 45x \rightarrow x = 45/10 = 4.5$시간 → 4시간(4) + 0.5시간(30분) → 4시간 30분

2017년 1차

47 10노트의 속력으로 45분을 항해하였을 때 항주한 거리는?

가. 2.5마일　　　　　　　　　　나. 5마일

사. 7.5마일　　　　　　　　　　아. 10마일

▶ 노트×시간＝마일, 마일/노트＝시간, 마일/시간＝노트

　10노트 × 45/60시간 ＝ 7.5마일

2-3 **방위와 침로**

(1) **방위와 방위각**

① 방위 : 어느 기준선과 관측자 및 물표를 지나는 대권이 이루는 교각

② 방위각 : 북 또는 남을 0°로 하여 동 또는 서쪽으로 180°이내의 각으로 표시한 것

---

(2) 방위의 구분

① 진방위(TB) : 진자오선과 물표 및 관측자를 지나는 대권이 이루는 교각
② 나침방위(CB) : 자기 자오선과 물표 및 관측자를 지나는 대권이 이루는 교각
③ 자침방위(MB) : 나침의 남북선과 물표 및 관측자를 지나는 대권이 이루는 교각
④ 상대방위(RB) : 자선의 선수방향을 기준으로 하는 방위

(3) 침로와 침로각

① 침로 : 선수미선과 선박을 지나는 자오선이 이루는 각으로 360°까지 측정
② 진침로(T.CO) : 진자오선과 항적이 이루는 각으로 풍압차나 유압차가 없을 때에는 진자오선과 선수미선이 이루는 각이 진침로가 됨
③ 시침로(APP.CO) : 풍압차나 유압차가 있을 때 진자오선과 선수미선이 이루는 각으로 풍압차나 유압차가 없을 때에는 진침로와 같음
④ 자침로(M.CO) : 자기자오선과 선수미선이 이루는 각
⑤ 나침로(C.CO) : 컴퍼스의 남북선과 선수미선이 이루는 각

(4) 풍압차(Lee Way)

선박이 항행 중 선수미선과 항적(침로)이 일치하지 않고 교각을 나타내는 것

(5) 방위와 침로개정

① 침로(방위) 개정 : 나침로(나침 방위)를 진침로(진방위)로 고치는 것
② 침로의 반개정 : 진침로(진방위)에서 나침로(나침 방위)로 고치는 것으로 개정의 반대 순

(6) 방위와 침로의 개정법

① 침로나 방위를 모두 360°식으로 고친다.
② 자차의 부호가 편동(E)이면, 나침로(방위)에 더(+)하고, 편서이면 나침로(방위)에 빼서(−) 자침로(방위)를 구한다.
③ 편차의 부호가 편동(E)이면, 자침로(방위)에 더(+)하고, 편서이면 나침로(방위)에 빼서(−) 진침로(방위)를 구한다.

---

48 항해중인 선박의 진침로가 130°이고, 편차가 5°E, 자차가 3°E 일 때 나침로는?

가. 128°　　　　　　　　　　나. 135°

사. 138°　　　　　　　　　　아. 122°

34   PART 01 항해 계기

48 아

2-4 조석

(1) 조석

달과 태양, 별 등의 천체 인력에 의한 해면의 주기적인 승강 운동(보통 1일 2회 또는 곳에 따라서는 1일 1회 일어나는 곳도 있음)

(2) 조석 관련 용어

① 조위 : 어느 지점에서의 조석에 의한 해면의 높이로 그 지점의 평균 해면과의 수위치
② 기조력 : 조석을 일으키는 힘으로 주로 달에 의해 생김(달-태양-별 순)
③ 고조(만조) : 조석으로 인하여 해수면이 가장 높아진 상태
④ 저조(간조) : 조석으로 인하여 해수면이 가장 낮아진 상태
⑤ 창조(밀물) : 저조에서 고조로 해면이 상승하는 현상
⑥ 낙조(썰물) : 고조에서 저조로 해면이 하강하는 현상
⑦ 정조 : 고조(시) 또는 저조(시) 전후에 해면의 승강이 순간적으로 거의 정지한 것과 같이 보이는 상태
⑧ 조차 : 연이어 일어나는 고조와 저조 때 해면 높이의 차이
⑨ 대조(사리) : 삭망(그믐과 보름) 후 1~2일 만에 조차가 가장 큰 때
⑩ 소조(조금) : 상현과 하현이 지난 뒤 1~2일 만에 조차가 가장 작은 때
⑪ 월조간격 : 고조간격과 저조간격의 총칭
⑫ 일조부등 : 하루 두 번의 고조와 저조의 높이와 간격이 같지 않은 현상
⑬ 백중사리 : 근지점조와 대조(사리)가 일치할 때 일어나는 조차가 매우 큰 조석 현상
⑭ 대조승 : 기본 수준면으로부터 대조의 평균 고조면까지의 높이
⑮ 소조승 : 기본 수준면으로부터 소조의 평균 고조면까지의 높이

2014년 3차

49 바닷물이 들어와 해면이 점차 높아지는 것을 무엇이라고 하는가?

　　가. 조류　　　　나. 창조　　　　사. 조석　　　　라. 낙조

2-5 조류와 조석표

(1) 조류

① 조류 : 조석에 의한 해수의 수평방향의 주기적 운동으로 왕복성을 가지고 있으며 KNOT로 표시함

② **창조류** : 저조시에서 고조시까지 흐르는 조류

③ **낙조류** : 고조시에서 저조시까지 흐르는 조류

④ **전류** : 조류의 흐름이 방향을 바꾸는 것

⑤ **게류** : 창조류(낙조류)에서 낙조류(창조류)로 변할 때 흐름이 잠시 정지하는 현상

⑥ **와류** : 좁은 수로 등에서는 조류가 격렬하게 흐르면서 물이 빙빙 도는 것

⑦ **급조** : 조류가 부딪혀 생기는 파도

⑧ **반류** : 해안과 평행으로 조류가 흐를시 해안의 돌출부 같은곳에서 주류와 반대로 생기는 흐름

⑨ **조신** : 어느 지역의 조석이나 조류의 특징

(3) 조석표

① 장래에 있을 조석 간만의 시각과 해면의 높이를 미리 추산해서 기록하여 예보하는 표

② 수로서지의 하나로 조석표를 이용하여 항해사들은 선박의 교통로로 이용하고 있는 해양에서 안전한 항해를 할 수 있음

③ **조석 예보값의 정도** : 조석표에서 구한 조시는 보통 상태에서는 약 20-30분 이내 조고는 약 0.3m 이내로 실제와 일치

④ **주요 항만의 조고 · 조시 · 조류를 구하는 법** : 조석표에서 구하는 항만의 관련 페이지를 찾아 해당일자의 조석을 구함

⑤ 임의의 항만조석을 구하는 방법

　　㉠ 조시(조석의 간조, 만조 시간) = 표준항의 조시에 구하려고 하는 임의의 항의 조시차를 그 부호대로 가감하여 구함

　　㉡ 조고(조류의 높낮이) = {(표준항의 조고 – 표준항의 평균해면) × 임의의 항의 조고비} + 임의의 항의 평균해면

2017년 3차

50 조석표를 이용하여 임의 항만의 조고를 구하는 방법은?

　가. 표준항의 조고에서 인근항의 평균해면을 뺀 값에 조고비를 곱하고 그 값에 임의 항만의 평균해면을 더한다.

　나. 표준항의 조고에서 표준항의 평균해면을 뺀 값에 조고비를 곱하고 그 값에 임의 항만의 평균해면을 더한다.

　사. 인근항의 조고에서 인근항의 평균히면을 뺀 값에 조고비를 곱하고 그 값에 임의 항만의 평균해면을 더한다.

　아. 인근항의 조고에서 표준항의 평균해면을 뺀 값에 조고비를 곱하고 그 값에 임의 항만의 평균해면을 더한다.

50 나

(1) 해류

바닷물이 한쪽 방향으로 흐르는 반영구적인 거대한 물의 흐름으로 바람이 가장 큰 원인으로 발생

(2) 발생 원인에 의한 해류의 분류

① **취송류** : 바람이 일정한 방향으로 오랫동안 불어 공기와 해면의 마찰로 해수가 일정한 방향으로 떠밀려 생긴 해류

② **밀도류** : 해수의 밀도 차이에 의한 해수의 흐름으로 생긴 해류

③ **경사류** : 해면이 바람, 기압, 비 또는 강물의 유입 등에 의해 경사를 일으켜 발생하는 해류(적도 반류)

④ **보류** : 어느 장소의 해수가 다른 곳으로 이동하면 이것을 보충하기 위한 흐름이 원인이 되어 생긴 해류

(3) 우리나라 근해의 해류

① <u>우리나라 근처의 해류 개요</u>

    ㉠ 난류 : 북적도 해류 → 쿠로시오 해류 → 대한 난류(대한해협 해류) → 동한 난류

    ㉡ 한류 : 오야시오 해류 → 리만 해류 → 연해주 해류 → 북한 한류

② 종류

    ㉠ <u>쿠로시오 해류 : 북태평양 서부와 일본열도 남쪽을 따라 북쪽과 동쪽으로 흐르는 해류로 난류이므로 인접 해역의 해수보다 수온이 높고 염분이 많음(우리나리에 가장 크게 영향을 미치는 난류)</u>

    ㉡ 쓰시마 난류 : 쿠로시오 본류로부터 분리되어 제주도 남동해역에서 대한해협을 거쳐 동해를 북상하는 난류

    ㉢ 동한 난류 : 쿠로시오 본류로부터 분리되어 한국의 남해안 일부와 동해안을 북상하는 난류

    ㉣ 황해 난류 : 제주도 서부 해역을 통해 황해 남부로 북상하는 고온고염의 쿠로시오 및 쓰시마 난류의 지류

    ㉤ 북한 한류 : 우리나라의 함경도 해안을 따라 남하하는 한류로 특히 겨울철에 발달

51 우리나라에 영향을 미치는 난류는?

가. 쿠로시오해류

나. 북적도해류

사. 북태평양해류

아. 리만해류

52 우리나라 근해의 해류에 대한 설명으로 옳지 않은 것은?

가. 우리나라에 크게 영향을 주는 해류는 쿠로시오 해류와 리만해류이다.

나. 겨울철 동해 북부에서는 리만해류가 발생한다.

사. 서해의 해류는 그 세력이 아주 미약한 편이다.

아. 서해에서는 조류보다 해류의 영향이 훨씬 크다.

2-7 기상 요소 : 기온 · 기압 · 습도

(1) 기온

① 기온 : 지면으로부터 지상 1.5m 높이의 대기 온도

② 기온의 표시

  ㉠ **섭씨온도(℃) : 1기압에서 물의 어는점을 0℃, 끓는점을 100℃로 하여 그 사이를 100등분한 온도**

  ㉡ 화씨온도(℉) : 표준 대기압하에서 물의 어는점을 32℉, 끓는점을 212℉로 하여 그 사이를 180등분 한 것

  ㉢ 절대온도(Kelvin, K) : 열역학 제 2법칙에 따라 정해진 온도로서, 이론상 생각할 수 있는 최저 온도를 기준으로 하는 온도단위

  ㉣ **기온 표시의 환산 : $t℃=5/9(℉-32)$, $t℉=9/5℃+32$**

③ 온도계의 종류 : 수은, 알코올, 자기 온도계 등

(2) 기압

① **기압의 단위 : bar(밀리바), Pa(파스칼), kgf/cm^2, atm**

② 등압선

  ㉠ 등압선은 기압이 같은 지점을 연결한 곡선

  ㉡ 정해진 두 곳에 대한 등압선의 간격이 좁을수록 기압 경도가 큼

  ㉢ 기압 경도가 큰 곳은 바람이 강하게 분다.

③ 아네로이드 기압계 : 진공 상자를 이용한 기압계로 선박에서 주로 사용

51 가 52 아

(3) 습도

① 공기 중에 수증기가 포함되어 있는 정도

② 습도의 표시법 : 절대습도와 상대습도

③ 습도계의 종류

    ㉠ 건습구 습도계 : 물이 증발할 때 냉각에 의한 온도차를 이용하는 습도계로 선박에서 주로 사용

    ㉡ 모발 습도계 : 머리카락의 성질을 이용하여 만든 습도계

2017년 3차

53 얼음이 녹는점을 0℃, 물이 끓는점을 100℃로 하여 그 사이를 100등분한 단위는?

  가. 섭씨 온도   나. 화씨 온도

  사. 무빙점 온도   아. 비등점 온도

2017년 4차

54 같은 형태의 막대모양 온도계 2개 중에서 하나는 그대로 노출되어 있고, 다른 하나는 끝부분을 헝겊으로 싸서 여기에 심지를 달아 부착된 용기로부터 물을 빨아 올리게 되어 있는 것으로 2개 온도계의 온도차를 측정하여 습도와 이슬점을 구할 수 있는 것은?

  가. 자기 습도계   나. 모발 습도계

  사. 건습구 온도계   아. 모발 자기 습도계

2015년 2차

55 기압경도가 클수록 일기도의 등압선 간격은 어떠한가?

  가. 등압선의 간격이 넓다.   나. 등압선의 간격이 좁다.

  사. 등압선의 간격이 일정하다.   아. 계절 및 지역에 따라 다르다.

2-8 기상 요소 : 바람 · 구름 · 안개

(1) 바람

① 바람 : 대기운동의 수평적 성분만을 측정했을 때의 공기운동

② 풍향 : 바람이 불어오는 방향을 말하며, 보통 일정 시간 내의 평균풍향

③ 풍속의 단위 : 일반적으로 1m/s＝1.9424knot(노트)

④ 풍속의 단계 : 가장 약한 0단계~12단계까지 나눔(보퍼트 풍력 계급)

⑤ 바람에 작용하는 힘

㉠ <u>기압경도력</u> : 바람이 생기는 근본 원인으로 두 지점 사이에 압력이 다르면 압력이
　　　　　큰 쪽에서 작은 쪽으로 힘이 작용하게 되는 것

　　　㉡ <u>전향력(코리올리 힘)</u> : 지구가 자전하기 때문에 모든 물체는 북반구에서는 오른쪽
　　　　　으로 편향되고, 남반구에서는 왼쪽으로 편향되며 고위도로 갈수록 크게 작용

　　　㉢ <u>지표마찰력</u> : 지표면 및 풍속이 다른 두 층 사이에 작용하는 힘

　　⑥ **풍향풍속계** : 대부분의 선박에서는 풍향과 풍속을 측정하기 위해 비행기의 프로펠러
　　　구조를 하고 있는 풍속계를 사용

(2) 구름

　　① **구름** : 공기중의 수증기가 응결하거나 승화해서 물방울이나 얼음 알갱이로 대기 중에
　　　떠 있는 것

　　② **운량** : 구름이 하늘을 덮고 있는 정도를 추정한 값

(3) 안개

　　① <u>안개</u> : 대기 중의 수증기가 응결핵을 중심으로 응결해서 물방울로 된 것

　　② 안개의 종류

　　　㉠ **복사안개** : 지면에 접한 공기가 이슬점에 달하여 수증기가 지상의 물체 위에 응결
　　　　　하여 이슬이나 서리가 되고 지면 근처 얇은 기층에 안개가 형성되는 안개

　　　㉡ <u>이류안개</u> : 온난 다습한 공기가 찬 지면으로 이류하여 발생한 안개(해상에서 형성
　　　　　된 안개는 대부분 이류안개로 해무라고 부름)

　　　㉢ **활승안개** : 습윤한 공기가 완만한 경사면을 따라 올라갈 때 단열팽창 냉각됨에 따
　　　　　라 형성

　　　㉣ **전선안개** : 따뜻한 공기와 찬 공기가 만나는 전선 부근, 특히 온난전선 부근에서 잘
　　　　　발생

2017년 4차

56 바람에 작용하는 힘이 아닌 것은?

　　가. 전향력　　　　　　　　　　　　나. 마찰력
　　사. 기압경도력　　　　　　　　　　아. 기압위도력

2017년 2차

57 지표 부근의 수증기가 응결 또는 결빙하여 물방울 또는 얼음 입자로 형성되어 있는 상태는?

　　가. 비　　　　　　　　　　　　　　나. 구름
　　사. 습도　　　　　　　　　　　　　아. 안개

56 아　57 아

58 따뜻한 공기가 온도가 낮은 표면상으로 이동해서 냉각되어 생긴 안개는?

　가. 복사안개　　　　　　　　나. 이류안개

　사. 새벽안개　　　　　　　　아. 저녁안개

2-9 기상 요소 : 강수 · 시정 · 일기도

(1) 강수

① 강수 : 가랑비, 비, 눈, 얼음 조각, 우박(hail), 그리고 빙정(ice crystal) 등을 모두 포함하는 용어

② 강우량 측정 : 뚜껑이 없는 원형 용기를 사용, 순수하게 비만 내린 것을 측정한 값

(2) 시정

대기의 혼탁 정도를 나타내는 기상요소로서 지표면에서 정상적인 시각을 가진 사람이 목표를 식별할 수 있는 최대 거리

(3) 일기도 기호

① 기온, 기압, 풍향과 풍속, 운량을 일기도에서는 간단한 기호를 통해 나타냄

② 기상 요소의 기록 방법

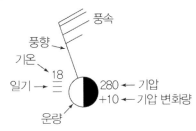

③ 지상 일기도의 기호와 의미

구름			일기				
맑음	갬	흐림	비	소나기	눈	안개	뇌우
○	◑	●	•	▽	✳	＝	↙

(4) 기상도의 종류

① 지상 일기도 : 해면기압의 분포, 지상기온, 풍향 및 풍속, 날씨, 구름의 종류와 높이 등의 기상상태를 분석하는 일기도(가장 많이 사용)

② 고층 기상도

  ㉠ 고층기상관측을 통해 얻은 데이터를 이용해 그린 기상도로 상공을 흐르는 대기의 구조를 나타낸 기상도

  ㉡ 상층 대기의 움직임을 예상하고 지표의 일기 예보에 활용할 수 있음

③ 해양 예상도 : 해양 상에서 파고와 해상 바람을 예상하여 그려놓은 예보 지도(파고 예상도, 해상바람 예상도 등)

(5) 일기도 전문형식

① 일기도 내용 및 종류의 기호

  ㉠ A : 해석도(analyses)

  ㉡ F : 예상도(forecast)

  ㉢ W : 경보(warning)

  ㉣ S : 지상 자료(surface data)

  ㉤ U : 고층 자료(upper air data)

  ㉥ C : 평균도(climatic data)

② 일기도의 지역 기호

  ㉠ AS(아시아), FE(극동), AE(동남아시아)

  ㉡ AF(아프리카(), EU(유럽), EW(서유럽)

  ㉢ NA(북미), IO(인도양)

  ㉣ NT(북대서양), PA(태평양)

  ㉤ PN(북태평양), PS(남태평양)

  ㉥ XN(북반구), XS(남반구)

  ㉦ XT(열대 지역)

(6) 선박에 대한 경보의 종류

① 경보의 종류

  ㉠ Warning(경보 : W) : 앞으로 24시간 내에 예상되는 최대 풍속이 풍속계급 7(33knot) 이하이지만 특히 주의를 요하는 경우

  ㉡ Gale Warning(강풍경보 : GW) : 앞으로 24시간 내에 최대 풍속이 풍속계급 8~9(34~47knot)에 달할 것이 예상될 경우

  ㉢ Storm Warning(폭풍경보 : SW) : 앞으로 24시간 내에 최대 풍속이 풍속계급 10(48knot) 이상으로 예상될 경우(단, 열대성 저기압에 의한 풍력계급 12이상은 제외됨)

ㄹ Typhoon Warning(태풍경보 TW) : 열대성 저기압에 의하여 24시간 내에 최대 풍속이 풍력계급 12(64knot) 이상에 달할 것으로 예상될 경우

ㅁ No Warning(경보 없음) : 경보를 발표할 만한 현상이 예상되지 않을 경우

② 요란의 종류

ㄱ Tropical Cyclone : 구역 내의 최대 풍속에 따라 다음 4종류로 구분

- Tropical Depression(T.D) : 풍력계급 7이하
- Tropical Storm(T.S) : 풍력계급 8~9
- Severe Tropical Storm(S.T.S) : 풍력계급 10~11
- Typhoon or Hurricane : 풍력계급 12이상

ㄴ Extra-tropical Cyclone : 이것은 Cyclone 또는 Low로 표시

ㄷ Monsoon

③ 요란의 위치와 신뢰도

ㄱ PSN GOOD(Position Good) : 위치가 거의 정확, 오차가 20해리 미만의 경우

ㄴ PSN POOR : 위치가 불확실, 오차가 40해리 이상인 경우

ㄷ PSN FAIR(Position Fair) : 위치가 근사, 오차가 20~40해리인 경우

2018년 1차

59 강수의 종류에 포함되지 않은 것은?

가. 비   나. 눈

사. 우박   아. 황사

2018년 2차

60 대기의 혼탁한 정도를 나타내는 것으로서 정상적인 육안으로 멀리 떨어진 목표물을 인식할 수 있는 최대거리는?

가. 강수   나. 시정

사. 강우량   아. 풍력 계급

2018년 2차

61 일기도상 아래의 기호에 대한 설명으로 옳은 것은?

가. 풍향은 남서풍이다.   나. 평균 풍속은 5노트이다.

사. 비가 오는 날씨이다.   아. 현재의 기압은 3시간 전의 기압보다 낮다.

---

62 기상도의 종류와 내용을 나타내는 기호의 연결로 옳지 않은 것은?

가. A : 해석도

나. F : 예상도

사. S : 지상자료

아. U : 불명확한 자료

63 상공을 흐르는 대기의 구조를 나타낸 기상도로서 집중호우나 뇌우, 태풍의 발달 등을 알 수 있는 기상도는?

가. 지상 기상도

나. 고층 기상도

사. 태풍 예보도

아. 외양 파랑 해석도

64 지상일기도에서 확인할 수 있는 정보가 아닌 것은?

가. 구름의 양

나. 풍향 및 풍속

사. 현재의 날씨

아. 파도의 높이

65 기상도의 좌측 상단 또는 우측하단에 'ASAS'라고 기재되어 있는 기상도는?

가. 아시아지역 지상해석 기상도

나. 아시아지역 지상예상 기상도

사. 아프리카지역 지상해석 기상도

아. 아프리카지역 지상예상 기상도

66 우리나라의 일기도 중 항로 파고, 지역 파고를 알 수 있는 기상도는?

가. 지상 일기도

나. 지역 예상도

사. 해양 예상도

아. 고층 일기도

2-10 기단과 전선·고기압과 저기압

(1) 기단

① 정의 : 주어진 고도에서, 온도와 습도 등 수평적으로 그 성질이 비슷한 큰 공기덩어리

② 우리나라에 영향을 미치는 주요 기단 : 양쯔강 기단(대륙성 열대 기단), 북태평양 기단(해양성 열대 기단), 시베리아 기단(대륙성 한대 기단), 오호츠크해 기단(해양성 한대 기단), 적도 기단 등

(2) 전선

① 정의 : 서로 다른 2개의 기단이 만나면 바로 섞이지 않고 경계면을 이룬 것

② 전선의 종류 : 온난 전선, 한랭 전선, 폐색 전선, 정체 전선(장마 전선)

(3) 고기압과 저기압의 특성

① 고기압의 특징

　　㉠ 일기도상에서 기압이 주위보다 높게 나타나는 구역

　　㉡ 고기압 중심 : 고기압 구역에서 기압이 가장 높은 곳

　　㉢ 공기의 이동 : 중심 → 바깥쪽, 고기압의 중심 → 저기압의 중심

　　㉣ 하강기류가 생겨 날씨는 비교적 좋음

② 고기압의 종류

　　㉠ 한랭 고기압 : 키가 작은 고기압이라 불리며, 대륙의 복사 냉각으로 인해 지표면 부근의 대기가 냉각되어 형성되는 열적 고기압(시베리아 고기압, 극고기압 등)

　　㉡ 온난 고기압 : 키가 큰 고기압이라 불리며, 역학적 원인에 의하여 형성되는 고기압(북태평양 고기압)

　　㉢ 지형성 고기압 : 야간의 육지의 복사냉각으로 형성되는 고기압

　　㉣ 대륙성 고기압 : 시베리아 고기압과 같이 동계에 대륙에 발달하는 고기압

　　㉤ 해양성 고기압 : 북태평양 고기압과 같이 키가 큰 아열대 고기압과 한대 고기압인 오호츠크해 고기합 등 해양상에 발달하는 고기압

③ 저기압의 특징

　　㉠ 일기도상에서 기압이 주위보다 낮게 나타나는 구역

　　㉡ 저기압 중심 : 저기압 구역에서 기압이 가장 낮은 곳

　　㉢ 지상에서 저기압의 중심으로 갈수록 기압은 낮아지고, 북반구에서는 저기압 주위의 대기가 반시계 방향으로 회전

　　㉣ 저기압 구역 내에서는 상승 기류가 형성되어 구름과 강수를 일으키고 악천후의 원인이 됨

　　㉤ 기단의 기온차가 심하면 발생

④ 저기압의 종류

　　㉠ 전선 저기압(온대 저기압) : 전선을 동반하는 저기압으로 기온 경도가 큰 온대 및 한대 지방에서 발생하는 저기압

　　㉡ 비전선 저기압 : 전선을 동반하지 않는 저기압(태풍 등)

ⓒ 한랭 저기압 : 동일한 고도에서 저기압 중심 부근의 기온이 주위보다 상대적으로 낮은 저기압

ⓔ 온난 저기압 : 중심이 주위보다 온난한 저기압으로 상층에 갈수록 저기압성 순환이 감쇠하여 어느 고도에서는 소멸하는 저기압

2018년 2차

67 대기의 대순환에 의해 상층의 수렴운동으로 공기가 모아져서 고기압을 이룬 것으로 키가 큰 고기압은?

　가. 온난고기압　　　　　　　　　　나. 한랭고기압

　사. 이동성고기압　　　　　　　　　아. 대륙성고기압

2-11 태풍(열대성 저기압)과 항해

(1) 태풍의 정의와 명칭

① 태풍의 정의 : 중심 풍속이 17m/s 이상(풍력 계급 12, 64노트) 이상의 강한 폭풍우를 동반하는 열대성 저기압

② **열대성 저기압의 발생 해역별 명칭**

　㉠ **태풍**(Typhoon) : 북서태평양 필리핀 근해

　㉡ **허리케인**(Hurricane) : 북대서양, 카리브해, 멕시코만, 북태평양 동부

　㉢ **사이클론**(Cyclone) : 인도양, 아라비아해, 뱅골만 등

　㉣ **윌리윌리**(Willy-Willy) : 호주 부근 남태평양

(2) 태풍의 발생 조건 및 지역

① 표면 해수 온도가 26~27℃ 이상 이상의 해역에서 발생(대양의 서부)

② 북위 5도–남위 5도 사이의 적도 부근에서는 발생하지 않음.

③ 남태평양의 서경 140도 이동(以東)의 해역에서는 발생하지 않음

④ 주로 필리핀 동쪽 해상(대략 북위 10~20도, 동경 130~150도)의 해역에서 빈번히 발생

⑤ 대기가 불안정하거나 지면은 저기압이고 상층 대기는 고기압상태 등을 유지

⑥ 수증기를 다량으로 포함한 불안정한 해상으로 풍속이 상층으로 갈수록 크게 변동하여서도 안됨

⑦ 우리나라의 경우 주로 7~8월경에 많이 발생하며, 북위 5~20도, 동경 110~180° 해역에서 연중 발생

67 가

(3) 태풍의 기압 분포

① 등압선은 중심으로부터 1,000hPa 내외까지는 거의 동심원

② 태풍 내에서의 기압은 중심부근으로 갈수록 급격하게 감소하고 등압선도 조밀

③ 태풍의 눈에서의 기압의 변화는 거의 없음

④ <u>태풍의 중심 추정 : 대양에서 바람을 등지고 양팔을 벌리면 북반구에서는 왼손 전방 약 23° 방향에 있다고 보는 바이스 밸럿 법칙(buys ballot's law)을 많이 이용</u>

(4) 태풍의 일생

① 발생기 : 적도 수렴대에 인도양으로부터 남서 계절풍이 유입되면 태풍이 발생

② 발달기

　ㄱ 10°N를 넘으면 급속히 발달하여 서북서 ~ 북서로 진행하면서 중심 기압이 990hPa 이하로 내려감

　ㄴ 최대 풍속 30m/s 이상의 강풍역이 되며 중심에는 눈이 나타남

③ 최성기

　ㄱ 20~25°N 부근에 달하여 중심 기압이 최저로 되며 태풍의 반경이 넓어짐

　ㄴ 중심 기압이 900hPa 전후가 되며 최대 풍속은 70m/s 정도가 됨

　ㄷ 최성기의 태풍은 이동속도가 느려지며 전향함

④ 쇠약기 : 중심 기압이 높아지면서 최대 풍속도 약해져 태풍의 위력이 떨어져 온대 저기압화하여 소멸

(5) 태풍의 발생 징조

① <u>해명(바다울림)이 나타남</u>

② <u>기압 : 일교차가 없어지고 기압이 하강</u>

③ <u>바람 : 바람이 갑자기 멈추고, 해륙풍이 없어짐</u>

④ <u>너울 : 보통 때와 다른 파장, 주기 및 방향의 너울이 관측됨</u>

⑤ <u>구름 : 상층운의 이동이 빠르고 구름이 점차로 낮아짐</u>

(6) 위험 반원과 가항 반원(안전 반원)

① 위험 반원 : 진행 방향의 오른쪽 반원, 태풍의 바람 방향과 바람의 이동 방향이 비슷하여 풍속이 증가, 선박이 압류되어 중심의 진로상으로 휩쓸려 갈 가능성이 있음, 바람을 선수로 받으면서 항해하여 피항

② 가항 반원(안전 반원) : 진행 방향의 왼쪽 반원, 비교적 바람이 약함, 선박이 바람에 압류되어도 태풍의 후면으로 빠지므로 비교적 위험이 적음, 바람을 우현선미로 받으면서 항해하며 피항

(7) 태풍중심과 선박의 위치 관계(북반구)

① 풍향이 변하지 않고 기압이 점점 하강하고 폭풍우가 강해지면 선박은 태풍의 진로상에 위치

② 풍향이 순전(E→E→SE→S의 순으로 변함)하면 선박은 태풍 진로선의 우측(위험 반원)에 위치

③ 풍향이 반전(NE→N→NW→W의 순으로 변함)하면 선박은 태풍 진로선의 좌측(가항반원)에 위치

2017년 1차

68 북태평양 서부에서 발생하여 중심풍속이 17m/s 이상의 강풍을 동반하는 열대성 저기압을 부르는 명칭은?

가. 태풍　　　　　　　　　　　　나. 사이클론

사. 허리케인　　　　　　　　　　아. 윌리윌리

2017년 3차

69 해상에서 열대성 저기압의 중심을 추정하는 방법으로 바람을 등지고 양팔을 벌리면 북반구에서는 열대성 저기압의 중심은 어디에 있는가?

가. 왼손 전방 20°-30° 방향　　　나. 왼손 후방 20°-30° 방향

사. 오른손 전방 20°-30° 방향　　아. 오른손 후방 20°-30° 방향

2014년 3차

70 태풍의 접근 징후를 설명한 것으로 옳지 않은 것은?

가. 아침, 저녁노을의 색깔이 변한다.

나. 털구름이 나타나온 하늘로 퍼진다.

사. 기압이 급격히 높아지며 폭풍우가 온다.

아. 구름이 빨리 흐르며 습기가 많고 무덥다.

2-12 항해 계획

(1) 항해 계획

① 항해나 항해 계획에 필요한 정보들을 검토하여 계획을 세우고 실행하는 제반 업무

② 구성 : 항로 검토, 항로 계획, 항해 실행, 항해 감시

③ 고려 사항 : 해도와 수로지, 선박의 크기와 흘수, 선적된 화물의 종류나 상태, 탑재된 항해 계기나 장비, 필요한 연료유, 윤활유, 청수 각종 소모품 및 주부식 등

④ 항해 계획 수립의 순서

    ㉠ 각종 수로 도지에 의한 항행 해역의 조사 및 연구와 자신의 경험을 바탕으로 적합한 항로를 선정

    ㉡ 선정한 항로를 기입하고 일단 대략적인 항정 산출

    ㉢ 사용 속력을 결정하고 실속력을 추정

    ㉣ 대략의 항정과 추정한 실속력으로 항행할 시간을 구하여 출·입항 시각 및 항로상의 중요한 지점을 통과하는 시각 등을 추정

    ㉤ 수립한 계획이 적절한가를 검토

    ㉥ 대축척 해도에 출·입항항로, 연안항로를 그리고, 다시 정확한 항정을 구하여 예정 항행 계획표를 작성

    ㉦ 세밀한 항행 일정을 구하여 출·입항 시각을 결정

(2) 항로 검토

① 출항지에서 목적지까지 항해에 관련된 모든 정보를 수집하여 검토 분석하는 단계

② 항로의 분류

    ㉠ **지리적 분류** : 연안항로 · 근해항로 · 원양항로 등

    ㉡ **통행 선박의 종류에 따른 분류** : 범선항로 · 소형선항로 · 대형선항로 등

    ㉢ **국가 · 국제기구에서 항해의 안전상 권장하는 항로** : 추천항로

    ㉣ **운송상의 역할에 따른 분류** : 간선항로와 지선항로

(3) 항로 계획

항로 검토 단계에서 취합, 평가된 정보를 바탕으로 구체적이고 실행 가능한 계획을 세우는 단계

(4) 항해 실행

① 항해 개시 전 또는 항해 중의 특별한 상황 조우 전 최종적으로 항해가 시작되거나 지속될 수 있는지를 점검

② 고려되어야 할 요소 : 도착 예정 시간, 계획 수정, 피로도, 선박 통항량, 조석과 조류, 추가 당직자, 브리핑

(5) 항해 감시

① 항해를 수행하는 과정에서 항해 계획, 선장 복무 지침, 국제해상충돌예방규칙, 각종 국제 규정에 따라서 안전한 항해를 확인하고 수행하며 감시하는 단계

② 고려되어야 할 세부 항목

　　㉠ 위치 측정 방법 : 레이더, GPS, 중시선 등

　　㉡ 충돌을 예방하기 위한 국제 규칙

　　㉢ 측심 : 음향측심기 등을 이용

　　㉣ 위치 측정 빈도, 시간 관리, 규칙적인 선위 확인과 예상위치, 경계, 변침점, 계획 항로 이탈

2018년 2차

71 항해계획 수립에 대한 설명으로 옳은 것은?

　가. 선장의 업무를 감독하기 위한 것이다.

　나. 선교팀을 지원하기 위한 것이다.

　사. 출항항의 외항에서 도착항의 방파제까지에 대한 계획을 수립하는 것이다.

　아. 항해계획에는 대양 해역만 포함된다.

▶ 선교팀은 항해계획에 근거하여 활동한다.

2017년 1차

72 항로계획에 따른 안전한 항해를 확인하는 방법이 아닌 것은?

　가. 레이더를 이용한다.　　　　나. 음향측심기를 이용한다.

　사. 중시선을 이용한다.　　　　아. 선박의 평균속력을 계산한다.

2017년 2차

73 항해계획을 수립할 때 구별하는 지역별 항로의 종류가 아닌 것은?

　가. 원양 항로　　　　　　　　나. 왕복 항로

　사. 근해 항로　　　　　　　　아. 연안 항로

2-13 연안 항해 계획

(1) 연안 항로의 선정

① 해안선과 평행한 항로 : 연안에서 뚜렷한 물표가 없는 해안을 항해하는 경우 해안선과 평행한 항로를 선정하는 것이 좋지만, 야간의 경우 해·조류나 바람이 심할 때는 해안선과 평행한 항로에서 바다쪽으로 벗어난 항로를 선정

② 우회항로 : 복잡한 해역이나 위험물이 많은 연안을 항해하거나, 또는 조종 성능에 제한이 있는 상태에서는 해안선에 근접하지 말고 다소 우회하더라도 안전한 항로를 선정

71 나　72 아　73 나

③ 추천항로 : 수로지, 항로지, 해도 등에 추천항로가 설정되어 있으면 특별한 이유가 없는 한 그 항로를 그대로 따름

(2) 연안 통항계획 수립시 고려 사항

선박보고제도(Ship's Rcporting System), 선박교통관제제도(Vessel Traffic Services), 항로지정제도(Ships' Routeing)

(3) 이안 거리

① 이안 거리(해안선으로부터 떨어진 거리) 결정 요소 : 선박의 크기 및 제반 상태, 항로 길이, 선위 측정법 및 정확성, 해도의 정확성, 해상, 기상 및 시정의 상태, 기상, 당직자의 자질 및 위기 대처 능력 등

② 이안거리 표준 : 내외항로(1해리), 외양항로(3~5해리), 야간항로 표지가 없는 외양항로(10해리 이상)

③ 이안거리 표준보다 더 이격거리를 두어야 하는 경우 : 무중 항해, 야간 항해, 고속 항해, 예선 · 피예선

(4) 경계선

① 어느 수심보다 더 얕은 위험구역을 표시하는 등심선

② 연안 항해시는 물론 변침점을 정하는데 꼭 고려해야 하며, 보통 해도상에 빨강색으로 표시

③ 흘수가 작은 선박, 소형선 : 10m 등심선

④ 흘수가 큰 선박, 대형선, 기복이 심한 암초지역 : 20m 등심선

(5) 피험선

① 협수로를 통과할 때나 출 · 입항할 때에 자주 변침하여 마주치는 선박을 적절히 피하여 위험을 예방하고 여러 가지 위치선을 이용해 예정 침로를 유지하기 위한 위험 예방선

② 피험선의 선정

　　㉠ 중시선을 이용한 피험선 : 침로 주변에 암초냐 수심이 낮은 구역이 있을 때, 야간 표지의 도등

　　㉡ 선수 방향에 있는 물표의 방위선에 의한 방법 : 물표를 연결하는 방위선을 긋고 그 방위선을 피험선으로 사용하는 방법

　　㉢ 침로의 전방에 있는 한 물표의 방위선에 의한 것

　　㉣ 측면에 있는 물표로부터의 거리에 의한 것

(6) 변침 물표의 선정 및 변침 방법

① 연안 항해는 복잡한 해안선으로 인해 잦은 변침이 필요하므로 예정된 항로를 벗어나지 않고 안전한 항해를 이루기 위해서는 변침 지점과 변침 물표를 미리 선정해 두어야 함

② 변침 물표 선정시 주의 사항

    ㉠ 물표가 변침 후의 침로 방향에 있고 그 침로와 평행이거 나 또는 거의 평행인 방향에 있으면서 거리가 가까운 것을 선정

    ㉡ 위와 같은 물표가 없으면, 전타할 현 쪽의 정횡 부근에 있는 뚜렷한 물표, 또는 중시 물표와 같이 정밀도가 높은 것을 선정

    ㉢ 변침 물표로는 등대, 임표, 섬, 산봉우리 등과 같이 푸렷하고 방위를 측정하기 좋은 것을 선정

    ㉣ 중요한 변침 지점이거나 뚜렷한 물표가 없는 곳이면 반드시 예비 물표를 선정

    ㉤ 곶, 부표는 피하고 등대, 섬, 입표, 산봉우리 등을 선택

③ 변침 방법

    ㉠ 정횡의 물표를 이용한 변침 : 변침각이 작을 때 사용하는 방법

    ㉡ 새 침로와 평행한 방위선을 이용하는 방법

    ㉢ 소각도 변침 방법 : 작은 각도로 나누어 변침하는 방법

(7) 출·입항 항로의 선정

① 출항 항로 선정시 주의사항

    ㉠ 선수나 선미에 물표를 정하여 선박이 항로의 좌우로 벗어나는지 쉽게 파악할 수 있도록 함

    ㉡ 출항에 앞서 예정 침로 주위에 위험 수역이 있으면 피험선을 선정해 놓음

    ㉢ 정박선이나 장애물로부터 가능한 한 멀리 떨어져 통항하며 특히 조류 하류쪽 또는 바람의 풍하쪽으로 통과

    ㉣ 정박 지점에서 이동할 때에는 바로 바로 정침할 수 있도록 계획

② 입항 항로 선정시 주의사항

    ㉠ 사전에 항만의 상황, 정박지의 수심 및 저질, 기상, 해상의 상태를 조사

    ㉡ 지정된 항로, 추천 항로 또는 상용의 항로를 따름

    ㉢ 선수물표와 투묘 시기를 알 수 있도록 물표의 방위를 미리 설정

    ㉣ 수심이 얕거나 고르지 못할시 암초, 침선 등은 가급적 피함

    ㉤ 출항예정시간(ETD), 입항예정시간(ETA), 도선구역(P/S)

74 연안 통항계획 수립시 고려하지 않는 것은?

가. 선박보고제도(Ship's Rcporting System)

나. 선박교통관제제도(Vessel Traffic Services)

사. GMDSS 운용

아. 항로지정제도(Ships' Routeing)

75 수심이 얕은 위험한 곳으로 선박이 진입하는 것을 사전에 확인하기 위하여 등심선을 위험구역의 한 계로 표시하는 것은?

가. 위험선　　　　　　　　　　나. 등심선

사. 경계선　　　　　　　　　　아. 피항선

76 좁은 수로를 통과할 때 뚜렷한 물표의 방위, 거리, 수평 협각 등에 의한 위치선을 이용하여 작도하는 위험 예방선은?

가. 중시선　　　　　　　　　　나. 예방선

사. 피험선　　　　　　　　　　아. 수평선

03 해도 및 항로표지

3-1 해도의 정의와 종류

(1) 해도(Nautical Chart)

수심, 저질, 암초와 다양한 수중 장애물, 섬의 위치와 모양, 항만시설, 각종 등부표, 해안의 여러 가지 목표물, 바다에서 일어나는 조석·조류·해류 등이 표시되어 있는 바다의 안내도

(2) 해도의 도법(제작법)에 의한 분류

① 평면도법

    ㉠ 지구 표면의 좁은 한 구역을 평면으로 가정하고 그린 축척이 큰 해도

    ㉡ 주로 항박도에 많이 이용

② 점장도법

    ㉠ 지구는 타원체이기 때문에 인접한 자오선의 간격은 적도에서 극으로 갈수록 좁아지는데 이러한 자오선을 위도와 관계없이 평행선으로 표시하는 방법

    ㉡ 항정선이 직선으로 표시

    ㉢ 자오선은 남북 방향으로 평행선으로 표시되고 거등권은 동서 방향으로 평행선으로 표시되어 서로 직교

    ㉣ 경·위도에 의한 위치 표시는 직교 좌표가 되어 사용하기 편리

    ㉤ 해도위의 두 지점간의 방위는 두 지점의 직선과 자오선과의 교각

    ㉥ 거리를 측정할 때에는 위도 눈금으로 알 수 있음(단위는 해리)

    ㉦ 고위도에서는 왜곡이 생기므로 위도 70°이하에서 사용

③ 대권도법(심사 도법)

    ㉠ 대권(지구중심을 가로지르는 선)을 이용한 도법

    ㉡ 평면에 지구 표면을 투영하는 방법으로 긴 항해를 계획할 때 유리

(3) 해도의 사용 목적에 의한 분류

① 총도(1/400만 이하) : 세계 전도와 같이 넓은 구역을 나타낸 것으로 장거리 항해와 항해 계획 수립에 이용됨

② 항양도(1/100만 이하) : 원거리 항해에 사용되며, 해안에서 떨어진 먼 바다의 수심, 주요 등대, 원거리 육상 물표 등이 표시되어 있음

③ 항해도(1/30만 이하) : 육지를 바라보면서 항행할 때 사용하는 해도로서, 선위를 직접 해도상에서 구할 수 있도록 육상의 물표, 등대, 등표, 수심 등이 비교적 상세히 그려져 있음

④ 항박도(1/5만 이상) : 항만, 정박지, 협수로 등 좁은 구역을 세부까지 상세히 그린 평면도임

⑤ 해안도(1/5만 이하) : 연안항해에 사용하는 해도로서 연안의 상황이 상세하게 표시되어 있음

(4) 해도의 축척에 의한 분류

① 대축척 해도 : 작은 지역을 상세하게 표시한 해도(항박도)

② 소축척 해도 : 넓은 지역을 작게 나타낸 해도(총도, 항양도)

2018년 2차

77 해도를 제작하는데 이용되는 도법이 아닌 것은?

가. 평면도법 　　　　　　나. 점장도법

사. 반원도법 　　　　　　아. 대권도법

2018년 1차

78 점장도에 대한 설명으로 옳지 않은 것은?

가. 항정선이 직선으로 표시된다.

나. 경위도에 의한 위치표시는 직교좌표이다.

사. 두 지점 간 방위는 두 지점의 연결선과 거등권과의 교각이다.

아. 두 지점 간 거리를 잴 수 있다.

2017년 2차

79 점장도에 대한 설명으로 옳지 않은 것은?

가. 항정선이 직선으로 표시된다.

나. 경위도에 의한 위치표시는 직교좌표이다.

사. 두 지점 간 진방위는 두 지점의 연결선과 자오선과의 교각이다.

아. 두 지점 간의 거리는 경도를 나타내는 눈금의 길이와 같다.

2018년 1차

80 항만, 정박지, 좁은 수로 등의 좁은 구역을 상세히 그린 해도는?

    가. 항양도   나. 항해도

    사. 해안도   아. 항박도

2018년 2차

81 연안항해에 사용되는 해도의 축척에 대한 설명으로 옳은 것은?

    가. 최신 해도이면 축척은 관계없다.

    나. 1:50,000인 해도가 1:150,000인 해도보다 소축척 해도이다.

    사. 사용 가능한 대축척 해도를 사용한다.

    아. 총도를 사용하여 넓은 범위를 관측한다.

2017년 4차

82 다음 해도 중 가장 소축척 해도는?

    가. 항박도   나. 해안도

    사. 항해도   아. 항양도

3-2 해도상의 정보

(1) 해도의 축척

두 지점 사이의 실제 거리와 해도에서 이에 대응하는 두 지점 사이의 거리의 비

(2) 해도의 번호 및 표제

① 모든 해도는 분류 변호와 그 해도의 내용을 단적으로 표시한 표제가 기록되어 있으며, 임의로 변경할 수 없음

② 해도의 명칭, 축척, 측량년도 및 자료의 출처, 수심 및 높이의 단위와 기준면 조석에 관한 사항 등

③ 나침도(Compass Rose)

    ㉠ 바깥쪽 원은 진북을 가리키는 진방위권을 안쪽은 자기 컴퍼스가 가리키는 나침 방위권을 각각 표시

    ㉡ 중앙에는 자침편차와 1년간의 변화량인 연차가 기재되어 있음

④ 경위도 표시 : 해도의 안쪽 윤곽선의 눈금의 구획에 도수, 분수로 기재

⑤ 바다 부분의 표시

⑦ 해도의 수심
- 1년 중 해면이 가장 낮은 이보다 아래로 내려가는 일이 거의 없는 면(기본수준면/약최저 저조면)으로 우리나라에서는 m를 사용
- **물표의 높이** : 장기간 관측한 해면의 평균 높이에 있는 수면을 평균수면이라고 하는데 등대와 같은 육상 물표의 높이는 이 수면으로부터의 높이로 표시
- **조고와 간출암** : 기본수준면
- **해안선** : 안선이라고도 하며 약최고 고조면으로 육지와 바다의 경계선을 표시

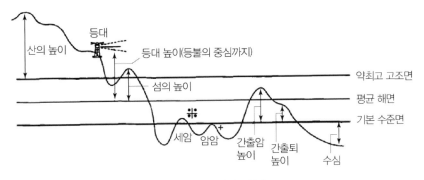

[**수심 및 높이의 기준**]

ⓛ **저질** : 해저의 퇴적물 등을 말하며 규정된 약어로 기재
ⓒ **등심선** : 수심이 동일한 지점을 가는 실선으로 연결하여 나타냄
ⓔ **항로 표지** : 등대, 등표, 등주, 등부표, 무선표지국 등이 규정된 기호와 약어로 표시
ⓜ **조류화살표** : 조류의 방향과 최강유속을 표시

(3) 해도 도식

① **해도 도식** : 해도상 여러 가지 사항들을 표시하기 위하여 사용되는 특수한 기호와 양식, 약어 등을 총칭
② **위치표시** : PA(개략적인 위치), PD(의심되는 위치), ED(존재의 추측위치), SD(의심되는 수심)
③ **해상 구역** : 사격 훈련 구역, 투묘 금지 구역, 항박 금지 구역, 항로 등
④ **저질**(Quality of the Bottom) : S(모래), Sn(조약돌), M(펄), P(둥근자갈), G(자갈), Rk · rky(바위), Oz(연니), Co(산호), Cl(점토), Sh(조개껍질), Oys(굴), Wd(해초), WK(침선)
⑤ **해저 위험물** : 간출암, 침선, 세암, 암암 등이 기재

기호	설명
✿₃✿₃✳₃	간출암 : 저조시 수면 위에 나타났다 수중에 감추어 졌다 하는 바위(3m)
(✳)	항해에 위험한 간출암
✛	세암 : 저조시 수면과 거의 같아서 해수에 봉우리가 씻기는 바위
(✛)	항해에 위험한 세암
＋	암암 : 저조시에도 수면위에 나타나지 않는 바위
(＋)	항해에 위험한 암암
⅋	노출암 : 저조시나 고조시에 항상 보이는 바위
┼┼┼	위험하지 않은 침선
(┼┼┼)	항해에 위험한 침선

2018년 2차

83 해도에서 수심을 나타내는 기준면으로, 해면이 이보다 아래로 내려가는 일이 거의 없는 면은?

가. 저조면 나. 평균해면
사. 기본수준면 아. 약최고고조면

2017년 4차

84 일반적으로 해상에서 측심한 수치를 해도상의 수심과 비교하면?

가. 해도의 수심보다 측정한 수심이 더 얕다.
나. 해도의 수심과 같거나 측정한 수심이 더 깊다.
사. 측정한 수심과 해도의 수심은 항상 같다.
아. 측정한 수심이 주간에는 더 깊고 야간에는 더 얕다.

2018년 2차

85 해도상에 사용되는 특수한 기호와 약어는?

가. 해도 표제 나. 해도 제목
사. 수로 도지 아. 해도 도식

2017년 1차

86 해도상에서 침선을 나타내는 영문 기호는?

가. Bk 나. Wk
사. Sh 아. Rf

83 사 84 나 85 아 86 나

3-3 해도 사용법

(1) 해도 작업에 필요한 도구

① 삼각자 : 해도상 방위 재는 도구

② 디바이더 : 해도상 거리를 재는 도구

③ 기타 : 컴퍼스, 지우개 및 <u>연필(2B, 4B)</u> 등

(2) 해도의 이용

① 경·위도 읽는 법 : 해도 상에 있는 어느 지점의 경도와 위도를 구하려면 삼각자 또는 평행자를 써서 그 지점을 지나는 자오선을 긋고 해도의 위쪽이나 아래쪽에 기입된 경도 눈금을 읽으면 됨

② 두 지점 사이의 방위(또는 침로)를 구하는 방법

㉠ 해도에 그려져 있는 나침도를 사용하여 구함

㉡ 삼각자의 한 변을 그들 두 지점 위에 똑바로 맞춘 다음 또 하나의 삼각자를 함께 사용하여 그 변을 나침도의 중심까지 평행 이동시켜 방위(침로)를 읽음

③ <u>두 지점 간의 거리를 구하는 방법</u> : 두 지점에 디바이더의 발을 각각 정확히 맞추어 두 <u>지점간의 간격을 재고, 이것을 그들 두 지점의 위도와 가장 가까운 위도의 눈금에 대</u> <u>어 거리를 구함</u>

④ 선박의 위치를 구하는 방법 : 선박은 위치선(어떤 물표를 관측하여 얻은 방위 협각, 고도, 거리, 수심 등을 만족하는 점의 자취)의 어느 부분 위에 있다고 생각할 수 있으며, 이러한 위치선이 여러 개 겹치면 그 겹치는 지점에 선박이 위치함

(3) 해도의 선택시 주의 사항

① 항해 목적에 따른 적합한 축척의 해도를 선택

② 시일이 경과할수록 지형 및 수심이 변화하므로 항상 최신판해도나 완전히 개정된 해도를 선택

(4) <u>해도 취급에 관한 주의 사항</u>

① 해도를 해도대의 서랍에 넣을 때에는 반드시 펴서 넣어야 함

② 부득이 접어야 할 때에는 구김이 생기지 않도록 주의

③ 해도는 발행 기관별 번호 순서로 정리

④ 서랍의 앞면에 그 속에 들어있는 해도번호, 내용물을 표시

⑤ 서랍마다 넣는 매수는 20매 정도를 기준으로 함

⑥ 해도에는 필요한 선만 긋도록 함

⑦ 해도용 연필은 너무 단단하지 않으며 질이 좋은 것으로 끝은 납작하게 깎아서 사용

87 해도에 대한 설명으로 옳은 것은?

　가. 해도는 매년 바뀐다.

　나. 해도는 외국 것일수록 좋다.

　사. 해도번호가 같아도 내용은 다르다.

　아. 해도에서는 해도용 연필을 사용하는 것이 좋다.

　▶ 해도에서 연필은 2B나 4B를 이용

88 해도상에서 두 지점간의 거리를 구하려고 할 때, 두 지점간의 간격을 잰 디바이더를 해도의 어느 부분에 대어 측정하는가?

　가. 두 지점의 위도와 가장 가까운 위도의 눈금 부분

　나. 두 지점의 위도와 가장 먼 위도의 눈금 부분

　사. 두 지점의 경도와 가장 가까운 경도의 눈금 부분

　아. 두 지점의 경도와 가장 먼 경도의 눈금 부분

89 해도를 취급할 때의 주의사항으로 옳은 것은?

　가. 연필 끝은 둥글게 깎아서 사용한다.

　나. 여백에 낙서를 해도 무방하다.

　사. 연안항해에는 가능한 한 축척이 큰 해도를 사용한다.

　아. 반드시 해도의 소개정을 할 필요는 없다.

3-4　수로서지

(1) 항로지

① 해도에 표현할 수 없는 사항에 대하여 상세하게 설명하는 안내서

② 해상 있어서의 기상 해류 · 조류 등의 여러 현상, 일반 기사 및 항로의 상황, 연안의 지형, 항만의 시설 등을 기재

③ 총기, 연안기, 항만기로 크게 3편으로 나누어 기술

④ 항로지의 종류

　㉠ **근해항로지** : 한국 근해, 일본 및 동남아에 있어서의 항로 선정을 위한 자료 수록

　㉡ **대양항로지** : 대양에 있어서의 항로 선정을 위한 자료 수록

　㉢ **항로지정** : 세계 주요 항로 즉 연안, 해협, 진입로 등의 통항 분리 방식과 주의 사항 수록

87 아　88 가　89 사

(2) 특수 서지

① 등대표

㉠ 선박을 안전하게 유도하고 선위 측정에 도움을 주는 주간, 야간, 음향, 무선 표지가 상세하게 수록된 항로 표지의 이력표

㉡ 우리나라의 등대표는 동해안, 남해안, 서해안 전 연안에 설치된 항로 표지의 변호, 명칭, 위치, 등질, 등고, 광달거리, 도색, 구조 등 기타 사항을 수록

② 조석표

㉠ 각 지역의 조석 및 조류에 대하여 상세하게 기술한 것으로 조석 용어의 해설도 포함

㉡ 표준항 이외의 항구에 대한 조시 및 조고를 표준항에 대한 조시 및 조고에 대한 개정수를 참고하여 구할 수 있음

③ 특수 서지의 종류

㉠ 한국 해양 환경도 : 한국 근해의 해양 환경 자료

㉡ 천측력 : 천문항해 시 선위를 결정하는 데 사용되며 주요 행성의 적위, 항성의 항성 시각, 해와 달의 출몰 시각을 기록

㉢ 태양 방위각표 : 위태양의 적위에 따른 위도별 태양의 진방위와 일출·몰 시각 수록

㉣ 천측 계산표 : 천문 항해에서 천측 위치를 계산하는 데 필요한 제원 수록

㉤ 조류도 : 우리나라의 주요 25개 지역의 조류 현황 수록

㉥ 조류 예보표 : 한국 연안 주요 수로 및 해역에 대한 조류 예보값 수록

㉦ 속력환산표 : 항해 시간, 항주 거리, 속력 중에서 하나를 모르는 경우에 손쉽게 구할 수 있도록 환산표 제공

(3) 기타 수로 서지

① 국제 신호서 : 선박의 항해와 인명의 안전에 위급한 상황이 생겼을 경우 특히 언어를 통한 의사소통에 문제가 있을 경우에 신호기, 발광, 음향, 확성기에 의한 음성, 무선, 수신호 등을 이용하여 상대방에게 도움을 요청할 수 있도록 국제적으로 약속한 부호와 그 부호의 의미를 상세하게 설명한 책

② 해상거리표 : 우리나라와 전 세계 주요 항만 간의 해상 거리 수록

③ 해도 도식

2017년 2차

90 선박을 안전하게 유도하고 선위측정에 도움을 주는 주간, 야간, 음향, 무선 표지가 상세하게 수록된 것은?

가. 등대표　　　　나. 조석표　　　　사. 천측력　　　　아. 항로지

91 항로지에 대한 설명으로 옳지 않은 것은?

가. 해도에 표현할 수 없는 사항을 설명하는 안내서이다.

나. 항로의 상황, 연안의 지형, 항만의 시설 등이 기재되어 있다.

사. 국립해양조사원에서는 외국 항만에 대한 항로지는 발행하지 않는다.

아. 항로지는 총기, 연안기, 항만기로 크게 3편으로 나누어 기술하고 있다.

▶ 항로지는 주요 항로에서 장애물, 해황, 기상 및 기타 선박이 항로를 선정할 때 참고가 되는 사항을 기록한 서적이
다. 국립해양조사원의 근해항로지는 한국 근해, 일본, 동남아의 항로 선정 자료를 제공한다.

92 수로서지에 대한 설명으로 옳은 것은?

가. 항로지정은 대양에서의 항로 선정을 위한 자료를 제공한다.

나. 해상거리표는 항해시간, 항주거리, 속력 중에서 하나를 모르는 경우에 손쉽게 구할 수
있도록 환산표를 제공한다.

사. 태양방위각표는 주요 행성의 적위, 항성의 항성시각, 해와 달의 출몰 시각을 제공한다.

아. 조류도는 우리나라 주요 19개 지역의 조류 현황을 제공한다.

93 수로서지 중 특수서지가 아닌 것은?

가. 등대표

나. 조석표

사. 천측력

아. 항로지

94 조석표에 대한 설명으로 옳지 않은 것은?

가. 조석 용어의 해설도 포함하고 있다.

나. 각 지역의 조석 및 조류에 대해 상세히 기술하고 있다.

사. 표준항 이외에 항구에 대한 조시 조고를 구할 수 있다.

아. 국립해양조사원은 외국항 조석표는 발행하지 않는다.

3-5 해도의 개정

(1) 항행통보

암초나 침선 등 위험물의 발견, 수심의 변화, 항로 표지의 신설·폐지 등을 항해자에게
통보하여 주의를 환기시키고 아울러 수로도지를 정정할 목적으로 발행하는 소책자

91 사　92 아　93 아　94 아

(2) 항행경보

해상사격 훈련, 선박 침몰, 수중 장애물, 암초 표류물 등 비교적 긴급을 요하는 사항은 무선전신, 라디오, 팩시밀리를 통하여 통보

(3) 해도의 개정 및 소개정

① 개판 : 새로운 자료에 의해 해도의 내용을 전반적으로 개정하거나 또는 해도의 포함 구역이나 크기 등을 변경하기 위하여 해도 원판을 새로 만드는 것

② 재판 : 현재 사용 중인 해도의 부족 수량을 충족시킬 목적으로 원판을 약간 수정하여 다시 발행하는 것(항행통보로 알리지 않음)

③ 소개정 : 매주 간행되는 항행 통보에 의해 직접 해도 상에 수정, 보완하거나 또는 보정도로서 개보하여 고치는 것

　㉠ 수기에 의한 개보

　　• 통보 내용을 그리거나 써서 개정하는 것을 말하며 불필요한 부분은 두 줄을 그어 지움

　　• 개보할 때에는 붉은 색 잉크를 사용

　　• 기사는 해도의 여백(보통 좌측 하단)에 간결하고 알기 쉽게 가로로 씀

　　• 해도 도식에 기호가 정해지지 않은 지물의 위치는 ◉ 또는 ○으로 표시하고, 그 옆에 명칭을 기입

　　• 수심은 수심을 나타내는 숫자의 정수 부분의 중앙이 되도록 기재

　　• 침선, 암초 등의 바로 위에 표지로서 설치된 부표를 기입할 때는 침선, 암초 등을 삭제하지 말고, 거기서 가장 가까운 항로쪽이나 외해 쪽에 기입

　㉡ 보정도에 의한 개보

　　• 지형, 해안선 또는 광범위하게 수심이 변화된 경우, 또는 개보 사항이 좁은 구역에 밀집된 경우 등은 손으로 직접 적어 개보하기 곤란하므로 변경 사항이 그림으로 제공되는 보정도를 항행통보에서 오려서 해도의 개정 위치에 붙임

　　• 보정도를 붙이기 전에 해도와 겹쳐서 대조하고 개보 내용을 확인한 다음 정확하게 붙임

　　• 개보할 부분만 정확하게 자르고 불필요한 부분은 절단하여도 좋음

　　• 붙인 부분으로 인하여 해도가 울거나 주름이 잡히는 등의 문제가 생기지 않도록 확실하게 붙임

2017년 3차

95 항행통보에 의해 항해사가 직접 해도를 수정하는 것은?

　가. 개판　　　　　　　　　나. 재판

　사. 보도　　　　　　　　　아. 소개정

3-6　야간 표지(야표) : 구조에 의한 분류

(1) 야간 표지(야표, 광파표지)

　① 야간 표지(야표, 광파표지) : 등화에 의하여 그 위치를 나타내며, 주로 야간의 물표가 되는 표지

　② 야간뿐만 아니라 주간에도 물표로 이용될 수 있음

(2) 구조에 의한 분류

　① 등대 : 야간 표지의 대표적인 것으로 해양으로 돌출된 곳이나 섬 등 선박의 물표가 되기에 알맞은 위치에 설치된 등화를 갖춘 탑 모양의 구조물

　② 등주 : 등대와 같은 목적으로 사용되지만 쇠나 나무 또는 콘크리트와 같이 기둥 모양의 꼭대기에 등을 달아 놓은 것

　③ 등입표(등표) : 암초나 수심이 얕은 곳, 항행 금지 구역 등을 표시하는 지점에 고정 설치하여 선박의 좌초를 예방하고, 항로의 안전을 위하여 설치되는 구조물

　④ 등선 : 육지에서 멀리 떨어진 해양, 항로의 중요한 위치에 있는 사주등을 알리기 위해서 일정한 지점에 정박하고 있는 특수한 구조의 선박(보통 무선 신호 및 무선 표지가 같이 설치)

　⑤ 등부표

　　㉠ 암초나 사주가 있는 위험한 장소·항로의 입구·폭·변침점 등을 표시하기 위하여 설치

　　㉡ 해저의 일정한 지점에 체인으로 연결되어 떠 있는 구조물

　　㉢ 파랑이나 조류에 의한 위치 이동 및 유실에 주의

2018년 2차

96 야간표지의 대표적인 것으로 해양으로 돌출된 곳(갑), 섬 등 항해하는 선박의 위치를 확인하는 물표가 되기에 알맞은 장소에 설치된 탑과 같은 구조물은?

　가. 등대　　　　나. 등표　　　　사. 등선　　　　아. 등주

---

97 높이가 거의 일정하여 해도상의 등질에 등고를 표시하지 않는 항로표지는?

　가. 등대　　　　　　　　　나. 등표

　사. 등선　　　　　　　　　아. 등부표

98 쇠나 나무 또는 콘크리트와 같이 기둥 모양의 꼭대기에 등을 달아 놓은 것으로, 광달거리가 별로 크지 않아도 되는 항구, 항내 등에 설치하는 항로 표지는?

　가. 등대　　　　　　　　　나. 등표

　사. 등선　　　　　　　　　아. 등주

3-7　야간 표지(야표) : 용도에 의한 분류

(1) 도등

통항이 곤란한 좁은 수로, 항만 입구 등에서 선박의 안전한 항로를 위해 항로의 연장선 위에 높고 낮은 2-3개의 등화를 앞뒤로 설치하여 중시선에 따라 선박을 인도하는 등

(2) 지향등

선박의 통항이 곤란한 좁은 수로, 항구, 만 입구에서 안전 항로를 알려 주기 위하여 항로 연장선상의 육지에 설치한 분호등(녹색, 적색, 백색의 3가지 등질이 있으며 백색광이 안전구역)

(3) 조사등(부등)

풍랑이나 조류 때문에 등부표를 설치하거나 관리하기가 어려운 위험한 지점으로부터 가까운 곳에 등대가 있는 경우 그 등대에 강력한 투광기를 설치하여 그 위험 구역을 유색등(주로 홍색)으로 비추어 위험을 표시하는 등화

(4) 임시등

보통 선박의 출입이 많지 않은 항구 등에 출·입항선이 있을 경우 또는 선박의 출입이 일시적으로 많아질 때 임시로 점등하는 등

(5) 가등

등대의 개축 공사 중에 임시로 가설하는 등

97 아　98 아

03 해도 및 항로표지　65

99 선박의 통항이 곤란한 좁은 수로, 항구, 만 입구 등에서 선박에게 안전한 항로를 알려주기 위하여 항로 연장선 상의 육지에 설치하는 분호등은?

가. 도등　　　　　　　　　　나. 조사등

사. 지향등　　　　　　　　　아. 호광등

3-8 야간 표지(야표) : 등질

(1) 등질

일반 등화와 혼동되지 않고 부근에 있는 다른 야간 표지와도 구별될 수 있도록 등광의 발사 상태를 달리하는 것

(2) 부동등(F)

등색이나 등력(광력)이 바뀌지 않고 일정하게 계속 빛을 내는 등

(3) 명암등(Oc)

주기 동안에 빛을 비추는 시간(명간)이 꺼져있는 시간(암간)보다 길거나 같은 등

(4) 군명암등(Oc(*))

명암등의 일종으로, 한 주기 동안에 2회 이상 꺼지는 등

(5) 섬광등(Fl)

빛을 비추는 시간(명간)이 꺼져 있는 시간(암간)보다 짧은 것으로, 일정한 간격으로 섬광을 내는 등

(6) 군섬광등(Fl(*))

섬광등의 일종으로 1주기 동안에 2회 이상의 섬광을 내는 등(괄호안의 *는 섬광등의 횟수)

(7) 급섬광등(Q)

섬광등의 일종으로 1분 동안에 50회 이상 80회 이하의 일정한 간격으로 섬광을 내는 등

(8) 호광등(Alt)

색깔이 다른 종류의 빛을 교대로 내며, 그 사이에 등광은 꺼지는 일이 없는 등

(9) 분호등

서로 다른 지역을 다른 색상으로 비추는 등화, 위험 구역만을 주로 홍색광으로 비추는 등화

99 사

⑽ 모스부호등(Mo)

모스 부호를 빛으로 발하는 것으로 어떤 부호를 발하느냐에 따라 등질이 달라지는 등

2018년 1차
100 야간표지에 사용되는 등화의 등질이 아닌 것은?

    가. 부동등   나. 명암등

    사. 섬광등   아. 교차등

2018년 1차
101 등광의 색깔이 바뀌지 않고 서로 다른 지역을 다른 색상으로 비추는 등화는?

    가. 부등등   나. 섬광등

    사. 분호등   아. 호광등

3-9 주기·등색·등고·광달거리

⑴ 주기(Period)

① 정해진 등질이 반복되는 시간(h), 초(sec) 단위로 표시

② 섬광등의 경우 섬광등이 최초에 시작되는 시각으로부터 그 다음 섬광등이 시작될 때까지의 시간

⑵ 등화에 이용되는 등색

백색(W), 적색(R), 녹색(G), 황색(Y) 등

⑶ 등대 높이(등고)

① 해도나 등대표에서는 평균 수면에서 등화의 중심까지를 등대의 높이로 표시하고 있는데, 대부분의 경우 미터로 표시

② 등선의 경우에는 수면상의 높이를 기재

③ 등부표의 경우에는 높이가 거의 일정하므로 등고를 기재하지 않음

⑷ 명호, 암호, 분호

① 명호 : 등광을 해면에 비춰주는 부분

② 암호 : 등광이 비춰지지 못하는 부분

③ 분호 : 명호내의 위험구역을 유색등(주로 홍색광)으로 비춰주는 부분

(5) 점등시간

일반적으로 유인등대(일몰시부터 일출시까지), 무인등대(항시 등화)

(6) 광달거리

① 등광을 알아볼 수 있는 최대거리(단위 M)로 해도나 등대표에는 지리학적 광달거리와 광학적 광달거리 중 작은 값을 기재

② 광달거리에 영향을 주는 요소 : 시계, 기온과 수온, 등화의 밝기, 광원의 높이 등

(7) 해도상의 등질 표시

Gp. Fl.(2) 3, 25m, 15M

※ 등질 : 군섬광등으로서 짝은 2군이고, 주기는 3초(3초마다 2번 깜박), 등대높이는 25미터이고 광달거리는 15마일

2018년 1차

102 해도상 등부표에 표시된 'Fl(2),R,2s,20M'에 대한 설명으로 옳지 않은 것은?

가. 군섬광등이다.　　　　　　　　　나. 주기는 2분이다.
사. 등색은 적색이다.　　　　　　　　아. 광달거리는 20해리이다.

2017년 1차

103 등화에 이용되는 등색이 아닌 것은?

가. 백색　　　　　　　　　　　　　　나. 적색
사. 녹색　　　　　　　　　　　　　　아. 자색

2017년 3차

104 등대의 광달거리에 대한 설명으로 옳지 않은 것은?

가. 광달거리는 광력의 강약에 의해서는 변하지 않는다.
나. 시계가 나쁘면 광달거리는 현저히 감소한다.
사. 등고가 너무 높은 등광은 구름에 가려서 보이지 않는 수가 있다.
아. 등고가 높다고 하여 반드시 광달거리가 큰 것은 아니다.

2017년 1차

105 (　　　　)에 적합한 것은?

"등고는 (　　　　)에서 등화의 중심까지의 높이를 말한다."

가. 평균고조면　　　　　　　　　　나. 약최고고조면
사. 평균수면　　　　　　　　　　　아. 기본수준면

---

(1) 주간표지(주표)

① 점등 장치가 없는 표지

② 모양과 색깔로 주간에 선박의 위치를 결정할 때에 이용(형상 표지)

③ 암초나 침선 등을 표시하여 선박의 안전 항로를 유도하는 역할

(2) 분류

① 입표

　㉠ 암초, 노출암, 사주(모래톱) 등의 위치를 표시하기 위하여 마련된 경계표

　㉡ 바닷속에 고립하여 건조되므로 파랑과 풍압에 견딜 수 있는 위치를 선정하여 등부표로 사용

② 부표

　㉠ 항행이 곤란한 장소나 항만의 유도 표지로서 항로를 따라 설치하거나 변침점에 설치

　㉡ 특별한 경우가 아니면 등광을 함께 설치하여 등부표로 사용

③ 육표 : 입표의 설치가 곤란한 경우에 육상에 마련하는 간단한 항로 표지로 야간에 이용하도록 만들어진 것을 등주라고 함

④ 도표

　㉠ 좁은 수로의 항로를 표시하기 위하여 항로의 연장선 위에 앞뒤로 2개 이상의 육표를 설치하여 선박을 인도하는 것

　㉡ 도표에 등광이 함께 설치된 것을 도등이라고 함

2017년 1차

106 암초, 사주(모래톱) 등의 위치를 표시하기 위하여 그 위에 세워진 경계표이며, 여기에 등광을 설치하면 등표가 되는 주간표지는?

　가. 입표　　　　　　　　　　나. 부표
　사. 육표　　　　　　　　　　아. 도표

2018년 1차

107 좁은 수로의 항로를 표시하기 위하여 항로의 연장선 위에 앞뒤로 2개 이상의 표지를 설치하여 선박을 인도하는 주간표지는?

　가. 도표　　　　　　　　　　나. 부표
　사. 육표　　　　　　　　　　아. 임표

---

108 주간 표지가 아닌 것은?

　가. 등부표　　　　　　　　나. 부표

　사. 입표　　　　　　　　　아. 도표

3-11 **전파 표지와 음향 표지**

(1) 전파표지(무선 표지)

① 전파의 여러 가지 성질을 응용하여 항해 지표로 하는 것

② 라디오비콘, 레이다비콘, 레이마크비콘, 로란, 데카, 쇼다비전, 오메가, 레이다국 등

※ 전파 표지의 자세한 내용은 앞부분 레이더 단원 참조

(2) 음향 표지(무중신호, 무신호)

① 해상에서 비나 안개로 인해 시계가 나빠질 때 음향을 발사하므로서 선박에 그 위치를 알리는 표지

② 일반적으로 등대나 부표에 부설

③ 공중음 신호와 수중음 신호가 있으며, 싸이렌이 가장 많이 쓰임

(3) 음향 표지의 종류

① 에어사이렌 : 공기 압축기로 만든 공기에 의해 사이렌을 울리는 장치로 안개가 많은 해역에 설치된 등대에 병설

② 모터사이렌 : 전동모터에 의해 싸이렌을 울리는 장치

③ 전기 혼(electronic horn) : 전자식 저주파 발진으로 발음기에 의하여 소리를 내는 장치로 선박 등에서 무중신호(무신호)로 사용

④ 다이어폰 : 압축 공기에 의해서 발음체인 피스톤을 왕복시켜서 소리를 내는 장치로 에어사이렌보다 맑은 음향이 남

⑤ 다이어프램 혼 : 전자력에 의해서 발음판을 진동시켜 소리를 울리는 장치

⑥ 무종(Fog Bell) : 가스의 압력 또는 기계장치로 종을 쳐서 소리를 내는 장치

⑦ 취명 부표 : 파랑에 의한 부표의 진동을 이용하여 공기를 압축하여 소리를 내는 장치

⑧ 타종부표 : 부표의 꼭대기에 종을 달아 파랑에 의한 흔들림을 이용하여 종을 울리는 장치

108 가

(4) 음향 표지 이용시 주의 사항

① 시계가 나빠 항행에 지장을 초래할 우려가 있을 경우에만 한하여 사용하며, 무신호소에서 몰라 신호를 하지 않는 경우도 있고 알았더라도 신호에 시간이 걸린다.

② 신호음의 방향 및 강약만으로 신호소의 방위나 거리를 판단해서는 안된다.

③ 음향 표지에만 지나치게 의존하지 말고 측심이나 레이더의 사용으로 안전 항해를 위해 노력해야 한다.

④ 무중 항해시는 선내를 정숙하게 하고 경계원을 배치하는 등 특별한 주의가 필요하다.

2018년 3차

109 압축공기에 의해서 발음체인 피스톤을 왕복시켜 소리를 내는 음향표지는?

가. 무종
나. 다이어 폰
사. 에어 사이렌
아. 다이어프램 폰

2018년 1차

110 음향표지에 대한 설명으로 옳지 않은 것은?

가. 현재는 거의 대부분 공중음 신호만 이용되고 있다.
나. 대개는 항로표지와 따로 설치하는 것이 일반적이다.
사. 음향표지에서 나오는 음향신호는 무중신호라고 한다.
아. 시계 제한시 위치를 알리거나 경고할 목적으로 설치한 표지이다.

2017년 4차

111 다음 중 음향표지 이용시 주의사항으로 옳지 않은 것은?

가. 항해시 음향표지에만 지나치게 의존해서는 안 된다.
나. 무신호소는 신호를 시작하기까지 다소 시간이 걸릴 수 있다.
사. 음향 표지의 신호를 들으면 즉각적으로 응답신호를 보낸다.
아. 신호음의 방향 및 강약만으로 신호소의 방위나 거리를 판단해서는 안 된다.

3-12 국제해상 부표 시스템

(1) 국제 해상 부표 시스템(IALA SYSTEM)

① 연안 항해를 하거나 입출항시 선박을 안전하게 유도하기 위해서 여러 나라의 부표식의 형식과 적용방법 등을 다르게 표시하는 것

② A, B 방식으로 나누어 제시하고 있는데 우리나라는 B 방식을 적용함

(2) 측방 표지(B지역)

① 선박이 항행하는 수로의 좌우측 한계를 표시하기 위해 설치된 표지

② B 지역(우리나라)의 좌현표지의 색깔과 등화의 색상은 녹색, 우현표지는 적색

③ **좌현표지** : 부표의 위치가 항로의 왼쪽 한계에 있음 의미, 오른쪽이 가항수역

④ **우현표지** : 부표의 위치가 항로의 오른쪽 한계에 있음을 의미, 왼쪽이 가항수역

⑤ 하나의 목적지에 이르는 항로가 2개 주어졌을 때

    ㉠ 좌측항로가 일반적인 항로일 때에는 좌항로 우선표지를 설치

    ㉡ 우측항로가 일빈적인 항로일 때에는 우항로 우선표지를 설치

(3) 방위 표지

① 장애물을 중심으로 주위를 4개 상한으로 나누어 각각 설치

② 선박은 각 방위가 나타내는 방향으로 항행하면 안전

③ 두표는 반드시 원추형 2개를 사용하며, 색상은 흑색과 황색, 등화는 백색

④ 각 방위에 따라 서로 연관이 있는 모양으로 부착

(4) 고립 장애 표지

① 암초나 침선 등의 고립된 장애물 위에 설치 또는 계류하는 표지

② **두표**(top mark) : 두 개의 흑구를 수직으로 부착

③ **표지의 색상** : 검은색 바탕에 적색 띠

④ **등화** : 백색, 2회의 섬광등 Fl(2)

(5) 안전 수역 표지

① 설치 위치 주변의 모든 주위가 가항수역임을 알려주는 표지로서 중앙선이나 수로의 중앙을 나타냄

② **두표**(top mark) : 적색의 구 1개

③ **표지의 색상** : 적색과 백색의 세로 방향 줄무늬

(6) 특수 표지

① 공사구역 등 특별한 시설이 있음을 나타내는 표지

② **두표**(top mark) : 황색으로 된 ×자 모양의 형상물

③ **등화의 색상** : 백색

2018년 2차

112 항행하는 수로의 좌우측 한계를 표시하기 위하여 설치된 표지는?

    가. 방위표지   나. 측방표지   사. 고립장해표지   아. 안전수역표지

 112 나

113 홍색선과 백색선이 세로로 표시되어 있으며 상부에 적색의 구형 형상물 1개를 표시하는 항로 표지는?

가. 방위 표지
나. 특수 표지
사. 고립 장해 표지
아. 안전 수역 표지

114 항로표지 중 표체의 색상은 황색이며 두표가 황색의 X자 모양인 것은?

가. 방위표지
나. 특수표지
사. 고립장해표지
아. 안전수역표지

3-13 선박의 위치 : 선위의 종류

(1) 실측위치(Fix)
지상의 물표나 천체의 물표를 이용하여 실제로 선박의 위치를 구한 것

(2) 추측위치(D.R)
최근의 실측 위치를 기준으로 하여 그 후에 조타한 침로나 항정에 의하여 구한 위치

(3) 추정위치(E.P)
항해 중에 받은 바람, 해조류 등 외력의 영향을 추정하여 이를 추측위치에서 수정하여 얻은 위치

115 용어에 대한 설명으로 옳은 것은?

가. 전위선은 추측위치와 추정위치의 교점이다.
나. 중시선은 두 물표의 교각이 90도일 때의 직선이다.
사. 추측위치란 선박의 침로, 속력 및 풍압차를 고려하여 예상한 위치이다.
아. 위치선은 관측을 실시한 시점에 선박이 그 자취 위에 있다고 생각되는 특정한 선을 말한다.

3-14 선박의 위치 : 위치선

(1) 위치선(Line of Position)
선박이 그 자취위에 존재한다고 생각되는 특정한 선

(2) 위치선의 종류

① 방위에 의한 위치선 : 컴퍼스로 물표의 방위를 측정하고 그 방위에 대한 오차를 개정하여 구한 위치선(연안 항해에서 가장 많이 사용)

② 수평협각에 의한 위치선 : 두 물표사이의 수평협각을 육분의로 측정하여 위치선을 구하는 방식으로 잘 사용되지 않음

③ 중시선에 의한 위치선

  ㉠ 두 물표가 일직선상에 겹쳐 보일 때 관측자는 중시선상에 있게 되므로 위치선이 되며 측정기구가 필요 없는 가장 정확한 위치선이 됨

  ㉡ 중시선은 선위, 피험선, 컴퍼스오차의 측정, 변침점, 선속측정 등에 이용

④ 전파항법에 의한 위치선 : 로란, 데카, 콘솔의 측정기에 의한 쌍곡선에 의한 위치선

⑤ 수심에 의한 위치선 : 수심의 변화가 규칙적이고 측량이 잘된 해도를 이용하여 직접 측정하여 얻은 수심과 같은 수심을 연결한 등심선에 의한 위치선

⑥ 전위선에 의한 위치선 : 위치선을 그동안 항주한거리(항정)만큼 침로방향으로 평행 이동시킨 것

2015년 3차

116 피험선이나 컴퍼스 오차를 측정하고자 할 때 가장 정확도가 높은 것은?

가. 교차 방위에 의한 위치선　　　　나. 수평 협각에 의한 위치선

사. 중시선　　　　　　　　　　　　아. 수심 측정에 의한 위치선

3-15 선박의 위치 : 선위 측정법

(1) 동시 관측법

① 교차 방위법

  ㉠ 2개 이상의 고정된 뚜렷한 물표를 선정하고 거의 동시에 각각의 방위를 측정하여, 해도상에서 방위에 의한 위치선을 그어 위치선들의 교점을 선위로 정하는 방법

  ㉡ 연안 항해 중 가장 많이 사용되는 방법으로 측정법이 쉽고, 위치의 정밀도가 높음

  ㉢ 오차 삼각형이 생기는 원인 : 자차나 편차에 오차가 있을 때, 해도상의 물표의 위치가 실제와 다를 때, 방위 측정이 부정확할 때, 방위 측정 사이에 시간차가 많을 때, 해도상에 위치선 작도 시 오차가 개입되었을 때

② 수평 협각법 : 3개의 물표를 선정하고 육분의를 이용하여 중앙의 물표를 중심으로 양쪽 물표간의 수평각을 각각 구하고, 삼각 분도기를 이용하여 이 두 각을 품는 원둘레

116 사

의 만난 점을 선위로 정하는 방법

③ **중시선에 의한 방법** : 주변에 여러 개의 물표가 있을 때, 중시선에 의한 위치선을 2개 이상 구하여 그 교점을 선위로 정하는 방법

(2) 격시 관측법

① 선박에서 관측 가능한 물표가 1개뿐이거나 방위와 거리 중 한 가지밖에 구할 수 없을 경우에 개략적인 선위를 구하는 방법

② 시간차를 두어 두 번 이상 같은 물표 또는 다른 물표를 관측하여 그들의 위치선과 전위선을 이용하여 선위를 구함

③ 종류 : 양측 방위법, 선수 배각법, 4점 방위법, 정횡 거리 예측법

(3) 선위 측정시 주의 사항

① 물표 선정에 있어서의 주의 사항

　㉠ 위치가 정확하고 뚜렷한 물표를 선정할 것

　㉡ 본선을 기준으로 물표 사이의 각도는 $30°{\sim}150°$ 인 것을 선정하고, 두 물표일 때는 $90°$, 세 물표일 때는 $60°$가 가장 좋음

　㉢ 먼 물표보다는 적당히 가까운 물표를 선정

　㉣ 2개보다 3개 이상의 물표를 선정하는 것이 좋음

② 방위 측정시 주의 사항

　㉠ 방위 변화가 빠른 물표는 나중에 측정

　㉡ 선수미 방향이나 먼 물표를 먼저 측정

　㉢ 방위 측정과 해도상의 작도 과정이 빠르고 정확해야 함

　㉣ 위치선을 기입한 뒤에는 전위할 때를 고려하여 관측 시간과 방위를 기입해 둠

2017년 4차

117 항해 중에 산봉우리, 섬 등 해도 상에 기재되어 있는 2개 이상의 고정된 뚜렷한 물표를 선정하여 거의 동시에 각각의 방위를 측정하여 선위를 구하는 방법은?

　가. 수평협각법　　　나. 교차방위법　　　사. 추정위치법　　　아. 고도측정법

2018년 2차

118 교차 방위법에서 물표 선정 시 주의사항으로 옳지 않은 것은?

　가. 물표가 많을 때는 2개보다 3개 이상을 선정하는 것이 정확도 높다.

　나. 해도상의 위치가 명확하고 뚜렷한 물표를 선정한다.

　사. 가능하면 멀리 있는 목표를 선택해야 한다.

　아. 물표 상호간의 각도는 가능한 한 30~150도인 것을 선정한다.

---

117 나　118 사

PART

02

운용

01 선박의 구조 및 정비

chapter

1-1 선박의 주요 치수

(1) 선박의 길이

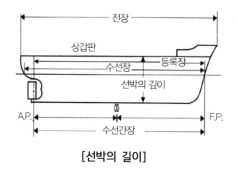

[선박의 길이]

① 전장
- ㉠ 선체에 고정적으로 부착된 모든 돌출물을 포함한 선수의 최전단으로부터 선미 돌출부의 최후단까지의 수평 거리
- ㉡ 안벽 계류, 운하 통과, 조선소 수리를 위한 입거 등에 일반적으로 활용

② 수선간장
- ㉠ 계획 만재 흘수선상의 선수재의 전면으로부터 타주 후면까지의 수평 거리
- ㉡ 전장에는 고정된 돌출부가 포함되는 반면 수선간장에는 이를 제외함으로써 실질적인 선박의 길이를 나타냄
- ㉢ 만재 흘수선 규정이나 선박의 구조 및 구획 관련 규정에 사용

③ 수선장
- ㉠ 만재 흘수선상의 선수재 전면에서 선미 후단까지의 수평 거리
- ㉡ 배의 저항 및 추진력 계산 등에 사용

④ 등록장
- ㉠ 상갑판 보(beam)상의 선수재 전면으로부터 선미재 후면까지의 수평 거리
- ㉡ 선박 등록 원부 및 선박 국적 증서에 기재되는 길이

(2) 선박의 폭(너비)

① **전폭** : 선체의 최광부(가장 넓은 부분)에서 측정한 외판의 외면에서 외면까지의 수평 거리

② **형폭** : 선체의 최광부에서 측정한 프레임의 외면에서 외면까지의 수평 거리

(3) 선박의 깊이 및 흘수(Draft)

① **선박의 깊이(형심)** : 선체 중앙에서 용골의 상면부터 건현갑판 또는 상갑판 보의 현측 상면까지의 수직 거리

② **에어 드래프트(air draft)** : 선박의 흘수선에서부터 최상단 구조물까지의 높이

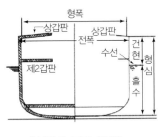

[선박의 폭과 깊이]

(2) 선박의 톤수

① **용적톤수** : 선박의 용적을 톤으로 표시한 것

   ㉠ **국제 총톤수** : 폐위 장소(상갑판 하 폐위 장소의 총용적과 상갑판 상폐위 장소의 총 용적)의 합계 용적에서 규정에 따른 제외 장소의 합계 용적을 뺀 값

   ㉡ <u>**순톤수(NT)** : 총톤수에서 직접 상행위에 쓰이지 않는 장소의 용적을 공제한 용적을 톤수로 나타낸 것으로 순전히 상용으로 사용되는 화물이나 여객을 수용하는 장소의 용적을 톤수로 나타낸 것</u>

   ㉢ 운하 톤수

② **중량톤수**

   ㉠ **배수 톤수** : 선체의 수면 하의 용적(배수 용적)에 상당하는 물의 중량

   ㉡ **재화중량톤수** : 선박의 안전 항해를 확보할 수 있는 한도 내에서 여객 및 화물 등의 최대 적재량을 나타내는 톤수

2018년 2차

01 선박의 저항, 추진력의 계산 등에 사용되는 길이는?

   가. 전장   나. 등록장

   사. 수선장   아. 수선간장

02 어선을 제외한 선박의 길이 12미터 이상인 선박의 선체 외판 및 외부에 표시되어 있지 않은 것은?

　　가. 선명　　　　　　　　　　　나. 수선간장

　　사. 만재흘수선　　　　　　　　아. 선박의 선적항

03 여객이나 화물을 운송하기 위하여 쓰이는 실제 용적을 나타내는 톤수는?

　　가. 총톤수　　　　　　　　　　나. 순톤수

　　사. 배수톤수　　　　　　　　　아. 재화중량톤수

1-2 흘수(Draft)와 건현

(1) 흘수(draft, d, T)

① 선박을 물에 띄웠을 때에 잠기는 깊이

② 흘수의 필요성 : 선박의 조종과 화물 적재량(재화중량톤수)을 산출하는 데 필요

③ 종류

　㉠ 형 흘수 : 용골의 윗면에서 수면까지의 수직 거리로 짐을 가득 실은 상태에서의 잠긴 깊이를 의미하는 만재 흘수를 표시하기 위해 주로 사용

　㉡ 용골 흘수 : 용골의 최하면에서 수면까지의 수직 거리로서 형 흘수에 용골의 두께를 더한 치수

④ 흘수표의 표시 : 선수와 선미 양쪽 측면에 피트(feet) 또는 미터(meter) 단위로 선체색과 구별하기 쉬운 색으로 표시

(2) 트림(trim)

① 선박 길이 방향의 경사를 나타내는 것으로 선수 흘수와 선미 흘수의 차이

② 선미 트림(trim by stern) : 선미 흘수가 선수 흘수보다 큰 경우

③ 선수 트림(trim by bow) : 선수 흘수가 선미 흘수보다 큰 경우

④ 등흘수(even keel) : 선수 흘수와 선미 흘수가 같은 경우

(3) 건현(Freeboard)

① 짐을 가득 실은 후에 물과 접하는 선과 갑판 사이에 남겨 두어야 할 최소 수직 거리

② 선박의 중앙부의 수면에서부터 건현갑판의 상면의 연장과 외판의 외면과의 교점까지의 수직 거리

③ 만재 흘수선의 종류에 따라 그 크기가 달라짐

④ 건현을 관련 법규로 규정해 두는 이유 : 짐을 가득 실은 상태에서도 충분한 여유 부력
이 확보되도록 함으로써 선박 안전도를 향상시키기 위함

(4) 만재 흘수선

① 안전항해를 위해서 허용되는 최대 흘수선으로 해역이나 계절에 따라 위치가 다름

② 만재 흘수선표(건현표) : 선체 중앙의 양현에 표시

③ 만재 흘수선 표시 : TF(열대 담수 만재 흘수선), F(하기 담수 만재 흘수선), T(열대만
재 흘수선), S(하기 만재 흘수선), W(동기 만재 흘수선), WNA(동기 북대서양 만재 흘
수선) 등

2018년 2차

04 트림(Trim)에 대한 설명으로 옳은 것은?

　가. 선수 흘수와 선미 흘수의 곱

　나. 선수 흘수와 선미 흘수의 비

　사. 선수 흘수와 선미 흘수의 차

　아. 선수 흘수와 선미 흘수의 합

2017년 2차

05 다음 중 흘수표가 표시되는 선체 위치는?

　가. 조타실　　　　　　　　　나. 기관실

　사. 선수와 선미의 외판　　　아. 갑판

2017년 4차

06 선박이 항행하는 구역 내에서 선박의 안전상 허용된 최대의 흘수선은?

　가. 선수 흘수선　　　　　　나. 만재 흘수선

　사. 평균 흘수선　　　　　　아. 선미 흘수선

2017년 4차

07 충분한 건현을 유지해야 하는 목적은?

　가. 선속을 빠르게 하기 위해서　　나. 선박의 부력을 줄이기 위해서

　사. 예비 부력을 확보하기 위해서　　아. 화물의 적재를 쉽게 하기 위해서

---

04 사　05 사　06 나　07 사

01 선박의 구조 및 정비　81

선체 구조 개요

(1) 선체(Hull)

마스트, 키 추진기 등을 제외한 선박의 주된 부분

(2) 선수(Bow)

선체의 전단 부분을 총칭

(3) 선미(Stern)

선체의 후단 부분을 총칭

(4) 선미 돌출부(Counter)

선미부에서 타두재 후방의 돌출 부분

(5) 선저 만곡부(빌지, Bilge)

선박의 선저와 선측을 연결하는 곡선 부분으로 대개의 경우는 원형을 이루고 있음

(6) 선수미선(선체 중심선)

선체를 양현으로 대칭되게 나누는 선수와 선미의 한가운데를 연결하는 길이 방향의 중심선

(7) 수선(Water line)

선체 중앙의 횡단면

(8) 좌현(Port), 우현(Starboard)

선미에 선수를 바라보았을 때 선체 길이 방향 중심선(Center line)으로부터 좌측을 좌현, 우측을 우현

2017년 1차

08 선저와 선측을 연결하는 만곡부는?

　가. 빌지　　　　　　　　　　나. 현호
　사. 선저 경사　　　　　　　　아. 이중저

08 가

선체의 외부 구조와 명칭

(1) 선체 외판의 구조와 명칭

① 현호(Sheer)

㉠ 상갑판의 현측선이 선체 전후 방향으로 휘어진 것

㉡ 선수에서 선미에 이르는 상갑판의 만곡으로 선체 중앙부에서 최저점이 되고, 선수미에서는 높게 되도록 함

㉢ 현호를 두는 이유 : 선수미의 예비 부력과 능파성을 향상시키며, 선박의 미관 향상

② 캠버(Camber)

㉠ 횡단면상에서 갑판보가 선체 중심선에서 양현으로 휘어진 것

㉡ 갑판 중앙부는 양현의 현측보다 높게 되어 있는데 이 높이의 차

㉢ 역할 : 선체의 횡강력을 보강, 갑판의 물을 신속하게 옆으로 잘 빠지도록 함

③ 텀블홈(Tumble home) : 상갑판 부근의 선층 상부가 선체 안쪽으로 굽은 형상

④ 플레어(Flare, 폴아웃) : 상갑판 선측의 상부가 선체 바깥쪽으로 굽은 형상

⑤ 선저 기울기(Rise of floor, 선저경사) : 선체의 중앙 횡단면에서 선저 늑골 외측의 연장선과 선측 늑골의 외측에 세운 수선과의 교점에서 용골의 상면을 지나는 수평선까지의 수직 거리

⑤ 선체 외판(hull plate)

㉠ 선체의 외곽을 구성하는 판으로 종강도와 횡강도를 담당

㉡ 특수 도료를 도장하여 해수로부터 선체 표면을 보호하고, 선저부에는 아연판을 설치하여 염분으로부터 선체가 부식되는 것을 최소화

(2) 갑판의 구조와 명칭

① 선저 구조 및 선측 구조와 함께 선박의 윗면을 이루는 구조(종강력재)

② 구성 : 갑판 보, 갑판 스트링거, 갑판 하 거더, 답판 개구

(3) 선수미 구조와 명칭

① 선수의 형상

㉠ 클리퍼형 : 상부가 앞으로 휘어져서 튀어나온 형상

㉡ 직립형 : 선수의 전면이 직선이면서 직립되어 있는 형상

㉢ 경사형 : 선수의 전면이 직선이면서 앞으로 경사진 형태

㉣ 구상형 : 선수부의 수선(water line) 아래에 둥근 혹을 붙인 형태(조파 저항을 줄여주는 효과)

② 선수의 구조

    ㉠ **팬팅(Panting) 구조** : 선수부는 항상 파의 충격력을 받으며 표류하는 물체와 충돌할 기회가 많은 곳이기 때문에 선수부가 이들 하중에 충분히 견딜 수 있는 견고한 구조

    ㉡ **선수재(stem)** : 배의 기장 앞부분의 좌·우현 외판이 만나는 부분을 구성하는 부재

    ㉢ **선수창** : 선수 격벽을 경계로 하여 앞쪽에 설치된 것

    ㉣ **선수 격벽** : 선박에 기본적으로 설치되는 4개의 격벽 중 맨 앞쪽에 설치되는 격벽

플러스학습   **수밀격벽의 목적**

• 선박이 충돌할 경우 충격을 최소화
• 선체가 파손되어 해수가 침입할 경우에 이를 일부분에만 그치도록 하기위해 설치
• 트림을 조정하고 화물을 구별하여 적재
※ **설치 방법** : 상갑판에서 선저까지 기로 또는 세로 방향으로 설치

---

③ **선미의 형상** : 타원형, 순양함형, 트랜섬 형(cransom) 등
④ 선미의 구조

    ㉠ **선미 상단부** : 조향 장지인 타(rudder)의 방향을 조절하는 스티어링 기어(steering gear) 설치

    ㉡ **하단 선저부** : 타와 프로펠러 설치

(4) 선박 재료

① **선체용 재료** : 가장 많이 사용되는 것은 철강 재료
② 철강 재료의 종류 선체를 구성하는 압연 강재, 기관과 갑판기계 및 여러 가지 장치와 설비를 하기 위한 주강재, 단강재

2017년 3차

09 상갑판 부근의 선측 상부가 안쪽으로 굽은 정도는?

    가. 현호   나. 캠버
    사. 플레어   아. 텀블홈

2017년 2차

10 상갑판 부근의 선측상부가 바깥쪽으로 굽은 정도를 무엇이라 하는가?

    가. 현호   나. 캠버
    사. 플레어   아. 텀블 홈

---

09 아 10 사

11 선수를 측면과 정면에서 바라본 형상이 아래와 같은 것은?

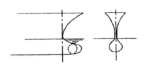

가. 직립형   나. 경사형

사. 구상형   아. 클립퍼형

12 현재 선박 건조에 많이 사용되는 선체의 재료는?

가. 나무   나. 플라스틱

사. 강철   아. 알루미늄

1-5 선체의 내부 구조와 명칭

(1) 용골(keel)

① 선박의 바닥 중심선을 따라 선박의 앞쪽 끝에서 뒤쪽 끝까지 부착되는 것

② 앞부분은 선수재에, 뒷부분은 선미재에 결합되어 선체 종구조의 기초를 이루는 부재

③ 건조 독(Dry dock)에 들어갈 때나 좌초 시에 선체가 받는 국부적인 외력이나 마찰로부터 선체를 보호하는 역할

④ 종류

ㄱ) 방형 용골(Bar keel) : 직사각형 단면의 단강 또는 압연 강재를 사용

ㄴ) 평판 용골(Plate keel) : 이중저 구조와 함께 적용된 용골 구조

ㄷ) 빌지 용골(bilge keel, 만곡부 용골) : 빌지 외판의 바깥쪽에 종방향으로 붙이는 판(횡요 경감 목적으로 설치)

(2) 늑골(Frame), 보, 기둥

① 선측 외판을 보강하는 구조 부재

② 선체의 갑판에서 선저 만곡부까지 용골에 대해 직각으로 설치하는 강재

③ 보 : 양현의 늑골과 빔 브래킷으로 결합되어 횡방향의 수압과 갑판 위의 무게를 지탱하는 부재

④ 기둥 : 선창 및 갑판 사이에 설치된 기둥으로서 상부의 하중을 지지하고 국부적인 하중을 분담하는 부재

(3) 선저의 구조

① 단저 구조 : 선박의 바닥이 하나의 외판으로 이루진 구조를 일컬으며, 주로 100m 미만의 소형선에만 적용

② 이중저 구조

    ㉠ <u>선박의 바닥을 더욱 튼튼하게 만들고 물이 들어오는 것을 막기 위해 선박 바닥의 안쪽에 내저판이라는 판을 하나 더 설치하여 선박의 바닥을 이중으로 한 구조</u>

    ㉡ <u>선저 외판과 내저판 사이의 공간은 연료유 탱크나 밸러스터 탱크 등으로 다양하게 활용</u>

③ 이중저 구조의 장점

    ㉠ 선박의 좌초 등의 인하여 선저가 파손되어도 수밀 구조의 내저판에 의하여 선내에 해수의 침입을 막을 수 있기 때문에 선체와 화물의 안전을 기할 수 있음

    ㉡ 선저가 이중 구조이므로 견고하여 선박의 종강도가 증가할 뿐만 아니라 횡강도, 국부 강도도 증가

    ㉢ 내부를 밸러스트 탱크, 연료유 탱크, 급수 탱크, 윤활유 탱크 등으로 사용할 수 있음

    ㉣ 밸러스트 탱크의 중심 위치를 조절할 수 있어서 복원성을 좋게 함

    ㉤ 선저부의 구조가 견고하므로 호깅(hogging) 및 새깅(sagging) 상태에도 잘 견딤

2017년 1차

13 선저부의 중심선에 있는 배의 등뼈로서 선수미에 이르는 종강력재는?

  가. 외판　　　　　　　　　　　나. 종통재

  사. 늑골　　　　　　　　　　　아. 용골

2017년 2차

14 갑판보의 양 끝을 지지하여 갑판 위의 무게를 지지하고, 외력에 의하여 선측 외판이 변형되지 않도록 지지하는 것은?

  가. 늑골　　　　　　　　　　　나. 기둥

  사. 용골　　　　　　　　　　　아. 브래킷

2017년 1차

15 이중저의 용도가 아닌 것은?

  가. 연료유 탱크로 사용　　　　나. 청수 탱크로 사용

  사. 밸러스트 탱크로 사용　　　아. 화물유 탱크로 사용

13 아　14 가　15 아

16 아래 그림에서 ㉠은?

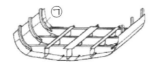

가. 늑판   나. 늑골

사. 평판 용골   아. 선저 외판

1-6 기타 구조

(1) 빌지 용골(bilge keel)
빌지 외판의 바깥쪽에 종방향으로 붙이는 판(횡요 경감 목적으로 설치)

(2) 불워크(Bulwark)
상갑판 위의 양 끝에 세워서 고정시킨 강판으로 갑판 위의 물체 추락 방지 및 파랑의 침입을 방지

(3) 빌지 웨이(Bilge Way)
선창내의 물을 배수시키기 위한 통로

(4) 디프 탱크(Deep Tank)
물, 기름 등의 액체 화물을 적재하기 위하여 선창 내에 설치된 수조로 공선 항해시 홀수나 트림을 조절시 이용

(5) 코퍼댐(Coferdam)
기름 탱크와 기관실과 펌프실 사이나 다른 종류의 기름을 적재하는 기름 탱크 사이에 설치된 수밀 이중 격벽

(6) 빌지 웰(bilge well)
수선 아래에 괸 물은 직접 선외로 배출시킬 수 없으므로, 각 구역에 설치된 빌지 웰(bilge well)에 모아 빌지 펌프로 배출

(7) 선창(Cargo Hold)
화물 적재에 이용되는 공간

17 평판용골인 선박에서 선체의 횡동요를 경감시킬 목적으로 설치된 것은?

가. 빌지 용골　　　　　　　　　나. 용골 익판

사. 현측 후판　　　　　　　　　아. 빌지 웰

18 상갑판 위의 양 끝에서 상부에 고정시킨 강판으로 현측 후판 상부에 연결되며, 갑판 상에 올라오는 파랑의 침입을 막고 갑판위의 물체가 추락하는 것을 방지하는 것은?

가. 거더　　　　　　　　　　　나. 격벽

사. 코퍼댐　　　　　　　　　　아. 불워크

19 선창 내에서 발생한 땀이나 각종 오수들이 흘러 들어가서 모이는 곳은?

가. 해치　　　　　　　　　　　나. 코퍼댐

사. 디프 탱크　　　　　　　　　아. 빌지 웰

1-7 선체에 작용하는 힘

(1) 종방향의 힘

① 호깅(Hogging)

　㉠ 선박이 파랑 중에 항해할 때 선수미부에서는 중량이 부력보다 커지고 중앙부에서는 부력이 중량보다 커지는 상태

　㉡ 갑판에 인장 응력, 선저 외판에 압축 응력이 일어남

② 새깅(Sagging)

　㉠ 파저가 선박의 중앙에 오고 파정이 선박의 선수미부에 위치하게 되면, 중앙부에서는 중량이 부력보다 크고 선수미부에서는 부력이 중량보다 커지게 되어 선박의 중앙부가 밑으로 처지는 변형이 일어나는 것

　㉡ 갑판에 압축 응력, 선저 외판에 인장 응력이 일어남

③ 종강력 구성재 : 용골, 중심선 거더, 종격벽, 외판, 내저판, 상갑판

(2) 횡방향의 힘

① 래킹(Racking) : 선체가 가로 방향에서 파랑을 받거나 횡요를 하면 양 현측의 흘수가 달라져 횡 하중이 비대칭으로 작용하고 횡단면에 비대칭적으로 변형이 생기는 상태

② 횡강력 구성재 : 늑골, 갑판보, 횡격벽, 외판, 갑판

(3) 국부적인 힘

① 팬팅(panting) : 선수, 선미에서 파랑에 의해 받는 충격

② 슬래밍(slamming) : 선체와 파의 상대 운동으로 선수부 바닥이나 선측에 심한 충격이 생기는 현상

③ 휘핑(whipping) : 진동하는 계의 일부가 심하게 진동하는 현상

2017년 1차

20 파랑의 충격이나 충돌사고가 날 때에 잘 견디고 선체를 보호할 수 있는 강한 구조로 되어 잇는 선수부의 구조는?

가. 새깅   나. 호깅

사. 래킹   아. 팬팅

chapter

02 선박의 설비와 정비

2-1 조타 설비

(1) 조타 장치의 종류

① 인력 조타 장치 : 선교의 조타륜을 돌리는 사람의 힘에 의하여 타가 회전하는 방식

② 동력 조타 장치 : 유압 펌프와 구동 전동기를 이용하는 조타장치

　㉠ 제어 장치 : 타의 회전에 필요한 신호를 동력 장치에 전달하는 부분

　㉡ 추종 장치 : 주어진 각도까지만 타를 회전하도록 하는 장치

　㉢ 원동기 : 타를 움직이는 동력을 발생하는 장치

　㉣ 전달 장치 : 원동기의 기계적 에너지를 타에 전달하는 장치

③ 자동 조타 장치 : 선수 방위가 주어진 침로에서 벗어나면 자동적으로 그 편각을 검출하여 침로를 유지하는 조타 장치

④ 사이드 스러스터(Side Thruster) : 선수 또는 선미의 수면하에 횡방향으로 원통형의 터널을 만들고 내부에 프로펠러를 설치하여 선수나 선미를 횡방향으로 이동시키는 장치(접안이나 이안을 할 때 주로 사용)

(2) 조타기 부속 장치

① 타각 제한 장치 : 실제 타각이 35° 이상 취해지는 것을 방지하기 위한 장치

② 타각지시기 : 타가 좌 또는 우로 기운 정도를 알 수 있도록 하기 위해 타각을 표시하는 계기판

③ 비상조타장치 : 조종장치 고장 시 타실에서 키를 직접 회전시키기 위한 장치

(3) 조타 장치가 갖추어야 할 조건

① 선박 설비 기준에 따른 조타 설비 요건을 갖춘 주 조타 장치 및 보조조타 장치를 설치해야 함

② 키의 회전은 타각제한장치에 의해 좌우현 35°까지 돌아가도록 되어 있음

③ 조타 장치의 동작 속도를 최대흘수 및 최대항해전진속력에서 한쪽 현 55°에서 다른쪽 30°까지를 28초 이내에 회전시킬 수 있어야 하는 것으로 규정

※ **조타장치 취급시의 주의사항** : 조타기에 과부하가 걸리는지 점검, 유압 펌프 압력 및 전동기의 소음을 확인, 유압 계통 유량을 확인, 작동부의 그리스 양을 확인

(4) 타(rudder, 키)

① 타(키) : 전진 또는 후진할 때 배를 원하는 방향으로 회전시키고, 침로를 일정하게 유지하는 장치(선미에 설치되는 선미타가 대부분)

② 타(키)에 요구되는 조건

  ㉠ 수류의 저항과 파도의 충격에 잘 견딜 수 있어야 함

  ㉡ 조종이 쉽고, 충분한 타효를 가져야 함

  ㉢ 타를 중앙에 놓았을 때 항주 중에 저항이 작아야 함

③ 타(rudder, 키)의 구조

  ㉠ **타두재**(rudder stock, 러더 헤드) : 타심재의 상부와 연결되어 조타기에 의한 회전을 타에 전달하는 역할

  ㉡ **타 커플링**(rudder coupling) : 상하부가 별도인 타두재를 접합하는 부분

  ㉢ **타암**(rudder arm) : 타의 갈비뼈 역할

  ㉣ **타판** : 선박 침로 유지 혹은 변침의 역할을 수행하는 타의 본체

  ㉤ **거전**(gudgeon) : 타가 회전할 수 있도록 타주에 설치되는 베어링

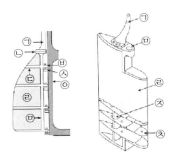

[타(키)의 구조]

2018년 1차

21 키에 대한 설명으로 옳지 않은 것은?

가. 타주의 후부 또는 타두재에 설치되어 있다.

나. 항주중에 저항이 커야 한다.

사. 보침성과 선회성이 좋아야 한다.

아. 수류의 저항과 파도의 충격에 강력해야 한다.

22 전진 또는 후진시에 배를 임의의 방향으로 회두시키고 일정한 침로를 유지하는 역할을 하는 설비는?

　가. 키　　　　　나. 닻　　　　　사. 양묘기　　　　　아. 주기관

23 타의 구조에서 ㉠은?

　가. 타판　　　　　나. 핀틀　　　　　사. 거전　　　　　아. 타두재

24 (　　　)에 적합한 것은?

> "입 · 출항이 잦은 선박들은 (　　　)(이)라는 횡방향으로 물을 미는 장치를 선수 혹은 선미에 설치하여, 예선의 도움없이 부두에 선박을 붙이기도 하고 떼기도 한다"

　가. 타　　　　　　　　　나. 닻
　사. 프로펠러　　　　　　아. 스러스터

25 키의 구조와 각부 명칭을 나타낸 아래 그림에서 ㉠은 무엇인가?

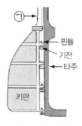

핀틀
기전
타주
키판

　가. 타두재　　　　　　　나. 러더암
　사. 타심재　　　　　　　아. 러더 커플링

26 선박을 선회시키기 위한 이론적 최대 타각은 45°이지만 항력의 증가와 조타기의 마력 증가 등을 고려하여 일반선박에서는 최대 타각이 몇 도가 되도록 타각 제한장치를 설치하는가?

　가. 15°　　　　　나. 25°　　　　　사. 35°　　　　　아. 55°

22 가　23 가　24 아　25 가　26 사

2-2 동력 설비

(1) 주기관
선박을 추진력을 발생시키는 기관

(2) 보조 기계
주기관 및 주보일러를 제외한 선내의 모든 기계(발전기, 펌프, 냉동 장치, 조수 장치, 유청정기 등

(3) 동력의 단위
킬로와트(kW), 마력(1PS=75kg · m/s)

2017년 4차

27 1마력(PS)의 크기를 옳게 표시한 것은?

가. 75[kgf · m/s] 나. 102[kgf · m/s]

사. 150[kgf · m/s] 아. 204[kgf · m/s]

2-3 소방 설비

(1) 화재 탐지 설비
화재가 발생했음을 자동으로 탐지해서 경보기에 신호를 보내는 설비(온도식, 연기식)

(2) 소화 설비
① 물분사 소화 장치 : 선박에서의 기장 기본적인 소화 장치로, 소화 물질로 해수를 무한하게 사용할 수 있고, 냉각 효과가 탁월하기 때문에 불길의 확산을 방지(소화 펌프, 송수관, 소화전, 소화 호스, 소화 노즐 등으로 구성)
② 스프링클러 : 소화물질로 물을 사용하는 자동식 소화장치

(3) 휴대식 소화기
① 분말소화기 : 탄산수소나트륨 분말을 소화 약제로 사용하며, 고압의 이산화탄소에 의해 약제를 방사
② 이산화탄소(CO2) 소화기 : 이산화탄소를 압축 · 액화한 소화기로 주로 질식 작용으로 소화하고, 액화된 이산화탄소가 기화하면서 냉각 작용도 함

---

③ <u>포말소화기</u> : 탄산수소나트륨을 소화 약제로 사용하며, 소화 약제를 이산화탄소와 함께 거품 형태로 분사하여 소화

④ <u>할론 소화기</u>

    ㉠ <u>할론가스를 소화 약제로 사용하는 소화기</u>

    ㉡ <u>유독가스가 발생하므로 소형 선박 뿐만 아니라 모든 배에서 새로운 설치 금지</u>

    ※ 소형선박에 비치된 휴대식 소화기의 종류 : 포말 소화기, CO_2소화기, 분말 소화기

(4) 휴대식 소화기 사용 방법

<u>안전핀을 뽑는다.</u> → <u>흔을 뽑아 불이 난 곳으로 향한다.</u> → <u>손잡이를 강하게 움켜쥔다.</u> → <u>불이 난 곳으로 골고루 방사한다.</u>

2017년 3차

28 열분해 작용 시 유독가스를 발생하므로, 선박에 비치하지 않은 휴대용 소화기는?

  가. 포말 소화기   나. 탄산가스 소화기

  사. 분말 소화기   아. 할론 소화기

2-4 계선 설비

(1) 계선 설비

선박이 부두에 접안하거나 묘박 혹은 부표에 계류하기 위한 모든 설비

(2) 닻(Anchor)

  ① 갈고리가 해저 바닥에 박히거나 돌출부에 걸려 선박을 움직이지 못하게 하는 계선 설비

  ② <u>닻의 분류</u>

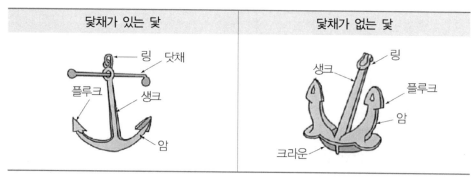

닻채가 있는 닻	닻채가 없는 닻
링, 닷채, 플루크, 생크, 암	링, 생크, 플루크, 암, 크라운

28 아

② 닻의 용도
  ㉠ 선박을 임의의 수면에 정지 또는 정박
  ㉡ 좁은 수역에서 선수 부분을 선회시킬 때 사용
  ㉢ 선박 또는 다른 물체와의 충돌을 막기 위해 선박의 속도를 급히 감소시키는 경우
  ㉣ 풍랑 시 표류 상태에서 선박의 안정성을 유지할 때
  ㉤ 좌초된 선박을 고정시킬 때
③ 닻의 관리
  ㉠ 가동부에 주유 또는 그리스(grease)를 넣어 녹 때문에 고착되지 않도록 함
  ㉡ 필요할 때 분해가 잘 될 수 있도록 정비
  ㉢ 격납할 때는 펌프로 세척해서 부식 방지

(3) 닻줄(앵커체인, anchor chain, 묘쇄)

① 격납 장소인 체인 로커(clmin locker)와 닻을 연결하는 줄
② 닻줄의 관리 방법
  ㉠ 닻줄을 감아 들일 때에는 고압수로 펄을 털어 내고, 녹을 제거
  ㉡ 닻줄은 부식과 마모가 잘 일어나므로 각각의 고리 지름이 10% 이상 마모되면 닻줄을 교환
  ㉢ 고리 지름이 10% 정도 마모되었거나 틈 등의 불량 부분이 발생하면 수리 또는 새 것으로 교체

(4) 양묘기(windlass, 윈드라스)

닻을 바다 속으로 투하하거나 감아올릴 때 사용되는 설비

(5) 기타 계선 설비

① 권양기 : 계선줄을 감아올리는 장치
② 페어 리더 : 계선줄을 선외로 내보내는 설비
③ 비트와 볼라드 : 계선줄을 붙들어 매기 위한 기둥
④ 계선공 : 계선줄이 배 밖으로 빠져 나갈 수 있도록 만든 구멍
⑤ 펜더(Fender) : 선체가 외부와 접촉하게 될 때 충격을 완화시켜 주는 방현재
⑥ 계선줄 : 선박을 부두에 고정하기 위하여 사용되는 줄로 일반 선박에서는 철재와이어 보다는 합성섬유 재질의 로프를 많이 사용
⑦ 히빙 라인 : 계선줄을 부두로 건네주기 위해 먼저 던져주는 줄

29 아래 그림에서 ㉠은?

가. 암
사. 생크
나. 빌
아. 스톡

30 닻의 중요 역할이 아닌 것은?

가. 침로유지에 사용된다.
나. 선박을 임의의 수면에 정지 또는 정박시킨다.
사. 좁은 수역에서 선회하는 경우에 이용된다.
아. 선박의 속도를 급히 감소시키는 경우에 사용된다.

31 앵커를 감는 장치는?

가. 양화기
사. 양묘기
나. 조타기
아. 크레인

2-5 선체의 부식과 오손

(1) 부식

① 부식 : 선체가 각종 물리적인 원인과 화학적인 원인에 의하여 손상을 입으며, 녹이 슬
거나 썩게 되는 것

② 물리적인 원인 : 충돌, 좌초, 충격, 마찰, 진동, 화재, 폭발 등

③ 화학적인 원인 : 산화 작용, 전식 작용 등

④ 부식 방지법

　㉠ 강선의 부식 방지법

　　• 방청용 페인트 및 시멘트를 발라서 습기의 접촉을 차단

　　• 부식이 심한 장소의 파이프는 아연 또는 주석을 도금한 것을 사용

- 프로펠러나 키 주위에는 철보다 이온화 경향이 큰 아연판을 부착하여 철의 전식작용에 의한 이온화 침식을 방지
- 고순도의 마그네슘 또는 아연의 양극 금속을 이용하여 전반적인 선체 외판이나 탱크의 부식을 방지
- 일반 화물선에서는 화물창 내 강제 통풍에 의한 건조한 공기 불어넣기
- 유조선에서는 탱크 내에 불활성 가스를 주입하여 폭발 방지 및 선체 방식에도 기여

  ※ 페인트 관련 용구
  - 칠 용구 : 브러시, 스프레이 건
  - 녹제거 : 진공 분사기, 모래 분사기, 스케일링 머신, 스크레이퍼, 치핑 해머, 와이어 브러시, 샌드 페이퍼

  ⓛ 전기 방식법 : 방식 전류를 이용하여 아연으로부터 전류와 함께 금속 이온이 용출되기 때문에 시간에 따라 아연판이 소모되는 방법을 사용

(2) 오손

① 오손 : 해초류나 패류에 의하여 선체가 더러워지는 것

② 방오 도료의 사용

ⓐ 방식 : 도료는 물과 공기를 절연하는 도막을 형성하므로 강재 및 목재의 부식을 방지하는데 5~7회 도장을 함

ⓑ 방오 도료의 작용 : 선박 운항시 화학 반응을 일으키면서 아주 미세한 양이 균등하게 깎여 나감으로써 해양 생물 부착을 방해, 도료 성분에 함유된 독성을 이용하여 해양 생물이 선체에 부착되는 것을 방지

(3) 도료 이외의 보표 방법

① 뱃밥 : 목선에 물이 새어 들지 못하게 배의 벌어진 틈을 메우는 재료

② 퍼티(putty) : 목선의 부식을 방지하기 위해 목재의 갈라진 틈이나 접속 부위를 막는 밀가루 반죽과 비슷한 모양의 재료

③ 훈연법 : 열과 연기에 의해 목재 내부에 서식하는 충류를 사멸

---

32 선체가 강선인 경우, 부식을 방지하기 위한 방법으로 옳지 않은 것은?

가. 방청용 페인트를 칠해서 습기의 접촉을 차단한다.

나. 아연 또는 주석 도금을 한 파이프를 사용한다.

사. 아연으로 제작된 타판을 사용한다.

아. 선체 외판에 아연판을 붙여 이온화 침식을 막는다.

33 강선 선저부의 선체나 타판이 부식되는 것을 방지하기 위해 선체 외부에 부착하는 것은?

가. 동판   나. 아연판
사. 주석판   아. 놋쇠판

34 목갑판을 보존하기 위한 정비방법으로 옳지 않은 것은?

가. 도료는 한번에 두껍게 바른다.
나. 자주 씻고 깨끗하게 하여 건조시킨다.
사. 틈이 생기면 바로 떼운다.
아. 목갑판에 사용하는 도구만을 쓴다.

2-6 로프(Rope)

(1) 로프(Rope)의 종류

① **식물섬유 로프** : 면·마·합성섬유 등의 섬유를 꼬아 만든 로프로 합성 섬유 로프가 보급된 요즘에는 많이 쓰이지 않음(마닐라 로프 등)

② **합성 섬유 로프** : 폴리프로필렌 로프, 폴리에스터 로프, 나일론 로프

③ **와이어로프** : 아연이나 알루미늄으로 도금한 철사(steel wire)를 여러 가닥으로 합하여 스트랜드를 만들고, 스트랜드 여섯 가닥을 다시 합하여 만든 로프

(2) 합성 섬유 로프의 특징

① **장점** : 가볍고 흡수성이 낮으며 부식하지 않고, 충격에 대하여 흡수율이 좋으며 강도가 좋다.

② **단점** : 열이나 마찰에 약하고, 복원력이 늦다.

(3) 와이어로프의 특징

① 일반적으로 와이어로프는 섬유 로프보다 강성이 크고 튼튼하지만 다루기가 힘들다.

② 큰 외력에 대해 선박을 계류시킬 경우에는 와이어로프를 쓰지만, 와이어로프와 섬유 로프를 동일 방향으로 같이 쓸 경우에는 외력이 크게 걸리면 섬유 로프가 더 늘어나서 와이어로프에 하중이 편중되어 끊어질 수 있기 때문에 피해야 한다.

③ 유조선 등과 같이 휘발성이 있는 위험 화물을 싣는 선박에서는 와이어로프와 계선 쇠붙이 사이의 마찰로 불꽃이 생기는 일이 있으므로, 섬유 로프를 쓰는 경우가 많다.

(4) 로프의 치수

① **굵기** : 로프의 외접원의 지름을 mm 또는 원주를 인치로 표시, 지름(mm)/8 = 원주(inch)

② **길이** : 1사리(coil) = 200m

③ **무게** : 섬유 로프의 무게는 200미터를 단위로 하고, 와이어 로프는 1미터를 단위로 함

(5) 로프의 강도

① **파단하중** : 로프에 장력을 가하여 로프가 절단되는 순간의 힘 또는 무게

② **안전사용하중** : 시험 하중의 범위 내에서 안전하게 사용할 수 있는 최대의 하중

③ **시험 하중** : 로프에 장력을 가하면 로프가 늘어나고 힘을 제거하면 원래의 상태로 되돌아가는데, 이 때 변형이 일어나지 않는 최대 장력

(6) 로프의 취급

① **일반적 로프의 취급법**

　㉠ 파단하중과 안전사용하중을 고려하여 사용

　㉡ 시일이 경과함에 따라 강도가 크게 떨어지므로 주의

　㉢ 마찰이 많은 곳에는 캔버스를 이용하여 보관

　㉣ 블록(block), 활차, 도르래 등을 사용하는 경우 급각도로 굽히면 굴곡부에 큰 힘이 걸리므로 완만하게 굽힘

　㉤ 동력에 의하여 로프를 감아 들일 때는 무리한 장력이 걸리지 않도록 주의

　㉥ 비틀림(또는 꼬임, 킹크, kink)가 생기지 않도록 주의

　㉦ 마모에 주의하며, 항상 건조한 상태로 보관

② **섬유 로프의 취급법**

　㉠ 무거운 물건을 취급할 때에는 새 것을 사용

　㉡ 로프가 물에 젖거나 기름이 스며들면 그 강도가 1/4 정도 감소

　㉢ 비트나 볼라드 등에 감아 둘 때에는 하부에 3회 이상 감아 둠

　㉣ 계선줄과 구명줄 등과 같은 동삭은 강도가 저하되지 않도록 자주 교체

　㉤ 스플라이싱(splicing)한 부분은 강도가 약 20~30% 떨어지므로 주의

　㉥ 로프를 절단한 경우 휘핑(whipping)하여 스트랜드가 풀리지 않도록 주의

③ **와이어 로프의 취급법**

　㉠ 사용하지 않을 때에는 와이어 릴을 감고 캔버스 덮개를 덮어 둠

　㉡ 항상 해수에 젖는 와이어 로프는 수산화칼륨을 가열하여 발라 녹을 방지

　㉢ 볼라드, 비트, 클리트 등에 맬 때는 미끄러지지 않도록 4~5회 이상 감고, 가는 줄로 시징해야 함

ⓡ 볼라드 등으로 와이어 로프 지름 15배 이상의 것으로 하여 굽어지는 것을 피함

ⓜ 와이어 로프의 코일은 반드시 나무판위에서 굴리거나 데릭 또는 기중기로 운반

ⓗ 급격한 압착은 킹크와 거의 같은 피해를 주므로 주의

ⓢ 끝에 아이가 있는 와이어 로프는 스플라이싱한 부분에 약점이 있으므로 주의

ⓞ 와이어 로프의 각 소선이 1/2 정도 마모되었거나 킹크가 생겼을 때에는 새 것으로 교체

(7) 로프의 보존

① 섬유 로프의 보존법

ⓖ 비나 해수에 젖지 않도록 하고 젖었을 때에는 신속히 건조해서 보관

ⓛ 너무 뜨거운 장소를 피하고, 통풍과 환기가 잘 되는 곳에 보관

ⓒ 산성이나 알칼리성 물질이 접촉되지 않도록 주의

② 와이어 로프의 보존법

ⓖ 정기적으로 그리스, 윤활유 등을 도포하여 섬유심에 기름이 스며들도록 보존

ⓛ 고온인 장소는 피하고, 통풍과 환기가 잘 되는 곳에 보관

ⓒ 충분히 건조시키고 녹이 발생하였을 때에는 이를 제거하고 기름을 바름

ⓡ 장력을 많이 받는 와이어 로프는 주기적으로 작동하여 풀어주며, 점성이 큰 그리스를 바름

ⓜ 사용하지 않는 와이어 로프도 매년 1회 기름을 발라 부식과 고착을 방지

2018년 2차

35 와이어 로프와 비교한 섬유 로프의 성질에 대한 설명으로 옳지 않은 것은?

가. 물에 젖으면 강도가 변화한다.

나. 열에 약하지만 가볍고 취급이 간편하다.

사. 딱은 섬유 로프는 킹크가 잘 일어나지 않는다.

아. 선박에서는 습기에 강한 식물성 섬유 로프가 주로 사용된다.

2017년 3차

36 로프의 사용 및 취급 방법으로 옳지 않은 것은?

가. 파단하중과 안전사용하중을 고려하여 사용한다.

나. 마찰이 많은 곳에는 캔버스를 감아서 사용한다.

사. 동력으로 로프를 감아들일 때에는 무리한 장력이 걸리지 않도록 한다.

아. 블록을 통과하는 경우, 소각도로 굽히면 굴곡부에 큰 힘이 걸리므로 대각도로 굽혀 사용한다.

35 아   36 아

37 섬유로프 취급시 주의 사항으로 옳지 않은 것은?

가. 항상 건조한 상태로 보관한다.

나. 산성이나 알카리성 물질에 접촉되지 않도록 한다.

사. 로프에 기름이 스며들면 강해지므로 그대로 둔다.

아. 마찰이 심한 곳에는 마찰포나 캔퍼스를 감아서 보호한다.

38 와이어 로프의 취급에 대한 설명으로 옳지 않은 것은?

가. 마찰 부분에 기름을 치거나 그리스를 바른다.

나. 사리를 옮길 때 나무판에서 굴리면 안 된다.

사. 시일이 경과함에 따라 강도가 떨어지므로 주의해서 덮어둔다.

아. 사용하지 않을 때는 와이어 릴에 감고 캔버스 덮개를 덮어준다.

03 선박의 조종

3-1 복원성과 관련 용어

(1) 선박의 복원성(Stability)

① 복원성(Stability)

ㄱ 선박이 파도나 바람 등의 외력을 받으면 한 쪽으로 기울게 되는데 그 경사에 저항하여 선박을 원래의 상태로 되돌리려는 성질

ㄴ 선박의 안정성을 판단하는 가장 중요한 요소

ㄷ 선박은 선수미 방향으로 경사되어 전복되는 일은 거의 없기 때문에 주로 횡경사에 대해 고려

② 복원력 : 복원성을 나타내는 물리적인 양

(2) 복원성 관련 용어

① 배수량(W)

ㄱ 선박이 배제한 바닷물의 중량으로, 아르키메데스의 원리에 의하여 선박의 무게

ㄴ 선박이 수면 하에 잠겨있는 선체의 용적과 물의 밀도를 곱한 것

② 무게 중심(G) : 선박이 물 위에 떠 있을 때, 선박의 전 중량이 한 점에 모여 있다고 생각할 수 있는 가상의 점

③ 부심(B) : 선체의 전체 부력이 한 점에 작용한다고 생각할 수 있는 점(수선하부 용적의 기하학적 중심)

④ 중력과 부력

ㄱ 중력 : 선박이 정지하여 직립 상태로 물 위에 떠있을 때에 배의 중심에서 수직 하방으로 작용하는 힘

ㄴ 부력 : 선박 침수부의 용적의 중심인 부심에서 상방으로 작용하는 힘

ㄷ 중력과 부력은 서로 반대 방향으로 작용하여 형을 유지하고 있음

⑤ 경심(M : 메타센터) : 배가 똑바로 떠 있을 때 부력의 작용선과 경사된 때 부력의 작용

선이 만나는 점

⑥ 메타센터 높이(GM, 지엠) : 무게중심에서 메타센터(경심)까지의 높이

(3) 선박의 안정성 : 복원력 상태

① 안전 평형 상태 : GM이 0보다 큰 경우

② 불안정 평형 상태(불안정한 선박) : GM이 0보다 작은 경우 → 전복

③ 중립 평형 상태(중립의 선박) : GM이 0인 경우

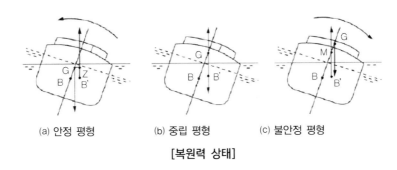

(a) 안정 평형   (b) 중립 평형   (c) 불안정 평형

[복원력 상태]

2017년 2차

39 선박이 물에 떠 있는 상태에서 외부로부터 힘을 받아서 경사할 때, 저항 또는 외력을 제거하면 원래
의 상태로 돌아오려고 하는 힘은?

가. 중력   나. 복원력

사. 구심력   아. 원심력

2016년 1차

40 부력과 중력에 대한 설명으로 옳은 것은?

가. 물위에 떠있는 선체에서는 무게와 같은 중력이 상방으로 작용한다.

나. 물위에 떠있는 선체에서는 배가 밀어낸 무게와 같은 부력이 상방으로 작용한다.

사. 중력은 배의 표면에서 작용하고 선체가 경사되면 이동한다.

아. 부력은 배의 무게중심에서 작용하고 선체가 경사되어도 이동이 없다.

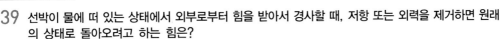

3-2 복원력의 요소 : 선체 제원

(1) 무게 중심의 상하 위치

선박 무게 중심의 위치가 낮을수록 메타센터 높이가 커져 복원성이 높아짐

(2) 배수량

선박이 물에 잠김으로써 배제된 물의 무게에 크기에 따라서 복원력은 달라짐

(3) 선폭

선박의 깊이, 흘수, 무게 중심 위치 등의 변화가 없다면, 폭 증가비의 세제곱만큼 복원력이 증가

(4) 건현

① 충분한 건현을 갖고 있지 않으면, 조금만 경사하여도 갑판의 끝이 물에 잠기게 되기 때문에 복원성의 범위가 감소

② 건현이 증가하면 중심은 상승하나 최대 복원력에 대응하는 경사각이 커짐

(5) 현호(sheer)

높은 현호는 항해 중에 갑판으로 바닷물이 침입하는 것을 막아 주기 때문에, 결국 건현이 증가한 것과 같은 효과가 있어 복원력이 증대

(6) 선박 평형수(ballast)

중심을 낮추어 복원력을 증대시키나 중심 저하에 따른 복원력 증대와 건현 감소에 따른 역효과가 동시에 일어나므로 반드시 좋은 것은 아님

2016년 3차

41 충분한 건현을 유지하도록 하는 이유는?

가. 선속을 빠르게 하기 위함이다.

나. 선박의 부력을 줄이기 위함이다.

사. 화물의 적재를 용이하게 하기 위함이다.

아. 예비 부력을 증대시키기 위함이다.

3-3 복원력의 요소 : 운항 중

(1) 유동수의 영향

선체 내의 탱크 내에 액체 화물들이 가득 차 있지 않을 경우에는 선박의 중심이 올라가 GM값이 감소하게 되어 선박의 복원성이 나빠짐

41 아

(2) 황천시 파도

파도의 상태에 따라서 수선면의 상태가 달라지고, 이로 인하여 복원력에도 영향을 끼치게 되는데, 일반적으로 호깅 상태에서는 복원력이 감소하고, 새깅 상태에서는 복원력이 증가

(3) 갑판적 화물의 흡수

원목 또는 각재와 같은 갑판적 화물이 빗물이나 갑판 위로 올라온 해수에 의하여 물을 흡수하게 되면, 중량이 증가하여 GM이 감소

(4) 갑판의 결빙

고위도 지방을 겨울철에 항행하게 되면 갑판 위로 올라온 해수가 갑판에 얼어 붙어서 갑판 중량의 증가로 GM이 감소(특히 선수 부분)

2017년 2차

42 액체가 탱크 내에 가득차 있지 않을 경우 선체 동요시 복원력의 변화로 옳은 것은?

가. 증가한다.　　　　　　　　　　　나. 증가하는 경우가 많다.

사. 감소한다.　　　　　　　　　　　아. 아무런 영향을 받지 않는다.

3-4　적화 및 외력과 복원성

(1) 화물의 수직 및 수평배치

① 화물 무게의 수직 배치

　㉠ 화물의 수직 방향 배치에 따라서 GM의 크기가 변화하므로, 적당한 크기의 GM을 가질 수 있도록 화물 무게를 하부 선창과 중갑판에 구분하여 배치

　㉡ 무게 중심의 위치 설정은 항해 중의 연료, 청수 등의 소비와 유동수의 영향 등을 고려

② 무게중심을 낮추는 방법

　㉠ 화물선 : 항해 중 복원성이 나빠지거나 황천이 되면 복원력 확보 수단으로 선박 평형수를 이용

　㉡ 어선이나 모래 운반선 등 : 높은 곳의 중량물을 아래쪽으로 옮겨 무게 중심을 낮춤

　㉢ 선저부의 탱크에 선박 평형수를 만재시켜서 복원력을 확보

③ <u>화물 무게의 종 방향(세로) 배치 : 선체 화물의 배치 계획을 세울 때 화물 중량 및 선체 중량의 세로 방향으로 선체의 부력과 비슷하도록 배분</u>

④ 화물의 이동방지 : 과적이나 한쪽 현에 화물의 집중을 피하고, 화물의 이동하지 않도록 고박을 철저히 함

(2) 외력과 복원성

① 바람의 영향 : 선박의 가로 방향으로 바람과 파도의 영향이 합쳐지면 복원력이 감소

② 파도에 의한 선체 경사 : 황천 시에는 강풍, 돌풍, 높은 파도의 영향으로 큰 경사 모멘트를 받게 되고, 갑판 위에 쳐 오르는 파랑 때문에 복원력이 크게 감소

2016년 2차

43 화물을 선창에 실을 때 주의사항으로 옳지 않은 것은?

가. 먼저 양하할 화물부터 싣는다.

나. 갑판 개구부의 폐쇄를 확인한다.

사. 화물의 이동에 대한 방지책을 세워야 한다.

아. 무거운 것은 밑에 실어 무게중심을 낮춘다.

2014년 4차

44 화물선에서 복원성을 확보하기 위한 방법으로 옳지 않은 것은?

가. 선체의 길이 방향으로 화물을 배치한다.

나. 선저부의 탱크에 밸러스트를 적재한다.

사. 가능하면 높은 곳의 중량물을 아래쪽으로 옮긴다.

아. 연료유나 청수를 공급 받는다.

3-5 타(키 : Rudder)의 역할

(1) 침로 안정성(방향 안정성=보침성)

① 선박이 일정한 침로를 따라 직진하는 성질

② 항행 거리에 영향을 끼치며, 경제적인 운항을 위하여 필요한 요소 중의 하나임

③ 대형 화물선은 일직선으로 항해하는 경우가 많으므로 선회성보다 침로 안정성이 더 중요시 됨

(2) 선회성

① 일정한 타각을 주었을 때 선박이 선회하는 각속도의 정도

② 선회성 지수(K) : 선회성의 크기로 일정 타각을 사용하였을 때 회두 각속도가 타각의

43 가 44 가

몇 배인가를 나타내는 지수로 선회성지수가 크면 배가 빠르게 선회하여 짧은 반경의 선회권을 그리게 된다는 것을 뜻함

③ 어선이나 군함은 빠른 기동성이 필요하므로 큰 선회성이 요구됨

(3) 추종성

① 선박이 일정 타각을 주었을 때 회두를 시작하는 시간의 지연

② 추종성 지수(T) : 추종성의 크기로 일정 타각을 시용하였을 때 선박이 몇 초 후에 본격적인 선회를 시작하느냐를 시간으로 니타내는 지수

(4) 이상적인 키

침로를 유지하는 성능인 보침성이 좋고 선회성이 큰 것이 좋으나 서로 상반되는 성질이 있기 때문에 선박의 특성에 따라 달라짐

2018년 2차

45 선박이 좌현 쪽이나 우현 쪽으로 타각을 주었을 때 선수가 곧바로 회두를 시작하거나, 타를 중앙으로 하였을 때 곧바로 직진하는 것과 같이 조타에 대한 선체회두의 반응이 빠른지 또는 늦은지를 나타내는 것은?

가. 선회성 　　　　　　　　　　나. 추종성
사. 방향안정성 　　　　　　　　아. 침로안정성

2017년 1차

46 일정한 타각을 주었을 때 선박이 어떠한 각속도로 움직이는지를 나타내는 것은?

가. 선회성 　　　　　　　　　　나. 추종성
사. 방향안정성 　　　　　　　　아. 침로안정성

2017년 4차

47 선박이 정해진 침로를 따라 직진하는 성질은?

가. 선회성 　　　　　　　　　　나. 추종성
사. 초기선회성 　　　　　　　　아. 침로안정성

2017년 4차

48 선회성 지수가 클 때 나타나는 현상은?

가. 배가 늦게 선회하여 작은 선회권을 그린다.
나. 배가 늦게 선회하여 큰 선회권을 그린다.
사. 배가 빠르게 선회하여 작은 선회권을 그린다.
아. 배가 빠르게 선회하여 큰 선회권을 그린다.

---

45 나　46 가　47 아　48 사

49 선박의 조종성을 판별하는 성능이 아닌 것은?

　　가. 복원성　　　　　　　　나. 선회성

　　사. 추종성　　　　　　　　아. 침로안정성

3-6 타판(키판)에 작용하는 압력

(1) 직압력

　① 수류가 타에 작용하는 전체 압력으로써 타판에 작용하는 여러 종류의 힘의 합력

　② 변화 요소 : 키판의 면적, 키판이 수류에 받는 각도, 선박의 전진속도 등

(2) 양력

　① 타판에 작용하는 힘 중에서 그 작용하는 방향이 유향과 직각인 방향의 분력

　② 선회 우력 : 정횡 방향인 분력의 힘으로 선체를 선회시키는 힘(양력과 선체의 무게 중심에서 타의 중심까지의 거리의 곱)

(3) 항력

　① 타판에 작용하는 힘 중에서 그 방향이 선수미선인 분력

　② 힘의 방향은 선체 후방이므로 전진 속력을 감소시키는 저항력으로 작용

　③ 선박이 직진 중에 타각을 주어서 선회를 하게 되면 속력이 떨어지는데 그 원인 중의 하나임

(4) 마찰력

　① 타판의 표면에 작용하는 물의 점성에 의한 힘

　② 다른 힘에 비하여 극히 작은 값을 가지므로 직압력을 계산할 때 일반적으로 무시

(5) 방형 계수(block coefficient, 방형비척계수)

　① 선박의 주어진 흘수까지의 배수 용적과 이를 둘러싼 직육면체 용적(선박의 길이, 폭 및 흘수)과의 비

　② 선박수면 밑의 형상이 넓고 좁음을 나타내며 배가 얼마만큼이나 뚱뚱한지 그 정도를 알아보는 수치

(6) 조타 명령

　① 스타보드, 스타보드포트[starboard, Starboard Port] 00 : 우현(좌현)쪽으로 00°를 돌려라.

49 가

② 하드 어 스타보드(포트)[Hard a starboard Port] : 우현(좌현) 최대 타각으로 돌려라.

③ 이지 투(타각)[Ease to(Five)] : 큰 타각을 주었다가 작은 타각으로 서서히 줄여라.

④ 미드십[Midships] : 타각이 0°인 키 중앙으로 하라.

⑤ 스테디[Steady] : 회두를 줄여서 일정한 침로에 정침하라.

⑥ 코스 어게인[Course Again] : 원침로로 복귀하라.

⑦ 스테디 애즈 쉬 고우즈[Steady as she goes] : 현침로를 유지하라.

2017년 1차

50 타각을 주면 수류가 타판에 부딪힌다. 이 때 타판을 미는 힘은?

가. 추력 나. 우력

사. 마찰력 아. 직압력

2018년 2차

51 선박에서 타판에 생기는 양력이 작용하는 방향은?

가. 선수방향 나. 정횡방향

사. 상하방향 아. 선미방향

2018년 1차

52 ( )에 적합한 것은?

> "선회우력은 양력과 선체의 ( )에서 타의 작용 중심까지의 거리를 곱한 것이 된다."

가. 부력의 중심 나. 경사의 중심

사. 무게의 중심 아. 기하학적인 중심

2018년 3차

53 ( )에 순서대로 적합한 것은?

> "일반적으로 유조선과 같이 방형계수가 큰 비대선은 ( )이 양호한 반면에 ( )이 좋지 않다."

가. 선회성, 추종성 및 침로안정성 나. 선회성 및 침로안정성, 추종성

사. 침로안정성 및 추종성, 선회성 아. 추종성 및 선회성, 침로안정성

2017년 2차

54 선박이 항진 중에 타각을 주었을 때 타판의 표면에 작용하는 물의 점성에 의한 힘은?

가. 양력 나. 항력

사. 마찰력 아. 직압력

---

55 선박이 항진 중에 타각을 주면 수류가 타판에 부딪혀서 타판을 미는 힘이 작용하는데 그 힘 중에서 선체를 회두시키는 우력의 성분이 되는 것은?

가. 양력
나. 항력
사. 마찰력
아. 직압력

56 선체의 뚱뚱한 정도를 나타내는 것은?

가. 등록장
나. 의장수
사. 방형계수
아. 배수톤수

3-7 추진기(스크루 프로펠러)

(1) 추진원리와 수류

① **피치**(pitch) : 스크루 프로펠러가 360° 회전하면서 선체가 전진하는 거리

② **수류의 종류**

　㉠ **흡입류** : 선박이 전진 혹은 후진하게 되면 스크루 프로펠러에 빨려드는 수류

　㉡ **배출류** : 프로펠러의 회전에 의해 흘러 나가는 수류

　㉢ **반류** : 선미로 흘러 들어오는 물의 흐름

③ **배출류의 영향**

　㉠ **전진시** : 물을 시계방향으로 회전시키면서 뒤쪽으로 배출 하므로, 키에 직접적으로 부딪쳐 키의 상부보다 하부에 작용하는 수류의 힘이 강하여 선미를 좌현 쪽(선수를 우현 쪽으로 회두)으로 밀게 됨

　㉡ **후진시** : 프로펠러를 반시계 방향으로 회전하여 우현으로 흘러가는 배출류는 우현의 선미 측벽에 부딪치면서 측압을 형성하며, 이 측압 작용은 현저하게 커서 선미를 좌현 쪽(선수를 우현쪽)으로 회두

　㉢ **가변 피치 프로펠러 선박의 경우** : 선미를 우현 쪽으로(선수를 좌현 쪽으로) 회두

④ **횡압력의 영향** : 프로펠러에 작용하는 힘이 위쪽과 아래쪽이 다르기 때문에 생기는 영향

　㉠ **전진시** : 선수를 좌편향 시킴

　㉡ **후진시** : 선수를 우편향 시킴

55 가　56 사

(2) 속력의 종류

① 항해 속력(전속) : 계획 만재 흘수에서 주기관을 상용 출력(normal out put)으로 운전할 때 얻을 수 있는 속력

② 조종 속력 : 주기관을 주위의 여건에 따라서 언제라도 가속, 감속, 정지 등의 형태로 쓸 수 있도록 준비된 상태로 항주할 때의 속력

(3) 타력의 종류

① 발동타력 : 정지 중인 선박에서 기관을 전진 전속으로 발동하고 나서 실제로 전속이 될 때까지의 타력(이동한 거리)

② 정지타력 : 전진 중인 선박에 기관을 정지했을 때 실제로 선체가 정지할 때까지의 타력

③ 반전타력 : 전속으로 전진 중에 후진 전속을 걸어서 선체가 정지할 때까지의 타력(충돌 예방과 관련된 타력)

④ 회두타력 : 전타선회중에 키를 중앙으로 한때부터 선체의 회두운동이 멈출 때 까지의 거리

2017년 4차

57 우회전 고정피치 스크루 프로펠러 한 개가 장착되어 있는 선박의 기관전진상태에서 배출류의 영향으로 발생하는 현상은?

가. 선수는 좌현 쪽으로 회두한다. 　나. 선미를 우현 쪽으로 밀게 된다.
사. 선미를 좌현 쪽으로 밀게 된다. 　아. 선수가 회두하지 않는다.

2017년 2차

58 전진속력으로 항진 중에 기관을 후진전속으로 하였을 때 선체가 정지할 때까지의 타력을 무엇이라 하는가?

가. 발동타력 　　　　　　　　나. 정지타력
사. 반전타력 　　　　　　　　아. 회두타력

3-8 키와 추진기에 의한 선체 운동

(1) 정지에서 전진

① 키 중앙일 때 : 초기에는 횡압력 작용으로 선수좌편, 전진속력이 증가하면 배출류가 강해져서 결국 선수는 우편시키는 힘이 작용

② 우 타각일 때 : 횡압력과 배출류가 서로 반대이나 배출류가 강하여 선수 우전

③ 좌 타각일 때 : 횡압력과 배출류가 함께 오른쪽으로 선미를 밀어서 선수 좌전이 됨

---

(2) 정지에서 후진

① 키 중앙일 때 : 후진기관이 발동하면, 횡압력과 배출류의 측압 작용이 선미를 좌현 쪽으로 밀기 때문에 선수는 우회두

② 우 타각일 때 : 횡압력과 배출류가 선미를 좌현 쪽으로 밀고, 흡입류에 의한 직압력은 선미를 우현 쪽으로 밀어서 평형상태를 유지

③ 좌 타각일 때 : 횡압력, 배출류, 흡입류가 전부 선미를 좌현 쪽으로 밀기 때문에 선수는 강하게 우회두

(3) 선회 운동과 용어

① 선회권(turning circle)

　㉠ 선회 운동에서 선체의 무게 중심이 그리는 항적

　㉡ 같은 타각이라도 우선회보다 좌선회가 그리는 선회권이 더 큼

② 전심 : 선회권의 중심으로부터 선박의 선수미선에 수선을 내려서 만나는 점

③ 선회 종거 : 전타를 시작한 위치에서 선수가 원침로로부터 90° 회두했을 때, 원침로상의 종 이동 거리

④ 선회 횡거 : 전타를 시작한 위치에서 선수가 원침로로부터 90° 회두했을 때, 원침로상의 횡 이동 거리

⑤ 선회 지름(선회경) : 전타 후 선수가 원침로로부터 180° 회두하였을 때 원침로에서 직각방향으로 잰 거리

⑥ 최종선회경(최종선회지름) : 배가 정상원운동을 할 때 생기는 작은 선회경

⑦ 편출 선미(kick) : 선체는 선회 초기에 원침로로부터 타각을 준 반대쪽으로 약간 벗어나는데, 이러한 원침로에서 횡방향으로 무게중심이 이동한 거리

⑧ 리치(reach) : 전타를 시작한 위치에서 최종 선회경의 중심까지의 거리를 원침로상에서 잰 것

⑨ 신침로거리 : 전타위치에서 신·구침로의 교점까지 원침로상에서 잰 거리

(4) 선미 킥(kick)

① 타력에 따라서 선박이 원침로에서 밀려나는 현상

② 선미 킥(kick) 현상의 이용

　㉠ 항해중 사람이 현외로 떨어졌을 때 낙하현쪽으로 전타하면 선미를 물에 빠진 사람으로부터 옆으로 멀어지게 할 수 있음

　㉡ 전방에 있는 장해물을 급히 회피하려 할 때, 급속히 최대 타각으로 전타하여 회두를 시작하고, 장애물이 현측에 가까이 다가오면 다시 타를 반대로 전타하여 위험 상황에서도 장애물을 피할 수 있음

(5) 선회 중의 선체 경사

① **내방 경사(안쪽경사)** : 조타한 직후 수면 상부의 선체는 타각을 준 쪽인 선회권의 안쪽으로 경사

② **외방 경사(바깥쪽경사)** : 정상 원운동시에 원심력이 바깥쪽으로 작용하여, 수면 상부의 선체가 타각을 준 반대쪽인 선회권의 바깥쪽으로 경사하는 것

(6) 선회권에 영향을 주는 요소

① **선체의 비척도** : 방형 계수가 작은 선박은 큰 선박에 비해 선회성이 떨어짐

② **타각**

    ㉠ 보통 타각을 크게 하면 선회경은 작아짐

    ㉡ 타각을 크게 하면 할수록 키에 작용하는 압력이 크므로 선회 우력이 커져서 선회권이 작아짐

③ **타면적**

    ㉠ 타면적비가 큰 선빅은 타력이 커서 선회성이 양호하므로 선회경이 작음

    ㉡ 우수한 조종 성능이 요구되는 예인선, 어선은 타면적비가 큼

④ **트림** : 선수 트림의 선박에서는 물의 저항 작용점이 배의 무게 중심보다 전방에 있으므로 선회 우력이 커져서 선회권이 작아지고, 반대로 선미 트림은 선회권이 커짐

⑤ **흘수** : 일반적으로 만재 상태에서는 선체 질량이 증가되어 선회권이 커짐

⑥ **수심** : 수심이 얕은 수역에서는 키 효과가 나빠지고, 선체 저항이 증가하여 선회권이 커짐

2018년 2차

59 ( )에 순서대로 적합한 것은?

> "우선회 가변피치 스크루 프로펠러 1개가 장착된 선박이 정지상태에서 후진 할 때, 타가 중앙이면 ( ) 및 ( )가 작용하여 선수는 좌회두한다."

가. 직압력, 배출류   나. 횡압력, 배출류

사. 직압력, 흡입류   아. 횡압력, 흡입류

2017년 4차

60 선체회두가 원참로로부터 180도 된 곳까지 원침로에서 직각 방향으로 잰 거리는?

가. 킥   나. 리치

사. 선회경   아. 선회횡거

61 ( )에 순서대로 적합한 것은?

"일반적으로 직진 중인 배수량을 가진 선박에서 전타를 하면 선체는 선회초기에 선회하려는 방향의 ( )으로 경사하고 후기에는 ( )으로 경사한다."

가. 안쪽, 안쪽　　　　　　　나. 안쪽, 바깥쪽
사. 바깥쪽, 안쪽　　　　　　아. 바깥쪽, 바깥쪽

62 선박이 선회 중 나타나는 일반적인 현상으로 옳지 않은 것은?

가. 선속이 감소한다.　　　　나. 횡경사가 발생한다.
사. 선회 가속도가 감소한다.　아. 선미킥이 발생한다.

63 전타를 시작한 최초의 위치에서 최종 선회지름의 중심까지의 거리를 원침로 상에서 잰 거리는?

가. 킥　　　　　　　　　　　나. 리치
사. 선회경　　　　　　　　　아. 신침로 거리

64 전속전진 중에 최대 타각으로 전타하였을 때 발생하는 현상이 아닌 것은?

가. 키 저항력의 감소　　　　나. 추진기 효율의 감소
사. 선회 원심력의 증가　　　아. 선체경사로 인한 선체저항의 증가

3-9 선체의 저항과 외력의 영향

(1) 선체 저항의 종류

① **마찰 저항**

　㉠ 선체 표면이 물과 접하게 되면 물의 부착력이 선체에 작용하여 선체의 진행을 방해하는 힘이 생겨 발생하는 저항

　㉡ 저속선에서 가장 큰 비중을 차지함

② **조파 저항**

　㉠ 선체가 공기와 물의 경계면에서 운동을 할 때 이로 인하여 발생하는 저항

　㉡ 파로 인하여 발생하는 저항으로 선속이 빨라지면 조파 저항도 커짐

　㉢ 조파 저항을 줄이기 위하여 구상형 선수를 많이 함

 61 나　62 사　63 나　64 아

③ 조와 저항 : 물분자의 속도차에 의하여 선미부근에서 와류가 생겨 선체는 전방으로부터 후방으로 힘을 받게 되는 저항

④ 공기 저항
  ㉠ 수면 상부의 선체 및 갑판 상부의 구조물이 공기의 흐름과 부딪쳐서 생기는 저항
  ㉡ 다른 저항에 비하여 작지만, 황천 항해와 같이 바람이 심할 때는 매우 큰 영향을 끼침

(2) 조선에 미치는 외력의 영향

① 바람의 영향
  ㉠ 선박이 항주 중에 바람을 전후방에서 받으면 선속은 큰 영향을 받지만, 선수 편향에는 거의 영향을 받지 않음
  ㉡ 바람을 선수미선에 대하여 비스듬히 받으면 선수가 편향하게 됨

② 조류의 영향
  ㉠ 조류가 빠른 수역에서 선수 방향에서 조류를 받을 때에는 타효가 커서 선박 조종이 잘 되지만, 선미 방향에서 조류를 받게 되면 선박의 조종 성능이 저하됨
  ㉡ 조류는 회두보다는 선체를 압류시키는 작용을 하므로 주의해야 함

③ 수심이 얕은 수역의 영향(천수 효과)
  ㉠ 선체의 침하 : 선저와 해저가 가까워서 유속의 변화 및 선체 주위의 수압 분포가 변화하여 선체가 침하되어 흘수가 증가
  ㉡ 속력감소 : 선수와 선미에서 발생한 파도로 조파 저항이 커지고, 선체의 침하로 저항이 증대되어 선속이 감소
  ㉢ 조종성의 저하 : 타효가 나빠져 조종이 곤란해지는 경우가 생김

④ 수로 둑의 영향 : 수로 폭이 좁은 곳을 항해하면, 선박 양쪽의 수압 차이에 의해 선체가 수로 둑에 가까운 쪽으로 압류되어 위험해지는 경우가 생김

⑤ 두 선박간의 상호작용(흡인 배척 작용) : 두 선박이 서로 가깝게 마주치거나, 한 선박이 추월하는 경우에는 선박 주위의 압력 변화로 인하여 두 선박 사이에 당김, 밀어냄 그리고 회두 작용이 일어남(작은 선박이 훨씬 큰 영향을 받음)

⑥ 해저 경사의 영향 : 수심이 얕은 수역에서는 선저 부분에서만 영향을 끼치지만, 제한된 수로에서는 선저뿐만 아니라 선체의 측면에 대해서도 영향을 끼침

⑦ 파도의 영향
  ㉠ 전진 중 : 파를 한쪽 현으로 받을 경우, 파압의 차에 의하여 선체는 파하로 압류
  ㉡ 후진 중 : 배수류 및 타의 저항으로 인하여 선미가 파상으로 향하고 선수는 파하로 압류
  ㉢ 정지 중 : 파를 옆으로 받으므로 선체의 동요가 심해짐

65 선박이 항주할 때 수면하의 선체가 받는 저항이 아닌 것은?

가. 마찰저항   나. 공기저항

사. 조파저항   아. 조와저항

66 물의 점성에 의한 부착력이 선체에 작용하여, 선박이 진행하는 것을 방해하는 저항은?

가. 마찰저항   나. 공기저항

사. 조파저항   아. 조와저항

67 선박이 항진 중에 타각을 주었을 때, 수류에 의하여 타에 작용하는 힘 중에서 방향이 선체 후방인 분력은?

가. 마찰저항   나. 공기저항

사. 조파저항   아. 조와저항

68 강한 조류가 있는 해역을 항해하는 방법으로 옳지 않은 것은?

가. 조류가 강할 때에는 무리하게 항해하지 않는다.

나. 조류의 방향을 알고 가능한 정횡으로부터 받지 않아야한다.

사. 수역의 폭이 넓은 지역으로 진입한다.

아. 급격한 횡경사가 있을 경우 선속을 올리고 반대 현으로 대각도 조타한다.

69 천수효과(Shallow water effect)에 대한 설명으로 옳지 않은 것은?

가. 선회성이 좋아진다.   나. 트림의 변화가 생긴다.

사. 선박의 속력이 감소한다.   아. 선체 침하 현상이 생긴다.

70 선체가 항주할 때 수면하의 선체가 받는 저항이 아닌 것은?

가. 공기저항   나. 마찰저항

사. 조파저항   아. 조와저항

04 특수 상황에서의 조종

4-1 선체 운동

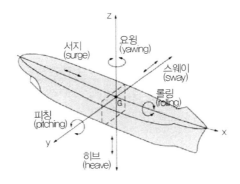

[선체의 6자유도 운동]

(1) X축 회전과 병진운동

① **횡동요**(rolling, 롤링)

ㄱ 선수미선을 기준으로 하여 좌우 교대로 회전하는 횡경사 운동

ㄴ 선박의 복원력과 밀접한 관계가 있으며, 악천후에서는 적재된 화물이 무너지고 최악의 경우에는 선박이 전복되기도 함

ㄷ 선박에 적당한 GM을 확보하고, 침로를 변경하여 횡동요 주기를 조정해서 동요 각도를 줄여 주어야 함

② **전후 동요** : X축을 기준으로 하여 선체가 이 축을 따라서 전후로 평행 이동을 되풀이하는 동요

(2) Y축 회전과 병진운동

① **종동요**(pifching, 피칭)

ㄱ 선체중앙을 기준으로 하여 선수 및 선미가 상하 교대로 회전하려는 종경사 운동

ㄴ 선속을 감소시키며, 적재화물을 파손시키게 됨

② 좌우 동요 : Y축을 기준으로 하여 선체가 이 축을 따라서 좌우로 평행 이동을 되풀이 하는 동요

(3) Z축 회전과 병진운동

① 선수 동요(yawing, 요잉)

㉠ 선수가 좌우 교대로 선회하려는 왕복 운동

㉡ 선박의 보침성과 깊은 관계가 있음

② 상하 동요 : Z축을 기준으로 하여 선체가 이 축을 따라 상하로 평행 이동을 되풀이 하는 동요

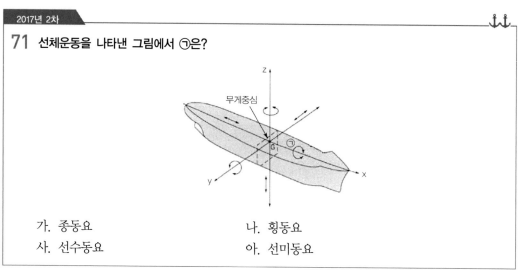

71 선체운동을 나타낸 그림에서 ㉠은?

가. 종동요 나. 횡동요

사. 선수동요 아. 선미동요

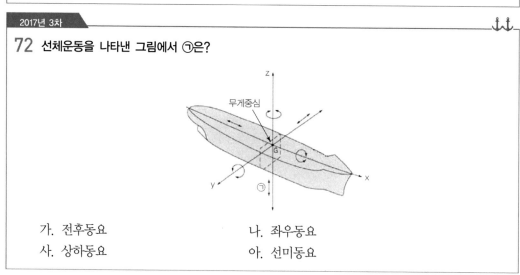

72 선체운동을 나타낸 그림에서 ㉠은?

가. 전후동요 나. 좌우동요

사. 상하동요 아. 선미동요

71 나 72 사

73 선체 횡동요운동(Rolling)으로 발생하는 위험이 아닌 것은?

　가. 러치(Lurch)현상을 가져올 수 있다.

　나. 화물의 이동을 가져올 수 있다.

　사. 유동수가 있는 경우 복원력 감소를 가져온다.

　아. 슬래밍(Slamming)의 원인이 된다.

4-2 악천후 조선 : 파랑 중의 위험 현상

(1) 동조 횡동요

① 선체의 횡동요 주기가 파랑의 주기와 일치하여 횡동요각이 점점 커지는 현상

② 동조 횡동요에 의하여 선체가 대각도로 경사하면 위험하므로, 침로나 속력을 조정하여 파도와 만나는 주기를 바꾸어서 동조 횡동요를 피할 수 있게 해야 함

(2) 러칭

① 선체가 횡동요 중에 옆에서 돌풍을 받는 경우, 또는 파랑 중에서 대각도 조타를 실행하면 선체가 갑자기 큰 각도로 경사하는 현상

② 러칭으로 갑판 상에는 다량의 해수가 덮치게 되고, 이로 인하여 화물의 이동과 선체의 손상이 일어날 수 있음

(3) 슬래밍(slamming)

선체가 파도를 선수에서 받으면서 항주하면, 선수 선저부는 강한 파도의 충격을 받아 짧은 주기로 급격한 진동을 하게 되는데, 이러한 파도에 의한 충격

(4) 브로칭(broaching)

선박이 파도를 선미로부터 받으면서 항주할 때에 선체 중앙이 파도의 파정이나 파저에 위치하면 급격한 선수 동요에 의해 선체가 파도와 평행하게 놓이는 현상

(5) 레이싱(racing) 또는 추진기의 공회전

스크루 프로펠러가 진동을 일으키면서 급회전을 하는 현상

2017년 3차

74 선체가 파를 선수에서 받으면서 항해할 때 선수 선저부가 강한 파의 충격을 받는 경우 선체가 짧은 주기로 급격한 진동을 하게 되는 것은?

　가. 러칭(Lurching)　　　　　　　나. 슬래밍(Slamming)

　사. 브로칭 투(Broaching-to)　　　아. 히빙(Heaving)

2017년 1차

75 선박이 파도를 선미로부터 받으면서 항주할 때에 선체중앙이 파도의 파정에 위치하면 급격한 선수 동요에 의해 선체가 파도와 평행하게 놓이는 현상은?

　가. 러칭　　　　　　　　　　　나. 슬래밍

　사. 브로칭 투　　　　　　　　　아. 레이싱

4-3 　태풍 피항법과 황천 준비

(1) 황천(태풍) 피항법

① RRR 법칙(선박을 조종) : 북반구에서 태풍이 접근할 때에 풍향이 우전 변화를 하면, 본선은 태풍 진로의 우측 반원에 있으므로, 풍랑을 우현 선수에서 받도록 선박을 조종한다는 것

② LLS법 : 풍향이 좌측으로 변화하면, 본선은 태풍 진로의 좌측 반원에 있으므로 풍랑을 우현 선미에서 받도록 선박을 조종하여 태풍의 중심에서 벗어난다는 법칙

③ 태풍 진로상에 선박이 있을 경우 : 북반구의 경우 풍랑을 우현선미로 받으면서 가항반원으로 선박을 유도

(2) 황천 준비

① 정박 중의 황천 준비

　㉠ 하역 작업을 중지하고, 선체의 개구를 밀폐하며, 이동물을 고정시킨다.

　㉡ 기관을 사용할 준비를 하고, 양묘 준비를 한다.

　㉢ 상륙자는 전원 귀선시킨다.

　㉣ 공선시에는 빈 탱크에 선박 평형수를 실어 흘수를 증가시킨다.

　㉤ 태풍의 예상 진로와 자선과의 위치 관계에 따라 안전한 곳으로 이동하여 정박한다.

　㉥ 풍향의 변화를 고려하여 정박지를 설정하고, 풍력이 증가하면 닻줄 길이를 더 길게 내어준다.

　㉦ 육안에 계류 중이면 이안시켜 적당한 정박지로 이동하는 것이 좋다.

74 나　75 사

ⓞ 부표 계류 중이면 계선삭을 더 내어 주고 선체의 진회를 억제할 수 있도록 다른 쪽 닻 및 닻줄을 충분히 내어준다.

② 항해 중의 황천 준비
  ㉠ 화물의 고박 상태를 확인하고, 선내의 이동물, 구명정 등을 단단히 고정시켜 둔다.
  ㉡ 탱크 내의 기름이나 물은 채우거나 비워서 이동에 의한 선체 손상과 복원력 감소를 방지한다.
  ㉢ 선체의 개구부를 밀폐하고 현측 사다리를 고정하고 배수구를 청소해 둔다.
  ㉣ 어선 등에서는 갑판 상에 구명줄을 매어서 횡동요가 심해졌을 때의 보행이 가능하도록 대비 한다.
  ㉤ 중량물은 최대한 낮은 위치로 이동 적재한다.

(3) 황천으로 항행이 곤란할 때의 선박 운용
① 거주(heave to, 히브 투) : 일반적으로 풍랑을 선수로부터 좌우현으로 25~35° 방향에서 받아 선수를 풍랑 쪽으로 향하게 하여 조타가 가능한 최소의 속력으로 전진하는 방법
② 표주(lie to, 라이 투) : 황천 속에서 기관을 정지하여 선체가 풍하측으로 표류하도록 하는 방법으로 선체에 부딪치는 파의 충격을 최소로 줄일 수 있고, 키에 의한 보침이 필요 없음
③ 순주(scudding, 스커딩)
  ㉠ 풍랑을 선미 사면(quarter)에서 받으며, 파에 쫓기는 자세로 항주하는 방법
  ㉡ 장점 : 태풍의 가항반원 내에서는 적극적으로 태풍권으로부터 탈출하는 데 유리
  ㉢ 단점 : 선미 추파에 의하여 해수가 선미 갑판을 덮칠 수 있으며, 보침성이 저하되어 브로칭(broaching) 현상이 일어나기도 함
④ 진파 기름(storm oil, 스톰 오일, 산유)의 살포 : 황천 중 lie to 방법으로 표류 중 해면에 뿌리는 기름으로 선체 주위에 유막을 형성하여 파도를 잠재울 때 사용하는 방법

(4) 협수로에서의 조종
조류의 유속은 수로의 중앙부가 강하고 육안에 가까울수록 약해짐, 만곡부에서는 만곡의 외측에서 유속이 강하고 내측에서는 약해짐
① 선수미선과 조류의 유선이 일치되도록 조종한다.
② 변침시의 조타는 소각도로 여러 차례 걸쳐서 행한다.
③ 기관사용 및 투묘준비 상태를 계속 유지하면서 항행한다.
④ 타효가 유지되는 안전한 속력을 유지하도록 한다.
⑤ 좁은 수로에서는 원칙적으로 추월이 금지되어 있으며, 만일 추월하고자 하면 추월신호를 이행해야 한다.

⑥ 협수로의 측면에 근접해서 항해하면 안벽 영향(bank effect)에 의해 불안정한 선체회두가 일어날 수 있으므로 주의한다.

⑦ 역조 때에는 비교적 정침이 잘 되나 순조 때에는 정침이 어렵다.

⑧ 협수로에서는 역조통항선은 순조통항선이 통과한 후에 통항한다.

⑨ <u>통항 시기는 게류나 조류가 약한 때를 택하고, 만곡이 급한 수로에서는 순조시 통항을 피한다.</u>

(5) 제한된 시계 내에서의 조종

① 레이다 등의 항해계기를 적극 활용하고 엄중한 경계를 실시

② 해상교통안전법상 제한된 시계 내에서의 항법을 준수하고 무중신호를 포함한 적절한 조치를 취함

2018년 1차

76 황천 항해에 대비하여 갑판상 배수구를 청소하는 목적은?

가. 복원력 감소 방지　　　　나. 선박의 트림 조정
사. 선박의 선회성 증대　　　아. 프로펠러 공회전 방지

2018년 1차

77 황천항해를 대비하여 선박에 화물을 실을 때 주의사항으로 옳은 것은?

가. 선체의 중앙부에 화물을 많이 싣는다.
나. 선수부에 화물을 많이 싣는 것이 좋다.
사. 상갑판보다 높은 위치에 최대한으로 많은 화물을 싣는다.
아. 화물의 무게분포가 한 곳에 집중되지 않도록 한다.

2017년 4차

78 황천항해에 대비하여 선창에 화물을 실을 때 주의사항으로 옳지 않은 것은?

가. 먼저 양하 할 화물부터 싣는다.
나. 갑판 개구부의 폐쇄를 확인한다.
사. 화물의 이동에 대한 방지책을 세워야 한다.
아. 무거운 것은 밑에 실어 무게중심을 낮춘다.

2017년 1차

79 거주(heave to)법의 단점으로 옳지 않은 것은?

가. 풍하측으로의 표류가 심하다.
나. 해수의 갑판상 침입이 심하다.
사. 선속을 너무 감속하면 보침이 어렵다.
아. 파랑에 의한 선수부의 충격작용이 심하다.

 76 가　77 아　78 가　79 가

80 황천조선법인 순주(Scudding)의 장점이 아닌 것은?

가. 상당한 속력을 유지할 수 있다.

나. 선체가 받는 충격작용이 현저히 감소한다.

사. 가항반원에서 적극적으로 태풍권으로부터 탈출하는데 유리하다.

아. 보장성이 향상되어 브로칭 투 현상이 일어나지 않는다.

81 황천 중에 항행이 곤란할 때의 조선상의 조치로서 황천속에서 기관을 정지하고 선수를 풍랑에 향하게 하여 선체를 풍하로 표류하도록 하는 방법은?

가. 표주(Lie to)법 사. 거주(Heave to)법

나. 주(Scuding)법 아. 진파기름(Storm oil)의 살포

chapter

05 해양 사고와 해상 통신

5-1 충돌 사고

(1) 충돌 사고의 주요 원인

① <u>승무원의 항법</u> 미숙과 경계 소홀

② <u>당직자의</u> 당직 소홀과 조선 미숙

③ 협수로나 항만 등에 관한 항해 정보의 부족

④ <u>항해 장비의 정비 불량</u>과 운용미숙

⑤ 잘못된 위치 판단과 돌발적인 기상의 변화

(2) 충돌하였을 때의 조치

① 다른 선박의 현측에 자선의 선수가 충돌했을 때는 기관을 후진시키지 말고, <u>주기관을 정지시킨 후</u>, 두 선박을 밀착시킨 상태로 밀리도록 한다. 만약 선박을 후진시켜 두 선박을 분리시키면, 대량의 침수로 인해 침몰의 위험이 더 커질 수 있다.

② 자선과 타선의 절박한 위험이 있을 때는 <u>음향신호 등으로 구조를 요청</u>한다.

③ <u>충돌시의 선수 방위, 선위, 시각, 충돌 각도 등을 기록</u>해 둔다.

④ 두 선박이 침몰의 가능성이 없다고 판단되면, 두 선박의 손상이 확대되지 않도록 로우 프로 두 선박의 자세를 고정시킨 후, <u>방수와 배수 작업을 실시</u>한다.

⑤ 두 선박 중 한 선박이 침몰할 위험이 있다고 판단 될 때에는 안전한 선박에 승선자를 옮겨 타도록 하고 <u>인명구출 작업에 최선</u>을 다한다.

⑥ 퇴선 시에는 <u>중요 서류를 반드시 지참</u>한다.

2018년 2차

82 선박간 충돌시 일반적인 대처방법으로 옳지 않은 것은?

가. 충돌 직후에는 즉시 기관을 정지한다.

나. 충돌 직후 기관을 후진하여 선체를 분리한다.

사. 급박한 위험이 있을 경우 구조를 요청한다.

아. 충돌 수 침몰이 예상될 경우 사람을 먼저 대피시킨다.

 82 나

83 선박간 충돌사고가 발생하였을 때의 조치사항으로 옳지 않은 것은?

가. 자선과 타선의 인명 구조에 임한다.

나. 자선과 타선에 급박한 위험이 있는지 판단한다.

사. 상대선의 항해당직자가 누구인지 파악한다.

아. 퇴선시에는 중요 서류를 반드시 지참한다.

5-2 좌초 사고

(1) 좌초의 원인

① 강풍이나 협시계 또는 강한 조류 등에 의한 불가항력

② 항해사의 항해술 미숙으로 인한 선위 측정의 부정확

③ 충돌을 회피하기 위한 선박 운용술의 미숙

④ 항해 위험물에 대한 주의 태만

(2) 좌초 시의 조치

① 즉시 기관을 정지한다.

② 손상 부위와 그 정도를 파악한다.

③ 선저부의 손상 정도는 확인하기 어려우므로 빌지와 탱크를 측심하여 추정한다.

④ 후진 기관의 사용은 손상 부위가 확대될 수 있으므로 신중을 기해야 한다.

⑤ 본선의 기관을 사용하여 이초가 가능한지를 파악한다.

⑥ 자력 이초가 불가능하면 가까운 육지에 협조를 요청한다.

(3) 이초법 시행시 고려할 점

① 손상 부분으로부터 들어오는 침수량과 본선의 배수 펌프의 능력을 비교하여 안전 여부를 판단한다.

② 해저의 저질, 수심을 측정하고 끌어낼 수 있는 시각과 기관의 후진 능력을 판단한다.

③ 조류, 바람, 파도가 어떤 영향을 줄 것인가를 판단한다.

④ 선박 평형수의 배출과 화물의 투기가 선체 부양에 미칠 영향을 판단한다.

(4) 좌초 시 선체 손상의 확대를 막기 위한 조치

① 조류나 풍랑에 의하여 선체가 동요되거나 이동되지 않고, 또한 이초 작업에 편리하도록 2중저탱크에 주수하여 선저부를 해저에 밀착시킨다.

② 닻줄이나 로프는 가능한 길게 내어서 팽팽하게 긴장시킨다.

③ 육지에 가까운 경우나 모래 위에 얹힌 경우는 조류에 의해 선저의 모래가 이동하여 해저가 평탄하지 않게 되는 경우가 생기는데, 이때는 선체의 균형을 취할 수 있도록 고박줄을 조정하는 등의 조치가 필요하다.

④ 암초 위에 얹힌 경우, 썰물이 되면 전복될 위험이 있으므로 고박을 철저히 해야 한다.

⑤ 닻은 닻줄과 분리시켜 로프와 연결시킨 다음 구명정 1척 또는 2척을 사용하여 예정 위치까지 싣고 가서 투하한다.

⑥ 임시로 사용할 닻줄은 가능한 한 무겁고 튼튼한 와이어 로프를 사용한다.

⑦ 큰 파주력을 얻기 위하여 닻줄 하나에 닻 2개를 연결시켜 투묘하면 좋다.

(5) 좌초 시 선체를 고정시키는 방법(securing)

① 선체 고박(securing) : 선박이 일단 좌초되어 자력 이초가 곤란하다고 판단될 때, 조류나 풍랑에 의하여 더 이상 선체가 동요되지 않도록 그 자리에 선체를 고정시키는 것

② 닻(anchor)을 이용한 방법

    ㉠ 해안선에 거의 직각으로 선수가 좌초된 경우, 풍상측 또는 조류가 흘러오는 쪽의 선미를 먼저 고정시키고, 다음에 반대쪽을 고정시킨다.

    ㉡ 해안선에 평행하게 좌초된 경우, 선수와 선미에서 닻을 선수미선과 약 45° 방향에 가서 투하한 뒤 바다 쪽, 육지 쪽의 순서로 고정시킨다.

③ 고의 침수에 의한 침좌(scuttling)

    ㉠ 닻, 닻줄, 케이블 등의 정박 용구(ground tackle)가 없을 때, 고의로 선창에 주수하든가, 선측 외판에 구멍을 뚫어 고의로 침수시키는 방법이다.

    ㉡ 구멍은 선저측 만곡부의 상부 근처가 좋으며 구멍의 크기는 이초시에 폐쇄 가능한 크기라야 한다.

④ 임의 좌주(beaching, 좌안)

    ㉠ 선박의 충돌사고 등으로 인해 침몰 직전에 이르렀을 때 고의로 해안에 좌초시키는 것

    ㉡ 임의 좌주의 적합한 장소 : 암석이 없는 경사가 완만한 해안, 굴곡이 없고 지반이 딱딱하며 강한 조류나 너울이 없고 외해로 노출되어 있지 않는 해안

    ㉢ 임의 좌주의 시기 : 긴박한 상황이 아니면 만조시나 만조 후 낙조가 시작될 때

(6) 침수시의 조치

모든 방법을 동원하여 배수하고, 침수가 한 구획에만 한정되도록 수밀문을 밀폐

2017년 2차

84 좌초된 직후 자력으로 이초가 불가능하다고 판단하였을 때 조치로 옳은 것은?

가. 기관을 전속으로 후진시킨다.

나. 모든 밸러스트 탱크를 비운다.

사. 전 승무원을 퇴선시킨다.

아. 선체를 현재 위치에 고정시키는 작업을 한다.

2017년 2차

85 선박의 침몰 방지를 위하여 선체를 해안에 고의적으로 얹히는 것은?

가. 좌초   나. 접촉

사. 임의 좌주   아. 충돌

5-3 화재·폭발 사고

(1) 선박 화재의 원인

배기관의 고온 노출부, 전선의 단락, 접속 단자부 이완, 인화성 물질 관리 소홀(새어 나온 기름, 기름 걸레, 빌지 등), 절연상태 불량, 담뱃불, 열 작업 등

(2) 선박 내에서 화재 발생 시 조치사항

① 필요시 화재 구역의 전기와 통풍을 차단한다.

② 모든 소화 기구를 집결하여 적절히 진화하며, 작업자를 구출할 준비를 하고 대기한다.

③ 불의 확산방지를 위하여 인접한 격벽에 물을 뿌린다.

④ 소화 작업자의 안전에 유의하여 위험한 가스가 있는지 확인하고 호흡구를 준비한다.

⑤ 어떤 물질이 타고 있는지를 확인하여 적합한 소화 방법을 강구한다.

2017년 4차

86 선박 내에서 화재 발생 시 조치사항으로 옳지 않은 것은?

가. 필요시 화재 구역의 전기를 차단한다.

나. 바람의 방향이 앞바람이 되도록 배를 돌린다.

사. 불의 확산방지를 위하여 인접한 격벽에 물을 뿌린다.

아. 어떤 물질이 타고 있는지를 확인하여 적합한 소화 방법을 강구한다.

87 선박 화재사고 발생의 직접적인 원인이 아닌 것은?

가. 절연상태 불량　　　　　　　　나. 조타기 고장
사. 인화성 물질 관리 소홀　　　　아. 전선 단락

5-4 해양 사고시의 조치

(1) 구조선이 취할 조치

① 조난 통보를 수신했음을 조난선에 알리고, 상황에 따라서 조난 통보를 재송신한다.

② 조난선에게 구조선의 선명, 위치, 속력 및 도착 예정 시각 등을 송신한다.

③ 조난 주파수로 동정을 계속 살핀다.

④ 레이더를 계속하여 작동한다.

⑤ 조난 장소 부근에 접근하면 경계원을 추가로 배치한다.

⑥ 조난 현장으로 항진하면서 다른 구조선의 위치, 침로, 속력, 도착 예정 시각, 조난 현장의 상황 등의 파악에 노력한다.

⑦ 현장 도착과 동시에 구조 작업을 할 수 있도록 필요한 그물, 사다리, 로프, 들것 등의 준비를 한다.

(2) 익수자의 구조

① 익수사고가 발생한 때에는 익수자를 시야에서 놓치지 않도록 한다.

② 익수자에게 구명부환을 던져주고(야간시에는 자기점화등이 부착된 것) 구조작업을 한다.

③ 익수자를 수영으로 구조할 때는 발부터 입수를 실시하면서 아래로 잠수, 익수자의 몸이 등쪽을 보이도록 하면서 팔을 꺾은 뒤 손과 팔을 잡고 익수자를 위쪽으로 밀어낸다.

④ 익수자를 구조할 경우 선수방향으로부터 풍파를 받으며 익수자에게 현측으로 접근한다.

⑤ 풍파가 높을 때에는 풍하쪽에서 익수자에게 접근한다.

⑥ 익수자를 구조한 후에는 상태에 따라 기도를 유지시키고 인공호흡을 실시한 뒤 체온 저하를 막는다.

87 나

88 항해중 사람이 선외로 추락한 경우 즉시 취해야 하는 조치로서 옳지 않은 것은?

　가. 선외로 추락한 사람을 발견한 사람은 익수자에게 구명부환을 던져주어야 한다.

　나. 선외로 추락한 사람이 시야에서 벗어나지 않도록 계속 주시한다.

　사. 익수자가 발생한 반대 현측으로 즉시 전타한다.

　아. 인명구조 조선법을 이용하여 익수자 위치로 되돌아간다.

5-5　구명 설비

(1) 구명정(Life boat)

① 구명정의 개념

　㉠ 해난 사고가 발생했을 때, 승객과 승무원의 피난을 위해 사용하는 작은 선박

　㉡ 금속제 수밀 공기 상자가 부착되어 있어서 충분한 복원력과 전복되더라도 가라앉지 않는 부력을 유지할 수 있음

② 구명정이 갖추어야 할 사항

　㉠ 선박의 20도 횡경사 및 10도 종경사의 경우에도 안전하게 진수될 수 있어야 함

　㉡ 구명정의 주기관은 영하 15℃에서도 시동이 가능해야 하며, 추진 속도가 6노트 이상이어야 함

　㉢ 구명정에는 규격, 정원 수, 소속된 선박 및 선적항 등을 표시

　㉣ 구명정에는 노, 양동이, 생존 안내서, 닻줄, 수밀 용기, 식량, 신호 홍염, 발연부 신호 등의 의장품을 비치

　㉤ 구명정의 색깔은 2마일 밖에서도 식별할 수 있도록 주황색으로 칠하며, 밤에도 잘 보이도록 야광 테이프를 붙여야 함

(2) 팽창식 구명 뗏목(구명벌, Life raft)

① 구명 뗏목의 개념

　㉠ 선박이 침몰할 때 갑판 위에서 해상으로 투하하거나 또는 선박의 침몰 시 자동적으로 부상하여 조난자가 안전하게 탑승할 수 있는 구명 설비

　㉡ 나일론 등과 같은 합성 섬유로 된 포지를 고무로 가공해서 뗏목 모양으로 제작한 것으로, 내부에는 탄산가스나 질소 가스를 주입시켜 긴급 시에 팽창시키면 뗏목 모양으로 펼쳐짐

　㉢ 제1종 팽창식 구명 뗏목의 경우 18m 높이에서 해상에 투하하여도 본체와 의장품이

손상되지 않아야 함

　　ⓔ 정원 : 일반적으로 6명~50명 정도

② 구명 뗏목의 주요 구성부

　　㉠ 고박줄 : 구명 뗏목과 선박을 연결하는 줄

　　㉡ 작동줄 : 팽창용 가스 용기의 절단 장치를 작동시키는 줄

　　㉢ 위크링크 : 구명 뗏목 컨테이너가 자동으로 부상하고, 그 부력에 의해 인장력이 걸리면 작동줄을 당겨 구명 뗏목을 팽창시키는 역할

　　㉣ 자동 이탈 장치(HRU) : 선박이 침몰하여 수면 아래 3미터 정도에 이르면 수압에 의해 작동하여 구명 뗏목을 부상시킴

　　㉤ 투하용 손잡이 : 구명 뗏목을 수동으로 투하할 때 사용

　　㉥ 안전핀 : 구명 뗏목을 수동으로 투하할 때 투하 장치의 오작동을 방지하기 위한 장치

[구명 뗏목]

(3) 구명부기

① 선박 조난 시 부체 주위에 부착된 줄을 붙잡고 구조될 때까지 기다릴 때 사용되는 장비

② 연안을 운항하는 여객선이나 낚시 어선 등에서 주로 사용되는데, 적재 장소로부터 수면에 투하하여 사용

③ 무게는 180kg을 넘지 아니하여야 하며 정원, 선명, 선적항 및 중량을 표시하여야 함

[구명부기]

(4) 구명부환(Life buoy)

① 물에 빠진 사람에게 던져서 붙잡게 하여 구조하는 1인용의 둥근 형태의 부기

② 구명 부환에는 일정한 길이의 구명줄 및 야간에 빛을 반사할 수 있는 역반사재가 부착 되어 있음

[구명부환]

(5) 구명조끼(구명동의)

① 조난 또는 비상시에 몸에 착용하도록 만든 것으로, 고형식과 팽창식이 있음

② 착용하는데 필요한 끈과 호각, 표시등, 역반사재가 부착되어 있음

③ 평상시에는 선내의 선실과 같이 승선자가 쉽게 접근할 수 있는 곳에 보관

④ 여객선인 경우 최대 승선인원이 10%에 해당하는 추가의 구명 조끼를 여객실 외부에 비치해야 함

⑤ 구명 조끼는 도움 없이 1분 이내에 정확하게 착용할 수 있어야 하며, 청수에서 24시간 동안 잠긴 후에도 부력이 5% 이상 감소되어서는 안됨

[구명동의]   [구명줄 발사기 표시]

(6) 구명줄 발사기

① 발사기의 손잡이를 잡고 방아쇠를 당기면 발사체가 로프를 끌고 날아가게 하는 장비로, 구명 부환에 부착

② 선박이 조난을 당한 경우 조난선과 구조선 또는 조난선과 육상 간에 연결용 줄을 보내는 데 사용

③ 수평에서 45°각도로 발사하며, 구명줄을 230미터 이상 정확히 보낼 수 있어야 함

(7) 방수복과 보온복

① 방수복

ㄱ 구명동의와 보온복의 기능을 합한 것으로 물이 스며들지 않아 수온이 낮은 물속에서 체온을 보호할 수 있는 옷

ⓛ 2분 이내에 도움 없이 착용할 수 있어야 함

② **보온복** : 물이 스머들지 않아 수온이 낮은 물속에서 체온을 보호할 수 있는 옷으로 방수복과 달리 구명동의의 기능이 없음

[방수복 표시]

2018년 1차

89 팽창식 구명뗏목에 대한 설명으로 옳지 않은 것은?

가. 모든 해상에서 30일 동안 떠 있어도 견딜 수 있도록 제작되어야 한다.

나. 선박이 침몰할 때 자동으로 이탈되어 조난자가 탈 수 있다.

사. 구명정에 비해 항해 능력은 떨어지지만 손쉽게 강하 할 수있다.

아. 수압이탈장치의 작동 수심기준은 수면아래 10미터이다.

2018년 2차

90 나일론 등과 같은 합성섬유로 된 포지를 고무로 가공해서 내부에는 탄산가스나 질소가스를 주입시켜 긴급 시에 팽창시켜 사용하는 구명설비는?

가. 구명정 　　　　　　　　　나. 구명부환

사. 방수복 　　　　　　　　　아. 구명뗏목

2018년 2차

91 퇴선시 여러 사람이 붙들고 떠 있을 수 있는 부체는?

가. 구명동의 　　　　　　　　나. 구명줄

사. 구명부기 　　　　　　　　아. 방수복

2018년 1차

92 아래 그림의 구명설비는?

가. 구명동의 　　　　　　　　나. 구명부환

사. 구명부기 　　　　　　　　아. 구명뗏목

89 아　90 아　91 사　92 사

93 아래 그림의 구명설비는 무엇인가?

가. 구명동의   나. 구명부환

사. 구명부기   아. 구명뗏목

94 열전도율이 낮은 방수 물질로 만들어진 포대기 또는 옷으로 방수복을 착용하지 않은 사람이 입은 것은?

가. 구명동의   나. 구명부환

사. 보온복   아. 보호복

5-6   조난 통신과 신호 장치

(1) 조난 통신

① 약 1 분간의 간격으로 행하는 1회의 발포, 기타의 폭발에 의한 신호

② 무중 신호 기구에 의한 음향의 계속

③ 낙하산 신호의 발사

④ 무선 전신 또는 기타의 신호방법에 의한 모스 신호(· · · ― ― ― · · · , SOS)

⑤ 무선 전화에 의한 "메이데이(MAYDAY)"라는 말의 신호

⑥ 국제 신호기 NC 기의 계양

⑦ 방형기와 그 위 또는 아래에 흑구나 이와 유사한 것 한 개를 붙여 이루어지는 신호

⑧ 타르, 기름통 등의 연소로 생기는 선상에서의 발연신호

⑨ 오렌지색 연기를 발하는 발연신호

⑩ 좌우로 벌린 팔을 반복하여 천천히 올렸다 내렸다 하는 신호

⑪ 비상 위치 지시 무선 표지 설비(EPIRB)에 의하여 발신하는 신호

⑫ 공중으로부터의 식별을 위해 오렌지색 캔버스에 흑색의 사각형과 원을 그리거나 또는 기타 적당한 모양을 그린 것

⑬ 레이더 트랜스폰더(Radar transponder)의 사용

(2) 신호 장치

① 자기 점화등

　⊙ 수면에 투하하면 자동으로 빛을 발하는 신호등

　ⓒ 구명 부환에 부착되어 있으며, 주로 야간에 구명 부환의 위치를 알려 주는데 사용

　ⓒ 최소 2시간 이상 빛을 발할 수 있도록 되어 있으며, 풍랑 중에도 똑바른 자세를 유지할 수 있어야 함

② 자기발연신호 : 자기 점화등과 같은 목적의 주간 신호이며, 물 위에 부유할 경우 주황색(오렌지색) 연기를 15분 이상 연속 발생

③ 로켓 낙하산 신호

　⊙ 공중에 발사되면 낙하산이 퍼져 천천히 떨어지면서 불꽃을 내며, 높이 300m 이상의 장소에서 퍼짐

　ⓒ 화염 신호는 초당 5m 이하의 속도로 낙하하며 화염으로서 위치를 알림

　ⓒ 야간용으로 연소 시간은 40초 이상

④ 신호 홍염

　⊙ 손잡이를 잡고 불을 붙이면 붉은색의 불꽃을 1분 이상 연속하여 발할 수 있는 것 (야간용)

　ⓒ 100mm 깊이의 수중에서 10초 동안 잠긴 후에도 계속 타야 함

⑤ 발연부신호 : 구명정의 주간용 신호로서 불을 붙여 물에 던지면 오렌지 색깔의 연기를 3분 이상 발할 수 있어야 함

2017년 1차

95 선박이 조난을 당하였을 경우 조난을 표시하는 신호의 종류가 아닌 것은?

가. 낙하산이 달린 적색의 염화 로켓

나. 무선전화기 채널 16번에서 '메이데이'로 말하는 신호

사. 국제신호기 'NC'게양

아. 흰색 연기를 발하는 발연신호

2018년 2차

96 손잡이를 잡고 불이 붙이면 붉은 색의 불꽃을 1분 이상 내며, 10센티미터 깊이의 물속에 10초 동안 잠긴 후에도 계속 타는 팽창식 구명뗏목(Liferaft)의 의장품인 조난신호용구는?

가. 신호홍염　　　　　　　　나. 자기점화등

사. 자기 발연 신호　　　　　　아. 로켓 낙하산 화염 신호

95 아　96 가

97 그림과 같이 표시되는 조난 신호장치는?

가. 구명줄 발사기

나. 로켓 낙하산 화염신호

사. 신호홍염

아. 발연부신호

5-7 선상 의료

(1) 기본 심폐소생술(ABC)

① 기도(Air way) 폐쇄 시 기도를 유지시킨다.

② 호흡(Breathing) 정지 시 인공호흡을 한다.

③ 혈액순환(Circulation) 정지 시 심장 압박(심장마사지)을 가한다.

(2) 출혈의 종류

① 동맥성 출혈 : 가장 심한 출혈형태로서 선홍색의 피가 솟구쳐 나옴

② 정맥성 출혈 : 검붉은 색의 피가 지속적으로 흘러나옴

③ <u>모세혈관 출혈 : 체액과 섞여 맑은 적색의 피가 조금씩 나오며 가장 흔히 볼 수 있는 출혈 형태</u>

98 찰과상 같은 출형로 마치 모래 사이로 스며들듯 서서히 흘러나오는 출혈은?

가. 동맥성 출혈

나. 정맥성 출혈

사. 모세혈관 출혈

아. 실질성 출혈

5-8 해상 통신

(1) GMDSS(세계 해상 조난 및 안전 시스템)

① 개념

㉠ 국제 항해를 하는 모든 여객선과 총톤수 300톤 이상 되는 선박에 적용되는 해상 통신 제도

ⓛ 해상에서 선박이 조난을 당했을 경우, 조난 선박 부근에 있는 다른 선박과 육상의 수색 및 구조 기관이 지체 없이 합동 수색 및 구조 작업에 임할 수 있도록 함

② GMDSS의 주요 기능 : 조난 경보의 송·수신, 수색 및 구조의 통제 통신, 조난 현장 통신, 위치 측정을 위한 신호, 해상 안전 정보, 일반 무선 통신과 선교간 통신

③ MMSI(해상이동업무식별부호)

ⓖ 선박국, 해안국 및 집단호출을 유일하게 식별하기 위해 사용되는 부호로서, 9개의 숫자로 구성되어 있음(우리나라의 경우 440, 441로 지정)

ⓛ MMSI는 주로 디지털선택호출(DSC), 선박자동식별장치(AIS), 비상위치표시전파표지(EPIRB)에서 선박 식별부호로 사용됨

(2) GMDSS 주요 통신 설비

① 디지털 선택 호출장치(DSC) : 기존의 무선설비에 부가된 장치

② VHF 무선설비(초단파대 무선 전화)

ⓖ 채널70(156.525 MHz)에 의한 DSC와 채널 6, 13, 16에 의한 무선전화 송수신을 하며 조난경보신호를 발신할 수 있는 설비

ⓛ 선박과 선박, 선박과 육상국 사이의 통신에 주로 사용(항행중에는 무휴청취)

ⓒ 평수구역을 항해하는 총톤수 2톤 이상의 소형선박에 반드시 설치해야 하는 무선통신 설비

ⓔ 연안에서 대략 50km 이내의 해역을 항해하는 선박 또는 정박 중인 선박이 많이 이용

ⓜ 채널 16 : 조난, 긴급 및 안전에 관한 통신에만 이용하거나 상대국의 호출용으로만 사용되어야 함, 조난경보시 평균 4분(4±0.5분)간 자동으로 발신

ⓗ 초단파(VHF) 해안국의 통신범위 : 20~30해리

ⓢ 조난경보를 전송할시 가능한 선박의 최근위치와 이 위치에 대한 유효시간(UTC표기)이 입력되어야 함

③ 양 방향 VHF 무선 전화 장치 : 조난 현장에서 생존정과 구조정 상호간 또는 생존정과 구조 항공기 상호간에 조난자의 구조에 관한 통신에 사용되는 휴대형 무선 전화기

④ 비상 위치 지시용 무선 표지 설비(EPIRB)

ⓖ 수색과 구조 작업시 생존자의 위치 결정을 쉽게 하도록 무선 표지 신호를 발신하는 무선 설비

ⓛ 선박이나 항공기가 조난 상태에 있고 수신 시설도 이용할 수 없음을 표시

ⓒ 레이더 트랜스폰더(Radar Transponder) : 조난 시 수동 또는 자동으로 작동되어

9GHz 주파수대 레이더 화면에 생존자 위치를 표시

  ② 선박 침몰시 1.5~4m 수심의 압력에서 수압풀림 장치가 작동하여 자유부상

  ⑩ 조난신호가 잘못 발신되었을 때 연락해야 하는 곳 : 수색구조조정본부

⑤ 기타 : MF 무선 설비, MF/HF 무선 설비, INMARSAT 선박 지구국, NAVTEX 수신기, EGC 수신기, 9GHz대 레이더 트랜스폰더

(3) 해상의 주요 통신

① 조난, 긴급 및 안전 통신을 말하며, 사용 주파수는 중단파대 무선 전화(2,182kHz)와 VHF 채널 16(156.8MHz)

② 조난 통신

  ㉠ 선박 등이 중대하고 급박한 위험에 처해 즉시 구조를 요청하는 경우에 행하는 통신

  ㉡ 무선 전화에 의한 조난 신호는 MAYDAY의 3회 반복

③ 긴급 통신

  ㉠ 선박 등이 중대하고 급박한 위험에 처할 경우 기타 긴급한 사태가 발생했을 경우에 행하는 통신

  ㉡ 무선 전화에 의한 긴급 신호는 PANPAN의 3회 반복

④ 안전 통신

  ㉠ 선박 등의 항행에 대한 중대한 위험을 예방하기 위하여 행하는 통신

  ㉡ 무선 전화에 의한 안전 신호는 SECURITE의 3회 반복

(4) 통신 운용

① VTS 통신 절차

  ㉠ 해상 교통 관제 구역을 운항할 때는 해당 관제실의 VHF 운영 채널을 청취(보고)하고, 비상 주파수를 청취하여야 한다.

  ㉡ 해당 관제 운영 채널에서 "항무OO" 또는 "OO VTS"(⑩ 항무부산, 부산 VTS)를 호출하여 보고한다.

  ㉢ 선박 등정 보고의 방법은 각 항만의 해상 교통 관제 운영 규정에 정한 선박 보고 지점 및 보고 요령에 따른다.

  ㉣ 초단파무선설비(VHF)로 조난경보가 잘못 발신되었을 경우 : 무선전화로 취소 통보를 발신

② 통신시 주의 사항

  ㉠ 채널 16은 조난·긴급·비상 통신 및 호출용으로만 사용해야 하며 일반통신은 다른 채널로 변경하여 사용한다.

ⓛ VHF 사용 후 송신 키가 계속 눌러져 있는지 반드시 확인한다.

ⓒ VHF 송신 버튼을 누른 후 약 1~2초 흐른 뒤 송화를 해야만 통화 내용의 앞부분이 잘리지 않고 정확히 전달되며, 통화 내용은 간단명료하게 POINT_ 내용을 간단히 요약하여 통신한다.

ⓔ 통신이 폭주할 경우 통신 도중에 끼어들지 말고 차례를 기다려야 한다.

ⓜ 관제사가 응답을 할 때까지 VHF 과다 호출을 하지 않는다.

플러스학습 **선박에서 육상으로 무선 전화 통화를 원할 때**

• 초단파무선설비(VHF) 통화를 할 경우, 채널 16을 선택한다.
• 선박의 위치에서 가까운 무선국(항무부산)을 호출하면 무선국에서 안내원이 응답을 한다(본선 : 무선국 명(항무부산) 선명(동해호) 감도 있습니까? 항무 : 귀선 말씀하세요).
• 선박과 무선국의 호출 응답이 이루어지면 선박에서 통화하고자 하는 사람의 전화번호와 이름을 알려 준 후 잠시 기다린다.
• 잠시 후 무선국에서 육상 가입자와 전화 통화를 연결시켜 준다.

2018년 2차

99 초단파무선설비(VHF)의 조난통신 채널은?

가. 채널 06번   나. 채널 16번
사. 채널 09번   아. 채널 19번

2018년 2차

100 초단파무선설비(VHF)로 부산항 관제실을 호출하려고 할 때 호출 방법에 대한 설명으로 옳지 않은 것은?

가. 상대국 호출명칭 '부산브이티에스'를 사용하여 호출한다.
나. 부산항 관제실의 통신채널에서 호출한다.
사. 통신채널을 모르면 16번 채널에서 호출한다.
아. 통신채널을 모르면 1번 채널부터 순차적으로 호출한다.

2018년 2차

101 선박의 조난시에 근처 선박의 9GHz 주파수대 레이더 화면에 조난자의 위치를 표시해 주는 것은?

가. 양방향 무선 전화 장치   나. 비상위치지시 무선표지
사. 고기능 집단 호출 수신기   아. 수색 및 구조용 레이더 트랜스폰더

---

 99 나   100 아   101 아

102 본선 선명은 '동해호'이다. 상대 선박 '서해호'로부터 호출을 받았을 때 응답하는 절차로 옳은 것은?

가. 동해호, 여기는, 서해호, 강도 양호합니다.

나. 동해호, 여기는, 서해호, 조도 양호합니다.

사. 서해호, 여기는, 동해호, 강도 양호합니다.

아. 서해호, 여기는, 동해호, 조도 양호합니다.

103 초단파무선설비(VHF)의 조난경보 버튼을 눌렀을 때 조난 신호가 자동으로 반복하여 발신되는 주기는?

가. 평균 1분(1±0.5분)

나. 평균 4분(4±0.5분)

사. 평균 10분 (10±0.5분)

아. 평균 30분 (30±0.5분)

104 선박이 침몰할 경우 자동으로 조난신호를 발신할 수 있는 무선설비는?

가. 레이더(RADAR)

나. 내비텍스(NAVTEX)

사. 초단파무선설비(VHF)

아. 비상위치지시용무선표지설비(EPIRB)

105 생존정 상호간, 생존정과 선박간 및 선박과 구조정간의 통신에 사용되는 통신장치는?

가. 위성전화

나. 협대역 인쇄전신

사. 양방향 무선 전화

라. 디지털 선택호출 장치

사

106 비상위치지시용무선설비(EPIRB)로 조난신호가 잘못 발신되었을 때 연락해야 하는 곳은?

가. 회사

나. 주변 선박

사. 서울무선전신국

아. 수색구조조정본부

107 초단파무선설비(VHF)로 조난경보가 잘못 발신되었을 때 취해야 하는 조치는?

가. 무선전화로 취소 통보를 발신해야 한다.

나. 조난경보 버튼을 다시 누른다.

사. 그대로 두면 된다.

아. 장비를 끄고 그냥 두어야 한다.

108 비상위치지시용 무선표지(EPIRB)의 수압풀림장치가 작동 되는 수압은?

가. 수심 0.1~1미터 사이의 수압

나. 수심 1.5~4미터 사이의 수압

사. 수심 5~6.5미터 사이의 수압

아. 수심 10~15미터 사이의 수압

기관

01 내연 기관 및 추진 장치

1-1 기관에 대한 기초 지식

(1) 열역학 기본 용어

① 압력 : 단위 면적에 수직으로 작용하는 힘의 크기로 주로 N/m^2로 나타내며 파스칼 (Pa)이라고 부름, bar, kg/cm^2, psi, atm 등도 사용

② 열 : 물체의 온도와 부피를 변화시키고 물질의 상태를 변화시키는 에너지

③ 비열 : 어떤 물질 1kg의 온도를 1K 올리는데 필요한 열량

④ 열의 이동

  ㉠ 전도 : 온도가 다른 두 물체를 서로 접촉시키든지, 또는 한 물체 중에서 온도차가 있을 때에 온도가 높은 물체로부터 온도가 낮은 물체로 열이 이동하는 현상

  ㉡ 대류 : 고온부와 저온부의 밀도 차에 의해 순환운동이 일어나 열이 이동하는 현상

  ㉢ 복사 : 열이 중간에 다른 물질을 통하지 않고 직접 이동하는 현상

⑤ 힘 : 정지되어 있는 물체를 움직이게 하고, 운동하고 있는 물체의 속도와 방향을 변화시키거나 정지시키는 작용을 하는 물리량

⑥ 마력

  ㉠ 도시마력(지시마력, 실마력) : 실린더 내의 압력으로 피스톤을 밀어서 일이 이루어지는 것으로 계산한 공정

  ㉡ 제동마력(축마력, 정미마력) : 실제로 축을 유효하게 회전시킨 마력

(2) 내연 기관 기초 용어

① 사이클(주기) : 반복적으로 일어나는 돌림

② 사점 : 피스톤이 실린더 내부를 왕복운동할 때 그 끝의 위치

  ㉠ 상사점(Top Dead Center, TDC) : 실린더에서 피스톤스톤이 최상부에 도달했을 때 크랭크의 위치

  ㉡ 하사점(Bottom Dead Center, BDC) : 피스톤이 최하부에 있을 때 크랭크의 위치

③ 행정(Stroke, S) : 하사점에서 상사점까지의 이동 거리를 직선 거리로 나타낸 것

④ R.P.M(revolution per minute, 1분간 기관 회전수) : 크랭크축이 1분 동안 몇 번의 회전을 하는지 나타내는 단위

⑤ 실린더 부피와 압축 부피
- ㉠ 실린더 부피 : 피스톤이 하사점에 있을 때 실린더 내의 모든 부피
- ㉡ 압축 부피 : 피스톤이 상사점에 있을 때 피스톤 상부의 부피
- ㉢ 행정 부피(배기량) : 상사점과 하사점 사이의 부피
- ㉣ 압축비 : 실린더 부피/압축 부피=(압축 부피 + 행정 부피)/압축 부피

⑥ 톱 클리어런스(Top Clearance Volume) : 피스톤이 상사점에 있을 때 피스톤 최상부와 실린더 헤드 사이의 틈(거리)

2016년 4차

01 뜨거워진 물은 위로 올라가고 위에 있던 차갑고 밀도가 큰 물은 아래로 내려와 가열되는 전열현상을 무엇이라 하는가?

가. 절연   나. 대류

사. 전도   아. 복사

2017년 2차

02 (   )에 적합한 것은?

> "크랭크축이 1분간 회전하는 수를 (   )라고 한다."

가. 명속 회전수   나. 매분 회전수

사. 위험 회전수   아. 크랭크 회전수

2018년 2차

03 단위면적당 수직으로 작용하는 힘을 무엇이라 하는가?

가. 부피   나. 밀도

사. 압력   아. 비중

1-2 내연 기관의 분류

(1) 내연 기관과 외연 기관의 특징

① 내연 기관의 특징
- ㉠ 장점 : 열손실이 적고 열효율이 높음, 시동·정지·출력조정 등이 쉬움, 기관의 중량과 부피가 작음

ⓛ 단점 : 기관의 진동과 소음이 심하며 자력 시동이 불가능, 사용 연료의 제한을 받음, 저속 운전이 곤란

② 외연 기관의 특징

   ㉠ 장점 : 저질 연료의 사용이 가능, 진동과 소음이 적으며 운전이 원활, 내연 기관에 비해 마멸·파손 및 고장이 적음, 대출력을 내는데 유리

   ⓛ 단점 : 열효율이 낮음, 기관 시동 준비 시간이 길며 기관의 중량과 부피가 큼

(2) 내연 기관의 행정(사이클)에 의한 분류

① 4행정 사이클 기관 : 흡입, 압축, 작동(폭발), 배기의 4행정으로 한 사이클을 완료하는 기관(피스톤이 4행정 왕복하는 동안 크랭크축이 2회전함으로써 사이클을 완료)

   ㉠ 흡입 행정 : 배기 밸브가 닫힌 상태에서 흡기 밸브만 열려서 피스톤이 상사점에서 하사점으로 움직이는 동안 실린더 내부에 공기가 흡입

   ⓛ 압축 행정 : 흡기 밸브와 배기 밸브가 닫혀 있는 상태에서 피스톤이 상사점에서 하사점으로 움직이면서 흡입된 공기를 압축하여 압력과 온도를 높임

   ⓒ 작동 행정(폭발 행정) : 흡기 밸브와 배기 밸브가 닫혀있는 상태에서 피스톤이 상사점에 도달하기 전에 연료가 분사되어 연소하고 이때 발생한 연소가스가 피스톤을 하사점까지 움직이게 하여 동력을 발생

   ⓔ 배기 행정 : 피스톤이 하사점에서 상사점으로 이동하면서 배기 밸브가 열리고 실린더 내에서 팽창한 연소 가스가 실린더 밖으로 분출

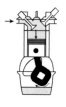  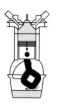 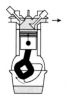

흡입행정(하강)　　압축행정(상승)　　동력행정(하강)　　배기행정(상승)

[4행정 사이클 기관]

② 2행정 사이클 기관 : 피스톤이 2행정(크랭크가 1회전)하는 동안 소기 및 압축, 폭발 및 배기 작용을 완료하는 기관(크랭크축과 캠축이 1회전)

   ㉠ 제1행정(소기와 압축 작용) : 피스톤이 하강하여 하사점 부근에서 배기구가 열리면 연소 가스가 배출되기 시작하고, 이어서 소기구가 열리면서 예압된 혼합기가 크랭크실로부터 실린더 내부로 유입된다. 이때 유입된 혼합기가 실린더 내의 잔류된

연소 가스를 밀어 내어 실린더 내부를 소기하면서 새로운 혼합기의 일부도 배기구로 배출된다.

 ⓛ 제2행정(작동, 배기와 소기 작용) : 소기 작용을 하면서 피스톤이 상승하면 소기구와 배기구가 닫혀 압축 행정이 이루어지고, 점화 플러그의 불꽃에 의해 연소하면서 동력이 발생된다. 2행정 사이클 기관은 피스톤이 2행정을 통해 1사이클을 마치며 크랭크축은 1회전한다.

② **점화방법에 의한 분류**

 ㉠ <u>압축점화기관 : 디젤 기관과 같이 공기를 압축한 압축열에 의해 연료를 자연 착화하여 연소시켜서 동력을 발생</u>

 ⓛ **불꽃점화기관** : 가솔린과 LPG 기관과 같이 혼합기를 점화 플러그의 불꽃에 의해 점화하여 연소시켜서 동력을 발생

③ **연료 공급 방법에 의한 분류**

 ㉠ 기화기식 기관 : 가솔린기관, 석유기관 등과 같이 기화기를 이용하여 연료와 공기를 실린더 밖에서 혼합하여 실린더 내에 흡입시켜 작동하는 기관

 ⓛ 분사식 기관 : 디젤기관과 같이 연료를 실린더 내에 직접 분사시키는 기관

④ **피스톤 로드 유무에 의한 분류**

 ㉠ 트렁크 피스톤형(trunk piston type) 기관 : 피스톤 → 커넥팅 로드 → 크랭크 순으로 기관의 폭발력이 전달, <u>피스톤 핀과 커넥팅 로드의 소단부가 직접 연결</u>

 ⓛ 크로스헤드형(crosshead type) 기관 : 피스톤 → 피스톤 로드 → 크로스헤드 → 커넥팅 로드 → 크랭크 순 순으로 기관의 폭발력이 전달, 크로스헤드형 커넥팅 로드를 통하여 크랭크를 회전

2017년 3차

04 **4행정 사이클 기관의 작동 순서로 옳은 것은?**

 가. 흡입 → 압축 → 작동 → 배기 나. 흡입 → 작동 → 압축 → 배기

 사. 흡입 → 배기 → 압축 → 작동 아. 흡입 → 압축 → 배기 → 작동

2018년 1차

05 **디젤기관에서 피스톤핀으로 서로 연결되는 부품은?**

 가. 피스톤과 크랭크암 나. 피스톤과 연접봉의 소단부

 사. 피스톤과 크랭크핀 아. 피스톤과 연접봉의 대단부

---

06 선박용 4행정 사이클 디젤기관에서 흡·배기 밸브가 모두 닫혀 있고 피스톤이 상승하고 있을 때의 행정은?

가. 흡입행정　　　　　　　　　나. 압축행정

사. 작동행정　　　　　　　　　아. 배기행정

07 4행정 사이클 디젤기관에서 압축행정에 대한 설명으로 옳은 것은?

가. 흡기밸브가 열리고 배기밸브가 닫히면 압축행정을 시작한다.

나. 흡기밸브가 닫히고 배기밸브가 열리면 압축행정을 시작한다.

사. 흡기밸브와 배기밸브가 모두 열리면 압축행정을 시작한다.

아. 흡기밸브와 배기밸브가 모두 닫히면 압축행정을 시작한다.

1-3　선박 기관

(1) 주기관(main engine)

선박의 추진을 목적으로 사용하는 열기관

(2) 내연 기관과 외연 기관

① 내연 기관 : 기관 내부에 직접 연료와 공기를 공급하여 적당한 방법으로 연소시킬 때 발생하는 고온·고압의 연소 가스를 이용하여 동력을 얻는 기관

② 외연 기관 : 기관에 부착되지 않은 별도의 보일러(boiler)에서 연료를 연소시켜 물을 가열하고, 이때 발생하는 고온·고압의 증기를 이용하여 동력을 얻는 기관

(3) 가솔린 기관과 디젤 기관의 비교

① 가솔린 기관 : 가솔린을 사용, 전기착화기관, 연소 과정이 동일한 체적에서 이루어짐, 열효율이 30% 내외

② 디젤 기관 : 경유나 중유를 사용, 자연착화기관, 연소 과정이 동일한 압력에서 이루어짐, 열효율이 40~50% 정도로 높음

(4) 디젤 기관의 장점

① 자기 점화 기관이기 때문에 대형 실린더에서도 점화가 용이하고, 노킹(knocking) 문제가 없기 때문에 실린더를 충분히 크게 할 수 있어 큰 출력의 기관을 만들 수 있다.

② 사용 연료의 범위가 넓고 값싼 연료를 사용할 수 있다.

③ 압축비와 열효율이 높아서 연료 소모율이 낮아 선박용과 같은 대형 기관으로 적당하다.

④ 인화점이 높은 연료를 사용하므로 화재에 안전하다.

⑤ 연료에 상관없이 공기만 다루므로 흡기가 많이 빠져 나가는 2행정 사이클 기관에서도 연료 소모율이 떨어지지 않아 2행정 사이클 기관을 만드는 데 유리하다.

⑥ 출력을 연료 공급량으로 조절 가능하며 넓은 회전 속도 범위에 걸쳐 토크변화가 적으므로 운전 제어가 쉽다.

⑦ 고장 잦은 전기 점화 장치가 필요 없어 신뢰성이 높고 내구성이 좋으며 엔진 오버홀(overhaul) 주기도 길다.

(5) 디젤 기관의 단점

① 공기를 충분히 사용하여 연료를 완전하게 연소시킬 필요가 있기 때문에 동일 연료를 연소시킬 경우 가솔린 기관보다 용적이 커야 한다. 또한, 높은 압축비로 인해 폭발 압력이 높아 실린더 강도가 커야 한다.

② 압축비가 높아 시동하기 어려워서 강력한 시동 장치가 필요하며, 추운 지방에서는 압축에 의한 온도 상승이 점화 온도에 도달하기 어렵기 때문에 흡기 가열, 윤활유 예열 등의 보조 장치가 필요하다.

③ 폭발 압력이 높기 때문에 소리가 크며, 균일한 연료 분사가 어렵고 진동이심하다. 특히 소형일수록 이러한 경향이 크다.

④ 연소에 시간이 걸려 소형·고속 기관에는 적합하지 않다.

⑤ 정밀한 분사 장치가 필요하므로 값이 비싸고 정비가 까다롭다.

플러스학습

• 노킹 : 내연 기관의 실린더 내에서의 이상 연소에 의해 망치로 두드리는 것과 같은 소리가 나는 현상이다. 노킹을 일으키면 내연 기관의 출력이 급격히 저하되며, 기관의 과열, 배기 밸브나 피스톤의 고장, 피스톤과 실린더가 녹아 붙는 현상 등의 원인이 된다.

• 엔진 오버홀 : 분해 수리라고도 하는데, 기관을 완전히 분해하여 점검·수리·조정하는 일을 말한다.

2017년 4차

08 가솔린기관과 디젤기관에 대한 설명으로 옳은 것은?

가. 가솔린기관과 디젤기관 모두 2행정 사이클 기관이 없다.

나. 가솔린기관에는 2행정 사이클 기관이 있고 디젤기관에는 없다.

사. 가솔린기관에는 2행정 사이클 기관이 없고 디젤기관에는 있다.

아. 가솔린기관과 디젤기관 모두 2행정 사이클 기관이 있다.

1-4 기관의 고정부 : 실린더, 메인 베어링

(1) 실린더의 구조

실린더 라이너, 실린더 블록, 실린더 헤드 등으로 구성

(2) 실린더 라이너

① 고온·고압의 연소 가스에 노출되기 때문에 충분한 강도와 열전도율을 지녀야 하고 피스톤의 왕복 운동에 충분히 견딜 수 있는 내마멸성이 있어야 한다.

② 실린더는 한 덩어리의 주물로 만들고 이 실린더 블록 속에 특수 주철 또는 니켈-크롬 주철 등을 만든 라이너를 넣는다.

③ 실린더 라이너 상부의 헤드 개스킷(head gasket)은 실린더 블록과 헤드의 접촉면 사이에서 가스, 냉각수, 오일 등이 누설되는 것을 방지하기 위한 부품이다.

④ 실린더 라이너의 종류 : 건식(dry type), 습식(wet type, 대부분의 선박), 워터 재킷 (water jacket) 라이너

⑤ 실린더 마모의 원인
  ㉠ 피스톤의 측압에 의한 좌우 마모
  ㉡ 스러스트베어링의 마모에 의한 전후 마모
  ㉢ 실린더 라이너의 재질 불량
  ㉣ 연소 상태의 불량
  ㉤ 윤활유의 주유량이 적당하지 않거나, 불량한 윤활유를 사용할 때
  ㉥ 진동이나 실린더의 온도가 너무 높을 때
  ㉦ 불순물이 많은 저질 연료를 사용할 때
  ㉧ 흡입 공기 중의 먼지나 이물질 등에 의한 마모

⑥ 실린더 마모의 영향 : 압축 압력이 불량해져 출력이 저하하고 연료소비율이 증가, 불완전연소로 실린더 내에 카본이 형성, 기관 시동이 곤란해짐, 윤활유 소비량 증가, 윤활유를 열화, 가스가 크랭크실로 누설

⑦ 실린더 라이너 윤활유
  ㉠ 역할 : 마멸 방지
  ㉡ 점도가 너무 높은 윤활유 사용의 영향 : 기름의 내부 마찰 증대, 윤활 계통의 순환이 불량, 유막이 두꺼워짐, 시동이 곤란해지고 기관출력이 떨어짐

⑧ 실린더 내경 측정 : 실린더 게이지, 내측 및 외측 마이크로미터 이용

(3) 실린더 헤드(실린더 커버)

① 흡기 밸브, 배기 밸브, 안전 밸브와 시동용 압축 공기 밸브 등이 설치되어 있음

② 실린더 헤드와 실린더 라이너의 접합부에는 연철이나 구리를 재료로 한 개스킷을 끼 워 기밀을 유지

③ 실린더 헤드의 탈거 순서 : 엔진 내부의 윤활유를 모두 빼내고 흡·배기 다기관, 타이 밍벨트 등을 탈거하여 순서대로 정리 → 실린더 헤드커버와 캠축 스프로킷을 탈거 → 로커 암 어셈블리 또는 캠축을 탈거

④ 실린더의 출력 불량 원인 : 실린더 내의 고온·고압 상태 불량, 실린더의 압축불량, 연 료유 유입의 불균일

⑤ 아이볼트 : 실리더 헤드를 들어올리기 위해 사용

(4) 기관 베드와 프레임

① 기관 베드 : 선체에 고정되어 기관의 전 중량을 지지

② 프레임 : 위로는 실린더에 아래로는 기관 베드에 연결·조립

(5) 메인 베어링

크랭크축을 지지하고 실린더 중심선과 직각인 중심선에 크랭크축을 회전시킴

2018년 2차

09 소형 디젤기관에서 실린더 라이너의 마멸이 심한 경우의 원인으로 옳지 않은 것은?

가. 실린더 헤드의 냉각이 불량할 때

나. 실린더 라이너의 냉각이 불량할 때

사. 실린더 라이너의 윤활이 불량할 때

아. 피스톤링의 장력이 너무 강하거나 재질이 불량할 때

2018년 1차

10 디젤기관의 실린더 라이너가 마멸된 경우에 나타나는 현상으로 옳은 것은?

가. 실린더 내 압축공기가 누설된다.

나. 피스톤에 작용하는 압력이 증가한다.

사. 최고 폭발압력이 상승한다.

아. 간접 역전장치의 사용이 곤란하게 된다.

---

11 디젤기관에서 실린더 라이너의 마멸 원인으로 옳지 않은 것은?

　가. 연접봉의 경사로 생긴 피스톤의 측압

　나. 피스톤링의 장력이 너무 클 때

　사. 흡입공기 압력이 너무 높을 때

　아. 사용 윤활유가 부적당하거나 과부족일 때

12 내연기관에서 사용하는 윤활유의 점도가 규정치 보다 과대하게 높은 경우의 영향으로 옳지 않은 것은?

　가. 누설되기 쉬워진다. 　　　　나. 유약이 두꺼워진다.

　사. 순환이 곤란해진다. 　　　　아. 시동이 어려워진다.

13 디젤기관에서 실린더 라이너에 윤활유를 공급하는 주된 이유는?

　가. 불완전 연소를 방지하기 위해

　나. 연소가스의 누설을 방지하기 위해

　사. 피스톤의 균열 발생을 방지하기 위해

　아. 실린더 라이너의 마멸을 방지하기 위해

14 소형 디젤기관 분해 작업 시 피스톤을 들어올리기 전에 행하는 작업이 아닌 것은?

　가. 작업에 필요한 공구들을 준비한다. 　나. 실린더 헤드를 들어 올린다.

　사. 냉각수의 드레인을 배출시킨다. 　　아. 피스톤과 커넥팅 로드를 분리시킨다.

1-5 **왕복 운동부 : 피스톤, 커넥팅 로드**

(1) 피스톤

　① 피스톤은 실린더 내에서 연소 가스의 압력을 받아 왕복 운동하면서 커넥팅 로드를 거쳐 크랭크축에 회전력을 전달하는 역할을 한다.

　② 피스톤은 실린더 상부의 실린더 헤드, 실린더 라이너와 함께 연소실을 구성하며, 높은 압력과 온도에 놓이므로 충분한 강도를 가지며, 실린더 내벽을 통해 열을 효과적으로 방출할 수 있도록 열전도가 좋은 재료로 이루어져야 한다(주철 사용).

11 사　12 가　13 아　14 아

(2) **피스톤의 종류**

① 트렁크 피스톤형 : 피스톤의 왕복 운동이 커넥팅 로드를 거쳐 바로 회전 운동으로 변환

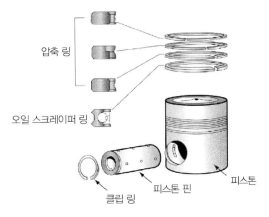

[트렁크형 피스톤]

② 크로스 헤드형 : 피스톤 왕복 운동이 피스톤 로드와 크로스 헤드, 커넥팅 로드를 거쳐 회전 운동으로 변환

(3) **피스톤 핀**

피스톤과 커넥팅로드를 연결하는 핀으로 소형기관에서는 윤활유를 공급

(4) **피스톤 링**

① 보통 주철(윤활유의 유막 형성을 좋게 하기 때문)로 만든 2개의 압축링과 1개의 오일 링을 사용

② 압축 링 : 실린더와 피스톤 사이의 연소 가스가 새는 것을 방지

③ 오일 링 : 압축링의 아래에 설치되어 실린더 벽에 유막을 형성

④ 피스톤링의 3대 작용 : 기밀 작용(가스 누설을 방지), 열 전달 작용(피스톤이 받은 열을 실린더로 전달), 오일 제어 작용(실린더 벽면에 유막 형성 및 여분의 오일을 제어)

⑤ 피스톤 링의 구비조건 : 고온에서 탄성을 유지할 것, 실린더 벽에 일정한 압력을 가할 것, 열팽창률이 적을 것, 마멸이 적을 것

⑦ 피스톤 링의 조립 : 링의 끝 부분이 절개되어 있어 완전한 기밀을 유지하기 어려우므로 절개부 위치를 엇갈리게 배치

⑧ 피스톤 링의 고착 원인 : 링 이음부의 간극이 클 경우, 실린더유 주유량 부족, 윤활유의 연소불량으로 생긴 카본

⑨ 피스톤 링의 점검

ㄱ 플러터 현상 : 링이 홈에서 진동하는 것

ㄴ 펌프 작용 : 윤활유가 연소실로 올라가는 현상

(5) 커넥팅 로드

① 피스톤과 크랭크축을 연결하여 피스톤의 힘을 받아 크랭크축에 전달

② 그 경사 운동에 의해 피스톤의 왕복 운동을 크랭크의 회전 운동으로 바꾸어 주는 역할

2018년 2차

15 디젤기관의 피스톤에 대한 설명으로 옳은 것은?

가. 실린더 내를 왕복 운동한다.

나. 흡기 및 배기 밸브가 설치된다.

사. 크랭크축의 회전력을 균일하게 한다.

아. 크랭크축을 지지한다.

2017년 4차

16 디젤기관에서 피스톤링의 역할에 대한 설명으로 옳지 않은 것은?

가. 피스톤과 실린더 라이너 사이의 기밀을 유지한다.

나. 피스톤과 연접봉을 서로 연결시킨다.

사. 피스톤의 열을 실린더 벽으로 전달시켜 피스톤을 냉각시킨다.

아. 피스톤과 실린더 라이너 사이에 유막을 형성하여 마찰을 감소시킨다.

2018년 2차

17 소형 디젤기관에서 윤활유가 공급되는 것은?

가. 피스톤핀　　　　　　　　　나. 연료분사밸브

사. 공기냉각기　　　　　　　　아. 연료분사펌프

2018년 1차

18 디젤기관의 피스톤링 재료로 흑연 성분이 함유된 주철이 많이 사용되는 주된 이유는?

가. 기관의 출력을 증가시켜 주기 때문에

나. 연료유의 소모량을 줄여 주기 때문에

사. 고온에서 탄력을 증기시켜 주기 때문에

아. 윤활유의 유막 형성을 좋게 하기 때문에

15 가　16 나　17 가　18 아

회전 운동부 : 크랭크 축/플라이 휠

(1) 크랭크 축

① **역할** : 피스톤 왕복 운동을 커넥팅 로드에 의한 회전 운동으로 바꾸어 동력을 중간축으로 전달

② **구성** : 메인 베어링으로 지지되어 회전하는 크랭크 저널과 크랭크 핀, 그리고 이들을 연결하는 크랭크 암으로 구성

ㄱ **크랭크 저널** : 메인 베어링에 의해 상하가 지지되어 그 속에서 회전하는 부분

ㄴ **크랭크 핀** : 크랭크 저널의 중심에서 크랭크 반지름만큼 떨어진 곳에 있으며 저널과 평행하게 설치

ㄷ **크랭크 암**
- 메인 저널과 핀 저널을 연결
- 개폐 작용(디플렉션) : 크랭크축이 회전할 때 크랭크 암 사이의 거리가 넓어지거나 좁아지는 현상

ㄹ **평형추** : 크랭크축의 형상에 따른 불균형을 보정하여, 회전체의 평형을 이루기 위해 설치

(2) 플라이 휠

① **역할**

ㄱ 자체 관성을 이용하여 크랭크축이 일정한 속도로 회전할 수 있도록 함

ㄴ 기동전동기를 통해 기관 시동을 걸고, 클러치를 통해 동력을 전달하는 기능

ㄷ 크랭크축의 전단부 또는 후단부에 설치하며 기관의 시동을 쉽게 해주고 저속 회전을 가능하게 해 줌

ㄹ 플라이휠 외부에는 링기어(ring gear)가 있어 시동할 때 시동 전동기의 피니언기어가 링기어와 맞물려 크랭크축을 회전

② **구조** : 림(rim), 보스(boss), 암(arm)으로 구성

③ **터닝(turnmg)** : 기관을 운전속도 보다 훨씬 낮은 속도로 서서히 회전시키는 것

2018년 2차

19 디젤기관에서 플라이휠의 역할에 대한 설명으로 옳지 않은 것은?

가. 회전력을 균일하게 한다.　　　나. 회전력의 변동을 작게 한다.

사. 기관의 시동을 쉽게 한다.　　　아. 기관의 출력을 증가시킨다.

20 디젤기관에서 플라이휠의 주된 역할은?

가. 크랭크축의 회전력 변동을 줄인다.　　나. 새로운 공기를 흡입하고 압축한다.

사. 회전속도의 변화를 크게 한다.　　　아. 피스톤 상사점의 눈금을 표시한다.

1-7 흡·배기 밸브 및 구동 장치

(1) 흡·배기 밸브

① 밸브(valve) : 연소실의 흡·배기구를 직접 개폐하는 역할

② 흡기 밸브(intake valve) : 공기 또는 혼합기를 흡입

③ 배기 밸브(exhaust valve) : 연소 가스를 배출

④ 4행정 사이클 기관 : 흡·배기 밸브가 모두 실린더 헤드에 설치

⑤ 2행정 사이클 기관 : 소기공이 설치된 경우는 배기 밸브만 설치되고, 소·배기공이 설치된 경우는 실린더 헤드에 밸브가 설치되지 않음

(2) 밸브의 구조

① 밸브시트(valve seat) : 밸브페이스와 접촉하는 실린더 헤드의 포트 부분으로 밸브페이스와 밀착하여 연소실의 가스 누설을 방지하고 밸브헤드의 열을 실린더 헤드에 전달

② 밸브가이드(valve guide) : 실린더 헤드에 설치되며, 흡기 및 배기 밸브가 밸브시트에 완전하게 밀착 되도록 하고 밸브스템의 운동을 안내

③ 밸브스프링(valve spring) : 밸브가 닫혀 있는 동안에 밸브페이스가 시트와 밀착하여 기밀을 유지하고, 밸브가 캠의 형상에 따라 개폐되도록 하기 위하여 사용하는 스프링

④ 밸브 틈새(밸브 태핏 간격)

　㉠ 밸브스템 끝과 로커 암 사이에 약간의 틈새

　㉡ 밸브가 닫힐 때 밸브에 열팽창이 생기면 밸브페이스가 밸브시트에 밀착되지 않아 생기는 가스의 누설 방지

　　※ 필러 게이지(feelar gauge, 틈새 게이지) : 정확한 두께의 철편이 단계별로 되어 있는 측정용 게이지로 두 부품 사이의 좁은 거리(틈) 및 간극을 측정하기 위한 것

⑤ 밸브 겹침(valve overlap)

　㉠ 상사점 부근에서 크랭크 각도 40°동안 흡기 밸브와 배기 밸브가 동시에 열려 있는 기간

　㉡ 목적 : 흡기작용과 배기작용을 돕고 밸브와 연소실의 냉각

20 가

(3) 캠과 캠축

① **역할** : 각 실린더의 흡기·배기 밸브를 열고 닫으며, 연료 펌프를 구동하여 적절한 시점에 연료를 분사

② 캠이 캠축에 붙어 있는 각도에 따라서 밸브가 열리고 닫히는 시기와 연료를 분사하는 시기가 정해짐

③ 캠축은 기어나 체인으로 크랭크축에 연결되어 구동

2017년 4차

21 소형선박의 디젤기관에서 흡기 및 배기밸브는 무엇에 의해 닫히는가?

가. 윤활유 압력   나. 스프링의 힘

사. 연료유가 분사되는 힘   아. 흡·배기 가스 압력

2018년 1차

22 4행정 사이클 내연기관의 흡·배기밸브에서 밸브겹침을 두는 주된 이유는?

가. 윤활유의 소비량을 줄이기 위해서

나. 흡기온도와 배기온도를 낮추기 위해서

사. 기관의 진동을 줄이고 원활하게 회전시키기 위해서

아. 흡기작용과 배기작용을 돕고 밸브와 연소실을 냉각시키기 위해서

2017년 2차

23 4행정 사이클 디젤기관에서 흡·배기 밸브의 밸브겹침이란?

가. 상사점 부근에서 흡·배기 밸브가 동시에 열려 있는 기간

나. 상사점 부근에서 흡·배기 밸브가 동시에 닫혀 있는 기간

사. 하사점 부근에서 흡·배기 밸브가 동시에 열려 있는 기간

아. 하사점 부근에서 흡·배기 밸브가 동시에 닫혀 있는 기간

1-8 과급·시동·조속 장치

(1) 과급기

배기량이 일정한 상태에서 연소실에 강압적으로 많은 공기를 공급하여 엔진의 흡입 효율을 높임으로써 출력과 토크를 증대시키는 장치, 디젤 기관의 배기가스를 이용하여 구동

(2) 시동 장치

① 정지해 있는 기관의 크랭크축을 돌려 피스톤에 공기를 흡입·압축하여 연료를 착화시켜 연속적으로 운전을 가능하게 하는 장치

② 소형 기관 : 축전지(배터리)를 이용하여 시동

③ 중형 기관 : 실린더 헤드에 설치된 시동 밸브를 통해 25~30kgf/cm2의 압축 공기를 실린더 내로 공급, 피스톤을 움직여 크랭크축을 회전시켜 기관을 시동

④ 시동 위치를 맞추지 않고도 크랭크 각도 어느 위치에서나 시동 조건 : 4행정 사이클 기관(6실린더 이상), 2행정 사이클 기관(4실린더 이상)

(3) 조속기(governor, 거버너)

① 여러 가지 원인에 의해 기관에 부가되는 부하가 변동하더리도 연료 공급량을 가감하여 기관의 회전 속도를 언제나 원히는 속도로 유지하기 위한 장치

② 조속기의 분류 : 정속도 조속기, 가변 속도 조속기, 과속도 조속기(비상용 조속기)

2018년 2차

24 과급기에 대한 설명으로 옳은 것은?

가. 기관의 운동 부분에 마찰을 줄이기 위해 윤활유를 공급하는 장치이다.

나. 연소가스가 지나가는 고온부를 냉각시키는 장치이다.

사. 기관의 회전수를 일정하게 유지시키기 위해 연료분사량을 자동으로 조절하는 장치이다.

아. 공급공기의 압력을 높여 실린더 내에 공급하는 장치이다.

2018년 1차

25 디젤기관 시동용 압축공기의 최고압력은?

가. 10 [kgf/cm^2] 　　　　나. 20[kgf/cm^2]

사. 30 [kgf/cm^2] 　　　　라. 40[kgf/cm^2]

2017년 3차

26 내연기관의 거버너에 대한 설명으로 옳은 것은?

가. 기관의 회전 속도가 일정하게 되도록 연료유의 공급량을 조절한다.

나. 기관에 들어가는 연료유의 온도를 자동으로 조절한다.

사. 배기가스 온도가 고온이 되는 것을 방지한다.

아. 기관의 흡입 공기량을 효율적으로 조절한다.

---

 24 아　25 사　26 가

1-9 동력 전달 장치 : 축계 장치

(1) 추력축

① 크랭크축의 전후 또는 감속장치의 저속 주 기어축의 전후에 설치하며 추력 칼라 (thrust collar)를 가짐

② 주기관과 중간축 사이에서 주기관의 회전 운동을 중간축에 전해 주며, 추진기에서 중간축을 거쳐 오는 추력이 주기관에 미치지 않게 막고, 추력 베어링을 통하여 선체에 전달

(2) 추력 베어링(스러스트 베어링, thrust bearing)

① 추력칼라의 앞과 뒤에 설치되어 추력축을 받치고 있는 베어링(메인베어링보다 선미쪽)

② 프로펠러로 부터 전달되어 오는 추력을 추력 칼라에서 받아 선체에 전달하여 선박을 추진

③ 주철 또는 주강제로 하고 라이너를 끼워서 높이를 조절할 수 있도록 되어 있음

④ 종류 : 말굽형 추력 베어링, 상자형 추력 베어링, 미첼형 추력 베어링 등

(3) 중간축

추력축과 프로펠러축을 연결하는 역할

(4) 중간축 베어링

중간축이 회전할 수 있도록 축의 무게를 받쳐주는 베어링

(5) 추진기축(프로펠러 축)

프로펠러에 연결되어 프로펠러에 회전력을 전달하는 축으로 선박의 가장 뒤쪽에 설치

(6) 선미관(스턴튜브)

① 프로펠러축이 선체를 관통하는 부분에 설치되어 해수가 선내로 침입하는 것을 막고 프로펠러축을 지지하는 베어링 역할

② 해수 윤활식 선미관 베어링의 재료 : 열대 지방에서 나는 목재의 일종인 리그넘 바이티와 합성고무

2018년 2차

27 디젤기관에서 스러스트 베어링의 설치 위치를 옳게 설명한 것은?

가. 1번 실린더보다 선수 쪽에 있다.

나. 메인베어링보다 선미 쪽에 있다.

사. 프로펠러축보다 선미 쪽에 있다.

아. 중간축과 프로펠러축 사이에 있다.

28 소형선박에서 스러스트 베어링의 역할로 옳은 것은?

가. 크랭크 축을 지지하는 역할

나. 스러스트 축의 회전운동을 직선운동으로 바꾸는 역할

사. 프로펠러의 추력을 선체에 전달하는 역할

아. 연접봉을 받치는 역할

29 선박의 가장 뒤쪽에 설치되는 축은?

가. 추력축   나. 크랭크축

사. 중간축   아. 프로펠러축

30 해수 윤활식 선미관에서 리그넘바이티의 주된 역할은?

가. 베어링 역할   나. 전기 절연 역할

사. 선체강도 보강 역할   아. 누설 방지 역할

1-10 동력 전달 장치 : 추진기(프로펠러)

(1) 추진기

주기관으로부터 전달받은 동력을 물과 작용하여 추력으로 변화시켜 선박을 추진시키는 장치

(2) 프로펠러(나선형 추진기)

① 피치 : 프로펠러가 1회전으로 전진하는 거리

② 보스 : 프로펠러 날개를 프로펠러축에 연결해 주는 부분

③ 프로펠러 지름 : 프로펠러가 1회전할 때 날개의 끝이 그린 원의 지름

④ 경사 : 선체와의 간격을 두기 위하여 일반적으로 프로펠러 날개가 축의 중심선에 대하여 선미방향으로 10~15° 정도 기울어져 있는 것

(3) 프로펠러의 종류

고정 피치 프로펠러(날개를 움직여 피치를 조절할 수 없는 프로펠러), 가변피치 프로펠러(날개를 움직여 피치를 조절할 수 있는 프로펠러, 추진축이 한 방향으로만 회전하여도 전·후진이 가능)

(4) 프로펠러 공동 현상(cavitation, 캐비테이션)

① 유체 흐름의 방향이 급격히 바뀔 때 압력이 낮아지는 부분이 발생하여 기포가 형성되는 현상

② 프로펠러의 회전속도가 어느 한도를 넘게 되면 프로펠러 배면의 압력이 낮아지며, 물의 흐름이 표면으로부터 떨어져서 기포상태가 발생하여 날개에 침식이 발생하는 현상

2018년 1차

31 스크루 프로펠러의 회전속도가 어느 한도를 넘으면 프로펠러 날개의 배면에 기포가 발생하여 날개에 침식이 발생하는 현상은?

　가. 노킹현상　　　　　　　　나. 수격현상

　사. 공동현상　　　　　　　　아. 서징현상

1-11 클러치 · 변속기 · 감속 및 역전장치

(1) 클러치(clutch)

① 동력전달장치의 기관에서 발생한 동력을 추진기축으로 전달하거나 끊어주는 장치

② 엔진과 변속기 사이의 동력 흐름을 필요할 때마다 일시 중단

③ 엔진과 동력 전달 장치를 과부하로부터 보호

④ 종류 : 기계 요소의 마찰을 이용하는 마찰 클러치, 유체를 매개체로 동력을 전달하는 유체 클러치, 자성체를 통하여 동력을 전달하는 전자 클러치

(2) 감속 장치

① 입력 축에서 전달 받은 회전 속도를 원하는 속도로 낮추어 출력 축으로 내보내는 장치

② 주기관의 회전 속도가 추진기의 회전 속도보다 빠를 경우 주기관과 추진기 사이에 설치해 회전수를 낮춤

③ 선박용 추진장치의 효율을 좋게하기 위해서는 프로펠러 축의 회전수를 되도록 낮게 하는 것이 좋음

④ 종류 : 기어 감속 장치, 유체 감속 장치, 그리고 전기 감속 장치 등

(3) 변속 장치

클러치와 추진축 사이에 설치되어 주행상태에 따라 알맞도록 회전 동력을 바꾸는 장치

(4) 역전 장치

① 프로펠러를 역전시켜 선박을 전진 또는 후진시키는 장치

② 종류 : 직접 역전장치(주기관을 직접 역회전시키는 경우), 간접 역전장치(기관의 회전 방향을 일정하게 하고, 추진축의 회전 방향만을 바꾸어 주는 것)

2018년 1차

32 내연기관에서 발생한 동력을 축계에 전달하거나 차단시키는 장치는?

가. 클러치

나. 추진축

사. 조속기

아. 차단기

2018년 2차

33 감속장치가 설치된 소형 선박에서 기관의 회전수보다 추진기축의 회전수를 낮게 유지하는 주된 이유는?

가. 연료유의 완전연소를 위해서

나. 기관의 출력을 높이기 위해서

사. 윤활유의 소모량을 줄이기 위해서

아. 추진기의 추진효율을 높이기 위해서

1-12 연료 장치

(1) 연료유 공급 장치

저장 탱크에서부터 연료 분사 장치까지 연료유를 공급하는 장치

① <u>연료 공급 과정</u> : 공급 탱크의 연료유는 공급 펌프, 순환 펌프, 연료유 가열기, 점도 조절기 등을 거쳐 연료 분사 펌프에 공급

② <u>연료유 탱크</u>

ㄱ 저장 탱크

• <u>이중저 탱크를 많이 사용</u>

• <u>상용연료 탱크는 기관실에서 가장 위에 위치</u>

• 측심관, 주입관, 공기배출관 및 오버플로관 등

ㄴ 침전 탱크

• 저장탱크로부터 이송된 연료유를 증기 등으로 적당히 가열하여, 기름보다 무거운 수분이나 고형물을 침전시켜 분리

• 분리된 연료유는 청정기(punfier)로 청정하여 서비스 탱크로 보내짐

• <u>주입관, 공기배출관 및 드레인관 등</u>

---

 32 가 33 아

ⓒ 서비스 탱크 : 기관실 상부에 설치되며, 서비스 탱크의 연료유는 공급펌프 및 순환
펌프, 연료유 가열기, 연료유 여과기 등을 거쳐 기관의 연료분사펌프로 공급

(2) 연료 분사 장치

연료 분사 펌프와 연료 분사 밸브 및 이들을 잇는 고압관으로 이루어짐
① **연료 분사 펌프** : 연료를 고압으로 상승시켜 연료 분사 밸브로 보내는 역할
② **연료 분사 밸브**(연료 분사기) : 연료 분사 펌프에서 압축된 고압의 연료를 미세한 구멍
을 통해 안개 상태로 실린더 안에 분사하는 역할
③ **연료유 여과기** : 연료 탱크에서 연료의 불순물을 걸러 주는 역할
④ **연료 분사 조건**
   ㉠ **무화** : 분사되는 연료유의 미립화
   ㉡ **관통** : 노즐에서 피스톤까지 도달할 수 있는 관통력
   ㉢ **분산** : 연료유가 원뿔형으로 분사되어 퍼지는 상태
   ㉣ **분포** : 실린더 내에 분사된 연료유가 공기와 균등하게 혼합된 상태

(3) 디젤 기관의 연소실

실린더 헤드와 실린더 라이너, 피스톤 헤드가 형성하는 공간

2017년 2차

34 디젤기관의 연료유 장치에 포함되지 않는 것은?
   가. 연료분사 펌프   나. 섬프탱크
   사. 연료분사 밸브   아. 여과기

2017년 3차

35 다음 중 기관실에서 가장 위쪽에 있는 것은?
   가. 상용 연료탱크   나. 냉각해수 펌프
   사. 프로펠러축   아. 기름여과장치

2017년 3차

36 연료유 침전 탱크에 설치되어 있는 관이 아닌 것은?
   가. 주입관   나. 공기관
   사. 빌지관   아. 드레인관

2017년 4차

37 디젤기관에서 짧은 시간에 완전연소하는 데 필요한 연료 분사 조건이 아닌 것은?

가. 무화

나. 윤활

사. 관통

아. 분산

2017년 2차

38 디젤기관에서 연소실을 형성하는 부품이 아닌 것은?

가. 커넥팅 로드

나. 실린더 헤드

사. 실린더 라이너

아. 피스톤

37 나 38 가

02 보조기기 및 전기설비

2-1 보일러 및 펌프

(1) 보일러

① 연료를 연소시켜 발생하는 열을 가함으로써 밀폐된 용기 내에 든 물을 끓여 고온·고압의 증기를 발생시키는 장치

② 주보일러 : 터빈선에서 주로 사용되는 것으로 추진용터빈의 증기를 만드는 보일러

③ 보조보일러 : 디젤기관을 주기관으로 사용하는 선박에서 선내의 다양한 용도로 사용하는 증기를 만드는 보일러

(2) 원심 펌프

① 개요

㉠ 임펠러(회전차)를 수중에서 고속으로 회전시키면 회전차 외주 쪽에는 높은 압력이 발생하여 물을 송출관 쪽으로 밀어올리고, 회전차 중심부는 압력이 낮아져서 물을 흡입할 수 있어 연속적인 펌프작용이 가능하게 되는데, 이러한 원리를 이용한 액체 수송 장치

㉡ 특징 : 고속 회전이 가능하고, 소형 경량이며 구조가 간단하며 취급이 용이, 효율이 높고 맥동이 적음

㉢ 용도 : 밸러스트 펌프, 잡용 펌프, 소화 펌프, 위생 펌프, 청수 펌프, 해수 펌프 등

② 원심 펌프의 분류

㉠ 안내 날개의 유무에 따른 분류 : 벌류트 펌프, 터빈 펌프

㉡ 단(stage)수에 따른 분류 : 단단 펌프, 다단 펌프

㉢ 흡입 방식에 따른 분류 : 단흡입 펌프, 양흡입 펌프

③ 원심 펌프의 구성 요소

㉠ 회전차(임펠러, impeller) : 펌프의 내부로 들어온 액체에 원심력을 작용시켜 액체에 회전운동을 일으킴, 펌프의 성능과 효율을 결정

ⓛ <u>마우스 링(mouth ring)</u> = 웨어링 링(wearing ring) : 회전차에서 송출되는 액체가 흡입구 쪽으로 역류하는 것을 방지하기 위해서 케이싱과 회전차 입구 사이에 설치

ⓒ <u>케이싱(casing)</u> : 유체를 모아서 송출관으로 배출시키는 역할을 하는 외통, 액체를 회전차로 향하게 하고 그것을 고압하에서 떠나게 함

ⓔ <u>와류실(spiral casing)</u> : 회전속도, 유량 등의 변화로 유동상태기 변화하기 쉬운 고속형 펌프에서 사용함

ⓜ <u>안내 날개(안내깃)</u> : 회전차로부터 유입된 유체를 와류실로 유도

ⓗ <u>주축(shaft)</u> : 회전차가 고정되어 있고, 회전동력을 전달되는 곳

ⓢ <u>베어링</u> : 회전체(회전차, 축 등)의 자체 무게와 스러스트 하중을 지지하여 일정 위치에서 회전되도록 하는 역할

ⓞ <u>축봉 장치</u> : 압력이 있는 유체가 외부로부터 공기가 누입되는 것을 방지하는 장치

ⓩ <u>글랜드 패킹(gland packing)</u> : 회전부의 축밀봉에 사용하는 패킹으로 축의 운동 부분으로부터 유체가 새는 것을 방지하기 위해 사용

ⓩ <u>체크 밸브</u> : 정전 등으로 펌프가 급정지할 때 발생하는 유체과도현상이 나타날 때 유체를 한 방향으로만 흘리고 역류를 방지

④ **원심 펌프 취급 시 주의사항**

ㄱ 펌프 운전 중에는 지장이 없는 한 송출밸브를 완전히 열어둔다.

ㄴ 축봉 장치에서 물이 조금씩 나오도록 하여 회전에 의한 마찰열에 대비한다.

ㄷ 마우스링이 심하게 마멸되었을 때는 예비품으로 교환한다.

ㄹ 회전차를 새로 만들었을 때에는 그 평형 상태를 점검하여 진동원인을 막는다.

ㅁ 원심펌프 시동시 가장 먼저 해야 할 일은 베어링 주유량을 점검하고 주유 개소에 충분히 주유한 후 운전한다.

ㅂ 원심 펌프를 정지시키려고 할 때 맨 먼저 해야 할 일은 송출 측 정지 밸브를 서서히 닫는 일이다.

ㅅ 시동전에 반드시 물을 채워야 한다.

⑤ <u>운전 중 점검 사항</u>

ㄱ <u>주기적으로 압력(흡입 압력, 송출 압력) 온도(펌프, 전동기 축, 베어링, 글랜드 페킹부 등) 점검</u>

ㄴ <u>원동기의 전압 및 전류, 각 부의 누수 여부 과도한 진동 및 소음 발생 유무 등</u>

ㄷ <u>베어링의 온도가 정상 운전 상태인지 확인</u>

ㄹ <u>축봉 장치 중 패킹 충전식의 경우 약간의 누설을 허용하여서 운전이 되는지 확인</u>

⑥ **원심펌프의 진동 원인**

ⓐ 연결 측의 중심이 맞지 않을 때나 흡입 유체에 기포가 있을 때

　　ⓑ 축이 굽었을 때 또는 베어링의 마모가 심할 때

　　ⓒ 평형이 맞지 않을 때 또는 임펠러 손상으로 중심이 편재할 때

　　ⓓ 베드의 고정불량 또는 송출측 조절밸브 위치의 부적합

> **플러스학습**　**전동기로 구동되는 해수펌프가 정상적으로 작동되지 않는 경우의 원인**
>
> • 흡입관 계통에 공기가 새어 들어갈 때
> • 글랜드패킹으로 공기가 새어 들어갈 때
> • 전동기의 공급전압이 너무 낮을 때

(3) 축류 펌프

① 관내에서 프로펠러형 회전차가 회전하면서 액체를 축방향으로 유동시키는 것

② 터빈의 주 순환수 펌프로 사용

(4) 왕복 펌프

① 실린더 안을 피스톤 또는 플런저(plunger)가 왕복 운동을 하여 액체에 직접 압력을 주어 왕복체의 배제 용적만큼의 물을 보내는 펌프

② 특징

　　ⓐ 흡입양정이 양호하다.

　　ⓑ 높은 양정을 얻기가 쉬운 반면에 큰 유량을 얻는 데에는 불리하다.

　　ⓒ 운전조건이 광범위에서 변해도 효율의 변화가 적으며, 무리한 운전에도 잘 견딘다.

　　ⓓ 왕복펌프는 구조상으로 볼 때 저속운전이 될 수밖에 없고, 같은 유량을 내는 원심펌프에 비하여 대형이 된다.

③ 송출 유량의 변동과 공기실의 필요성

　　ⓐ 송출유량의 변동 : 증기직동펌프와 전동기 등을 크랭크를 거쳐서 구동되는 크랭크펌프는 서로 배수곡선이 다르다.

　　ⓑ 공기실의 필요 : 펌프의 송출유량은 플런저의 위치에 따라 변동하므로 송출유량 및 송출압력을 균일하게 하기 위해 송출측의 실린더에 접근시켜서 공기실을 설치한다.

(5) 회전 펌프(로타리 펌프, rotaly pump)

① 2개의 기어가 케이싱 속에서 서로 맞물려 회전하여 기름을 흡입측에서 송출측으로 밀어내는 펌프

② 운전중에 송출측을 밸브로 교축하면 압력이 급격히 높아져 펌프계통이 파손되거나 펌프 구동 장치에 가해지는 부하가 커져 동력 장치가 손상될 수 있음

③ **릴리프 밸브** : 유압펌프 좌측에 설치되어 있으며 일정 압력이상 도달하면 유압유를 유 압탱크로 드레인시켜주는 역할(압력 상승에 의한 손상을 방지)

④ 밸브가 없어 구조가 간단하고 취급이 용이하며 유압펌프로 많이 사용

⑤ **기어 펌프**(gear pump)

　㉠ 2개의 기어가 서로 물려 있으며, 기어가 서로 안쪽 방향으로 회전하여 액체를 흡 입, 배출하는 펌프

　㉡ 흡입 양정이 크고, 점도가 높은 유체를 이송하는데 적합해 디젤 유활유 펌프 등으 로 이용

⑥ **스크루펌프**(나사펌프) : 나사모양의 회전자를 케이싱 속에서 회전시켜서 케이싱과 나 사 골 사이에 갇힌 유체를 축방향으로 이송하는 펌프

2015년 4차

39 ( )에 적합한 것은?

> "( )(이)란 연료를 연소시켜 생기 열로 밀폐된 용기 안에 넣은 물을 가열하여 증기를 발생시 키는 장치이다."

가. 외연기관　　　　　　　　나. 과열기
사. 보일러　　　　　　　　　아. 응측기

2018년 1차

40 원심펌프의 운전 중에 점검해야 할 사항이 아닌 것은?

가. 베어링부에 열이 많이 나는지를 점검한다.
나. 전동기의 절연저항을 점검한다.
사. 진동이 심한지를 점검한다.
아. 압력계의 지시치를 점검한다.

2017년 2차

41 원심펌프의 부속품은?

가. 평기어　　　　　　　　　나. 임펠러
사. 피스톤　　　　　　　　　아. 배기밸브

2017년 1차

42 원심펌프의 축이 케이싱을 관통하는 곳에 기밀유지를 위해 설치하는 것은?

가. 오일링　　　　　　　　　나. 구리패킹
사. 피스톤링　　　　　　　　아. 글랜드패킹

---

39 사　40 나　41 나　42 아

43 유체를 한 방향으로만 흐르게 하고 반대 방향으로의 흐름을 차단하는 밸브는?

가. 나비밸브   나. 체크밸브

사. 흡입밸브   아. 글러브밸브

44 원심펌프에서 마우스링이 설치되는 부위는?

가. 축과 베어링 사이   나. 송출밸브와 송출 압력계 사이

사. 회전차와 케이싱 사이   아. 전동기와 케이싱 사이

45 공기실을 설치하는 펌프와 그 위치가 옳은 것은?

가. 왕복펌프, 흡입관측   나. 왕복펌프, 송출관측

사. 원심펌프, 흡입관측   아. 원심펌프, 송출관측

46 해수펌프가 물을 송출하지 못하는 경우의 원인으로 옳지 않은 것은?

가. 흡입하는 해수의 온도가 영하일 때

나. 흡입측 스트레이너가 많이 막혀 있을 때

사. 송출밸브가 잠겨 있을 때

아. 흡입밸브가 잠겨 있을 때

47 기관에 부착된 축 구동 해수펌프에 대한 설명으로 옳은 것은?

가. 임펠러가 있고 축봉장치도 있다.

나. 임펠러가 있고 축봉장치는 없다.

사. 임펠러가 없고 축봉장치는 있다.

아. 임펠러가 없고 축봉장치도 없다.

48 전동기로 구동되는 해수펌프가 정상적으로 작동되지 않는 경우의 원인이 아닌 것은?

가. 흡입관 계통에 공기가 새어 들어갈 때

나. 글랜드패킹으로 공기가 새어 들어갈 때

사. 전동기의 공급전압이 너무 낮을 때

아. 선박의 흘수가 클 때

49 기어펌프로 이송하기에 적합한 유체는?

　가. 청수　　　　　　　　　　　나. 해수
　사. 윤활유　　　　　　　　　　아. 압축공기

50 기어펌프에서 송출 압력이 일정치 이상으로 상승하면 송출측 유체를 흡입측으로 되돌리는 밸브는?

　가. 릴리프 밸브　　　　　　　　나. 송출 밸브
　사. 흡입 밸브　　　　　　　　　아. 나비 밸브

2-2 전기 기초 이론

(1) 전기 기초 원리

   ① 물질의 종류

       ㉠ 도체 : 자유전자가 자유롭게 이동하여 전기가 잘 통하는 물질(금속인 구리를 가장 많이 사용)

       ㉡ 절연체 : 전기가 잘 통하지 않는 물질(유리, 플라스틱)

       ㉢ 반도체 : 도체와 부도체의 중간 물질(실리콘, 게르마늄)

   ② 전하

       ㉠ 대전 : 어떤 물질이 양(+)전기나 음(−) 전기를 띠는 현상

       ㉡ 대전체 : 전자의 이동으로 양(+)전기나 음(−) 전기를 띤 물체

       ㉢ 전하량 : 단위는 쿨롱[C], 어떤 물질이 가지고 있는 전기의 양으로 대전체가 가지는 전기의 양

   ③ 전류

       ㉠ 단위는 암페어[A], 자유 전자가 도체 속을 연속적으로 이동하는 현상

       ㉡ 직류(DC) : 전지에서의 전류에서와 같이 항상 일정한 방향으로 흐르는 전류

       ㉢ 교류(AC) : 시간에 따라 크기와 방향이 주기적으로 변하는 전류

   ④ 전압(전위차) : 단위는 볼트[V], 도체 안에 있는 두 점 사이의 전기적인 위치 에너지의 차이

       ㉠ 전위 : 전기장 내에서 단위전하가 갖는 위치에너지

       ㉡ 기전력(electromotive force) : 전압을 연속적으로 만들어 주는 힘

   ⑤ 저항(resistance) : 단위는 옴[Ω], 전기의 흐름을 방해하려는 성질

(2) 전기 회로(electric circuit)

① **옴의 법칙** : 전기 회로에서 저항의 양단에 전압을 가하였을 때 흐르는 전류의 세기는 저항에 반비례하고 가해진 전압에는 비례

② **저항의 접속**

    ㉠ **직렬접속** : 각각의 저항을 일렬로 접속하는 것, 합성 저항 R[Ω]은 직렬로 접속되어 있는 각 저항의 합과 동일

    ㉡ **병렬접속** : 각 저항의 양 끝 단자를 서로 접합한 것

③ **전원(source)** : 전지와 같이 전기를 공급하는 원천

④ **부하(load)** : 전원으로부터 전기를 공급받는 것

(3) 전기 · 전자 측정

① **저항 측정** : 테스터기를 이용

② **전류 측정** : 전류계(ampere meter)를 이용

③ **전압 측정** : 전압계(volt meter)를 이용

④ **절연 시험** : 선로와 비선로 사이의 저항 측정

⑤ **멀티 테스터(회로시험기, multi tester)** : 전압, 전류 및 저항 등의 값을 하나의 계기로 측정할 수 있게 만든 기기

⑥ **메거 테스터(절연저항 측정기, Megger tester)** : 절연저항을 측정 하는 기기로 누전작업 내지 평상시 절연저항 측정기록을 목적으로 사용하는 기기

(4) 선박 상용 주파수

60[Hz]

2017년 2차

51 전기를 띤 물체를 무엇이라 하는가?

    가. 대전체   나. 반도체

    사. 부도체   아. 자석

2017년 2차

52 전기 기기의 절연시험이란 무엇인가?

    가. 흐르는 전류의 크기를 측정하는 것을 말한다.

    나. 선로와 비선로 사이의 저항을 측정하는 것을 말한다.

    사. 전압의 크기를 측정하는 것을 말한다.

    아. 전기기기의 작동여부를 확인하는 것을 말한다.

2017년 3차

53 전류의 흐름을 방해하는 성질인 저항의 단위로 옳은 것은?

　가. [V]　　　　　　　　　　　나. [A]

　사. [Ω]　　　　　　　　　　　아. [kW]

2018년 1차

54 2[V] 단전지 6개를 연결하여 12[V]가 되게 하려면 어떻게 연결해야 하는가?

　가. 2[V] 단전지 6개를 병렬 연결한다.

　나. 2[V] 단전지 6개를 직렬 연결한다.

　사. 2[V] 단전지 3개를 병렬 연결하여 나머지 3개와 직렬 연결한다.

　아. 2[V] 단전지 2개를 병렬 연결하여 나머지 4개와 직렬 연결한다.

2017년 4차

55 전기회로에서 멀티테스터로 직접 측정할 수 없는 것은?

　가. 저항　　　　나. 직류전압　　　　사. 교류전압　　　　아. 전력

2-3　발전기와 전동기

(1) 발전기

　① 직류 발전기

　　㉠ 도체가 자력선을 끊으면 그 도체에 기전력이 발생하는 전자 유도 현상을 응용하여 연속적으로 직류 전기를 만들어 냄

　　㉡ 구조

　　　• 고정 부분 : 자력선이 발생하는 부분인 자극, 계철, 축받이

　　　• 회전 부분 : 전기자와 정류자 및 축

　　　• 전기자 : 자계 내에서 회전하여 기전력을 일으키는 부분

　　㉢ 시험과 운전 : 500V 메거(megger)로 1MΩ이상 절연시험 실시

　② 교류(AC) 발전기[동기 발전기]

　　㉠ 도체를 회전시켜 전류를 회전 시켜 전류를 발생시키나, AC발전기는 도체를 외부에 고정하고 내부의 자계를 회전시켜 전류를 발생

　　㉡ 동기 속도로 회전하는 교류 발전기를 동기 발전기라고 하는데 배에서 사용하는 교류 발전기임

　　㉢ 교류발전기의 특징 : 저속에서 충전이 가능, 전압조정기만 필요, 소형 경량 등

(2) 전동기

① **직류 전동기**

ㄱ 전기 에너지를 기계 에너지로 바꿔주는 기계로 플레밍의 왼손 법칙에 의해 전자력이 발생되어 회전

ㄴ 플레밍의 왼손 법칙 : 전류가 흐르고 있는 도선에 대해 자기장이 미치는 힘의 작용 방향을 정하는 법칙으로 왼손의 중지를 전류가 흐르는 방향으로, 검지를 자기력선의 방향으로 향하게 하면 이것들에 대해 수직으로 편 엄지 손가락이 가리키는 방향으로 힘이 작용

② **동기 전동기**

ㄱ 자유회전이 가능한 자침 둘레에 영구자석을 설치하여 척력과 인력에 의해 자석을 회전시킴

ㄴ 대개 철극 회전 계자형 동기 발전기와 거의 같은 구조를 가지고 있으며, 기동과 제어용으로 자극면에 농형 권선이 감겨져 있음

③ **3상 유도 전동기** : 교류 전동기의 한 종류로 3상(aa,bb,cc) 코일을 한 고정자 안쪽에 회전자를 둔 다음 전기를 보내 주연 고정자에 회전 자기장이 발생하고 회전자는 고정자의 회전 자기장 속도로 시계 방향으로 회전

④ **유도 전동기의 기동** : 유도 전동기가 정지한 상태에서 기동을 하기 위하여 전전압(full voltage)을 인가하면 기동전류는 정상 상태 운전 시보다 전류가 5~8배나 많이 흐르게 됨

⑤ **전동기의 기동반** : 전류의 세기를 측정하기 위한 전류계(ammeter), 운전 표시등(운전등, 전원등, 경보등), 시동 스위치, 배선 등으로 구성

⑥ **전동기 운전시 주의 사항** : 전원과 전동기의 결선 확인, 이상한 소리·진동, 냄새·각 부의 발열 등의 확인, 조임 볼트와 전류계의 지시치 확인

2017년 3차

56 기관실의 220[V] AC 발전기에 해당하는 것은?

가. 직류분권발전기　　　　　　나. 직류 복권발전기

사. 동기발전기　　　　　　　　아. 유도발전기

2018년 2차

57 유도전동기의 부하 전류계에서 지침이 가장 높게 가리키는 경우는?

가. 전동기의 정지 직후

나. 전동기의 기동 직후

사. 전동기가 정속도로 운전중일 때

아. 전동기 기동 후 10분이 경과되었을 때

---

56 사　57 나

2018년 1차

58 유도 전동기의 기동반에 설치되지 않는 것은?

　가. 전류계　　　　　　　　나. 운전표시등

　사. 역률계　　　　　　　　아. 기동스위치

2017년 1차

59 전동기의 운전 중 주의사항으로 옳지 않은 것은?

　가. 전동기의 각부에서 발열이 되는지를 점검한다.

　나. 이상한 소리, 진동, 냄새 등이 발생하는 지를 점검한다.

　사. 전류계의 지시치에 주의한다.

　아. 절연저항을 측정한다.

2-4 변압기와 납축 전지

(1) 변압기

① 전자 유도 작용을 이용해서 1차 측의 권선에 인가한 교류를 2차 측의 권선에 동일 주파수의 교류로 변환시켜 주는 장치

② 선박 내에서 발전기로부터 발생한 전압과 서로 상이한 전압의 장비용으로 주로 사용

③ 선박용 발전기에서 발전 전압은 고전압 발전을 하지 않을 경우 일반적으로 3상 440[V], 60[Hz]를 사용

(2) 납축 전지

대표적인 2차 전지로 양극으로는 과산화납을, 음극으로는 일반 납을 사용

① 구조

　㉠ 극판군 : 여러 장의 음극판, 양극판, 격리판으로 구성

　㉡ 전해액 : 묽은 황산(진한 황산과 증류수를 혼합, 비중은 1.2 내외)

　㉢ 전지조 : 유리조, 에보나이트조 등

② 납축 전지의 용량

　㉠ 기전력 : 보통 2.0~2.1[V]

　㉡ 비상용 납축전지의 전압 : 24[V]

　㉢ 납축전지 용량 : 방전 전류[A] × 방전 시간[h] → [Ah : 암페어시]]

③ 주의 사항

㉠ 비중을 수시로 측정한다.

　　　㉡ 전해액은 순도가 높은 증류수를 사용한다.

　　　㉢ 전해액판은 극판위 1~1.5cm로 각 전해조마다 같게 한다.

　　　㉣ 축전지 표면은 항상 청결히 하며, 통풍이 잘 되고, 직사광선을 피할 수 있는 장소에 보관한다.

　④ **납축 전지의 용도**

　　　㉠ 비상전등이나 비상 통신을 위한 전원

　　　㉡ 비상용 발전기 기동 시까지의 임시 전원용

　　　㉢ 주기 시동용 전원(기관 시동)

　　　㉣ 선내 통신용 전원

　　　㉤ 자동화 선박에서 자동화 시스템을 보호하기 위한 보안용 전원

　⑤ **충전 방전시의 주의 사항** : 충전시 결선을 잘할 것, 전해액의 온도, 과 충전이 되지 않도록 주의, 과 방전에 주의

2018년 1차

60 변압기의 역할로 옳은 것은?

　가. 전압을 증감시킨다.　　　　　나. 주파수를 증감시킨다.

　사. 저항을 증감시킨다.　　　　　아. 전력을 증감시킨다.

2017년 2차

61 440[V] 교류를 220[V]의 교류 전기로 낮추고자 할 때 필요한 것은?

　가. 유도 전동기　　　　　　　　나. 변압기

　사. 계전기　　　　　　　　　　아. 동기 발전기

2018년 2차

62 선박용 납축전지의 용도가 아닌 것은?

　가. 조명용　　　　　　　　　　나. 기관 시동용

　사. 비상 통신용　　　　　　　　아. 유도전동기 기동용

2017년 3차

63 납축전지의 전해액으로 많이 사용되는 것은?

　가. 묽은 황산용액　　　　　　　나. 알칼리 용액

　사. 가성소다 용액　　　　　　　아. 청산가리 용액

---

03 연료유 · 윤활제 · 기관 고장시의 대책

3-1 연료유의 성질

(1) 비중(specific gravity)

① 부피가 같은 기름의 무게와 물의 무게의 비

$$비중(밀도) = \frac{질량}{부피}$$

$$즉, 질량[무게] = 비중 \times 부피$$

② 15/4℃ 비중 : 같은 부피의 15℃의 기름의 무게와 4℃의 물의 무게와의 비

③ 사례 : 중유(0.91~0.99), 등유(0.84~0.89), 경유(0.84~0.89), 휘발유(0.69~0.77, 가솔린)로 휘발유의 무게가 가장 가벼움

(2) 점도(viscosity)

① 유체의 흐름에서 분자간 마찰로 인해 유체가 이동하기 어려움의 정도

② 연료유의 유동성과 점도

  ㉠ 점도가 너무 높으면 연료의 유동이 어려워 펌프 동력 손실이 커지고, 점도가 너무 낮으면 연소상태가 좋지 않음

  ㉡ 디젤기관에서 연료분사밸브의 연료분사 상태에 가장 영향을 많이 주는 요소

  ㉢ 일반적으로 온도가 상승하면 연료유의 점도는 낮아지고, 온도가 낮아지면 점도는 높아짐

(3) 인화점(flash point)

① 연료에서 발생하는 증기가 공기와 섞여서 혼합기체가 만들어지고 여기에 불꽃을 가까이 했을 때 섬광을 내며 연소하는 온도

② 인화점이 낮으연 화재의 위험성이 높은 것으로 중유가 가장 큼

(4) 발화점(ignition point, 착화점)

① 연료의 온도를 인화점보다 높게 하면 외부에서 불을 붙여주지 않아도 자연 발화하게 되는데, 이처럼 자연 발화하는 온도

② 발화점과 디젤기관의 연소 : 세탄가가 작으면 노킹 현상이 일어나고 평균 유효 압력이 낮아지면서 출력이 감소함

(5) 발열량

연료가 완전 연소했을 때 내는 열량(수소>탄소>유황)

(6) 응고점

기름의 온도를 점차 낮게 하면 유동하기 어렵게 되는데, 전혀 유동하지 않는 기름의 최고 온도

(7) 유동점

응고된 기름에 열을 가하여 움직이기 시작할 때의 최저 온도

(8) 엔티 노크성(Anti-Knock)

가솔린이 노킹이나 과조점화를 일으키기 어려운 성질

(9) 연료유의 불순물

잔탄소분, 유황분, 수분, 슬러지(기름에 용해되지 않는 성분들이 모여 생기는 흑색 침전물) 등

2017년 4차

64 동일한 온도와 부피일 때 다음 중 무게가 가장 가벼운 기름은?

가. 경유
사. C중유
나. A중유
아. 휘발유

2018년 2차

65 비중이 0.80인 경우 경유 200[ℓ]와 비중이 0.85인 경유 300[ℓ]를 혼합하였을 경우의 혼합비중은?

가. 0.80
사. 0.83
나. 0.82
아. 0.85

▶ $\dfrac{0.80 \times 200 + 0.85 \times 300}{200 + 300} = 0.83$

---

66 비중이 0.80인 경유 200[ℓ]와 비중이 0.85인 경유 100[ℓ]를 혼합하였을 경우의 혼합비중은 약 얼마인가?

가. 0.80

나. 0.82

사. 0.83

아. 0.85

▶ $\dfrac{160+85}{300} \times 100(\%) = 81.6666$

3-2 연료의 구비 조건과 장치

(1) 내연기관 연료의 구비 조건

① 발열량과 내폭성이 클 것

② 비중과 점도가 적당할 것

③ 발화성이 좋을 것(세탄값이 작지 않을 것)

④ 옥탄값이 작지 않을 것

⑤ 물과 같은 불순물이나 유황 성분이 적고, 연소 후 카본 생성이 적을 것

⑥ 값이 싸고, 화재의 위험이 없을 것(인화점이 90℃ 이상)

⑦ 슬러지가 생기기 어려울 것

(2) 연료유의 수급 시 주의 사항

① 연료유 수급 중 선박의 흘수 변화에 주의

② 탱크 내의 잔량을 사전에 확인할 것 : 주기적으로 측심하여 수급량을 계산

③ 주기적으로 누유되는 곳이 있는지를 점검

④ 가능한 한 탱크에 가득 적재할 것

⑤ 해양오염사고나 화재에 주의할 것

(3) 연료 소비량

① l(리터)/h(시간) : 1시간당 소비량을 ℓ로 나타낸 것

② kg(무게)/h(시간) : 1시간당 소비량을 kg으로 나타낸 것

③ km/L : l당 주행 마일 수(1mile/gal=0.425km/L)로 우리나라에서 사용

④ 연료유의 소모량을 무게로 계산하는 방법 : 소모된 연료유의 15[℃]의 부피 × 15[℃]의 비중량

⑤ 연료 소비량과 속력과의 관계 : 선박에서 일정한 시간에 소비하는 연료의 양은 속력(속

66 나

도)의 세제곱에 비례

⑥ 경제 속력 : 1노트 당 연료 소비량이 가장 적은 속력

(4) 연료유 여과기

① 불순물을 여과하는 장치로 연료유 중에 불순물이 있으면 연료 분사 밸브의 분무 구멍이 막히거나, 연료 펌프의 플런저가 빨리 마멸되는 원인이 됨

② 기관 입구 연료 필터 : 연료유 중의 불순물을 여과하여 연료 분사 펌프나 연료 밸브의 손상을 방지

(5) 유수 분리기(oily bilge separator, 기름 여과 장치)

① 빌지 또는 탱크 세정 작업 시 발생하는 폐수와 유분이 섞인 물을 선외로 배출할 때, 기름 성분이 함께 불과 함께 배출되지 않도록 기름 성분을 분리해 주는 역할

② 자동 배유 장치의 구성

　　㉠ 유수 분리기의 기름 모둠 탱크에 모인 기름을 유면 검출기의 신호에 의해 폐유 탱크로 보내는 장치

　　㉡ 유면 검출기 : 기름 모둠 탱크에 모인 기름의 높이를 검출

　　㉢ 전자 밸브 : 압력 등을 체크하여 자동 배유 장치의 배유 시기를 제어

　　㉣ 공기배출 밸브 : 압축공기의 공급 배출을 하는 밸브

　　㉤ 빌지 경보기 : 유분 농도가 일정 이상을 초과할 때 경보 신호를 발하는 장치

2018년 1차

67 내연기관의 연료유가 갖추어야 할 조건으로 옳지 않은 것은?

　가. 발열량이 클 것　　　　　　　나. 유황분이 적을 것

　사. 물이 함유되어 있지 않을 것　　아. 점도가 높은 것

2018년 1차

68 "선박이 일정시간 항해 시 필요한 연료 소비량은 속도의 (　)에 비례한다."에서 (　)에 알맞은 것은?

　가. 제곱　　　　　　　　　　　나. 세제곱

　사. 제곱근　　　　　　　　　　아. 세제곱근

2018년 2차

69 기름여과장치의 구성 부품이 아닌 것은?

　가. 압력계　　　　　　　　　　나. 공기배출 밸브

　사. 비중판　　　　　　　　　　아. 유면 검출기

2018년 1차

70 연료유 수급 시 주의사항으로 옳지 않은 것은?

　가. 연료유 수급 중 선박의 홀수 변화에 주의한다.

　나. 수급 초기에는 압력을 최대로 높여서 수급한다.

　사. 주기적으로 측심하여 수급량을 계산한다.

　아. 주기적으로 누유되는 곳이 있는지를 점검한다.

2018년 1차

71 연료유의 소모량을 무게로 계산하는 방법으로 옳은 것은?

　가. 소모된 연료유의 15[℃]의 부피 × 15[℃]의 비중량

　나. 소모된 연료유의 15[℃]의 부피 × 15[℃]의 점도

　사. 소모된 연료유의 15[℃]의 무게 × 15[℃]의 비중량

　아. 소모된 연료유의 15[℃]의 무게 × 15[℃]의 점도

3-3 윤활유 및 윤활 장치

(1) 윤활유의 기능

① **윤활(감마) 작용** : 마찰이 큰 두 물체 사이의 각 운동 부분에 유막을 형성하여 마찰저항을 감소시키고 베어링, 금속 부품 등의 마멸을 방지

② **냉각 작용** : 윤활유를 순환 주입함으로써 발생된 마찰열을 제거

③ **밀봉(기밀) 작용** : 실린더와 피스톤 링 사이의 경계면에 유막을 형성하여 가스 누설을 방지

④ **응력 분산 작용** : 집중 하중을 받는 마찰면에 걸리는 하중의 전달 면적을 넓게 하여 단위 면적당 작용 하중을 분산

⑤ **방청 작용** : 금속 표면에 유막을 형성하여 공기나 수분 등이 침투하지 못하도록 보호하여 부식을 방지

⑥ **청정 작용(세척 작용)** : 마찰부에서 발생하는 카본(carbon) 및 금속 마모분 등의 불순물을 흡수하여 윤활부를 깨끗하게 만듦

> **플러스학습** **마찰의 종류**
>
> • **고체마찰(건조 마찰)** : 유막이 없는 상태에서 두 금속면이 직접 접촉하여 움직일 때의 마찰
> • **경계마찰** : 두 금속면 사이에 상당히 얇은 유막으로 구성되며 일부 고체마찰이 있을 때의 마찰
> • **유체마찰(완전마찰)** : 두 금속면 사이에 적당한 양의 기름이 있어서 두 금속면이 완전히 분리되어 있을 때로 가장 이상적인 마찰, 고체마찰에 비하여 마찰 저항이 훨씬 낮아 마모현상이 감소

70 나　71 가

(2) **윤활유의 성질**

① **점도**(viscosity) : 유체의 흐름에서 내부마찰의 정도를 나타내는 양

② **점도 지수**(viscosity index) : 온도에 따라 기름의 점도가 변화하는 정도를 나타낸 값으로 점도 지수가 높으면 온도에 따른 점도의 변화가 작은 것을 의미

③ **유성**(oiliness) : 기름이 마찰 면에 강하게 흡착하여 비록 엷더라도 유막을 완전히 형성하려는 성질

④ **항유화성** : 기름과 물이 쉽게 유화되지 않을 뿐만 아니라, 유화되어도 유화에 저항하는 성질

⑤ **기름의 부식성**(산화 안정도) : 윤활유가 고온에 접하면 산화 슬러지가 발생하여 윤활유의 질이 나빠지는 정도

플러스학습　**윤활유의 종류**

• **용도에 따라** : 내연 기관용 윤활유, 베어링용 윤활유, 터빈유, 기계유, 기어유, 냉동기유, 압축기유, 유압 작동유, 그리스 등

• **그리스**(grease) : 반고체 상태의 윤활제로서 충격 하중이나 고하중을 받는 기어나 급유가 곤란한 장소에 사용

---

(3) **윤활유의 구비 조건**

① 적당한 점도를 유지할 것

② 열과 산에 대한 저항력이 있고, 금속에 대한 부식성이 없을 것

③ 온도에 의한 점도 변화가 적을 것

④ 응고점이 낮고 비중이 적당할 것

⑤ 인화점 및 발화점이 높을 것

⑥ 유성이 풍부할 것

⑦ 카본과 기포 발생에 대한 저항력이 있어야 함

⑧ 저장 중 슬러지가 생기지 않을 것

⑨ 수분이 섞여있지 않을 것

⑩ 고온 고압에서도 유막 형성을 형성

(4) **윤활유의 관리**

① 윤활유의 열화 원인

㉠ **열화** : 양질의 윤활유라도 사용함에 따라 점차 변질되어 성능이 떨어지는 것

㉡ **열화 원인**

• **원인** : 공기 중의 산소에 의한 산화 작용, 윤활유량 부족이나 불량, 주유 부분의

고착

- 내연기관에서 윤활유의 열화 원인 : 가물의 혼입, 연소생성물의 혼입, 새로운 윤활유의 혼입
  - ㉢ 윤활유의 열화 방지 : 윤활유 순환 계통을 깨끗하게 유지, 산화를 촉진시키는 원인을 제거(산화 방지제 사용), 불순물을 신속히 제거, 새로운 기름의 교환 및 보충

(5) 윤활유 펌프

각종 베어링이나 마찰부에 압력이 있는 경우 윤활유를 공급(대부분 기어 펌프)

2018년 2차

72 디젤기관에서 윤활유의 온도는 어디의 온도를 기준으로 조절하는가?

가. 기관의 입구 온도　　　　나. 기관의 출구 온도
사. 윤활유 펌프의 입구 온도　　아. 윤활유 펌프의 출구 온도

2016년 2차

73 운동하는 두 물체 사이에 작용하는 마찰력이 가장 작은 것은?

가. 건조마찰　　　　　　나. 고체마찰
사. 경계마찰　　　　　　아. 유체(액체)마찰

2017년 1차

74 디젤기관에서 윤활이 필요하지 않는 부품은?

가. 크랭크핀　　　　　　나. 크랭크암
사. 피스톤핀　　　　　　아. 메인베어링

2018년 1차

75 내연기관에서 윤활유의 열화 원인이 아닌 것은?

가. 물의 혼입　　　　　　나. 연소생성물의 혼입
사. 새로운 윤활유의 혼입　　아. 공기 중의 산소에 의한 산화

2017년 2차

76 윤활유 온도의 상승 원인이 아닌 것은?

가. 윤활유의 압력이 낮고 윤활유량이 부족한 경우
나. 윤활유 냉각기의 냉각수 온도가 낮은 경우
사. 윤활유가 불량하거나 열화된 경우
아. 주유 부분이 고착된 경우

72 가　73 아　74 나　75 사　76 나

3-4 냉각수와 부동액

(1) 냉각수

① **역할** : 기관을 냉각하여 과열을 방지하고 기관의 작동에 적당한 온도를 유지시켜서 기관의 성능을 최상의 상태로 만들어 줌

② 냉각수 온도가 너무 **낮을 경우** : 불완전연소로 인하여 연료소비가 증가

③ 냉각수 온도가 너무 **높을 경우** : 실린더와 피스톤의 과열, 실린더 윤활유가 고열로 변질, 실린더 마모 증대, 윤활유의 사용량 증가

(2) **부동액**

냉각수의 동결을 방지할 목적으로 쓰이는 액체(메탄올과 에틸렌글리콜을 주로 사용)

(3) **냉각 팬밸트(V벨트)**

① 적당한 장력이 유지되어야 기관의 과열을 방지

② **냉각 팬벨트의 장력이 작을 경우** : 동력 전달이 불량, 물 펌프의 작동 불량으로 과열, 발전기의 출력 저하, 소음 발생, 벨트 파손

③ 냉각 팬벨트의 장력이 클 경우 : 베어링 마멸이 촉진, 팬벨트 과열로 파손, 물 펌프의 고속 회전으로 과냉의 우려

2017년 3차

77 선박의 기관에 사용되는 부동액에 대한 설명으로 옳은 것은?

가. 기관의 시동용 배터리에 들어가는 용액이다.

나. 기관의 냉각수가 얼지 않도록 냉각수의 어는 온도를 낮추는 용액이다.

사. 기관의 윤활유가 얼지 않도록 윤활유의 어는 온도를 낮추는 용액이다.

아. 기관의 연료유가 얼지 않도록 연료유의 어는 온도를 낮추는 용액이다.

2017년 1차

78 소형 기관에서 냉각수 순환펌프용 V벨트의 장력이 너무 작으면 어떻게 되는가?

가. 배기가스에 청수가 혼입한다.　　　　나. 청수탱크 내에 해수가 침투한다.

사. 냉각청수 필터가 막힌다.　　　　　　아. 냉각청수 온도가 높아진다.

---

77 나　78 아

03 연료유 · 윤활제 · 기관 고장시의 대책　181

(1) 시동 전 점검 사항

① **압축 공기 계통** : 시동 공기 탱크의 압력을 확인($30kgf/cm^2$), 탱크내에 응축되어 있는 수분을 배출

② **윤활유 계통** : 섬프 탱크의 레벨을 확인, 윤활유 펌프를 작동시켜 윤활유의 온도와 압력이 정상인지 확인

③ **연료유 계통** : 연료유 서비스 탱크 레벨 확인 및 드레인 밸브를 이용하여 수분과 침전물 배출, 연료유 공급 펌프 및 순환 펌프를 기동하여 압력 및 온도 확인, 연료유 필터 확인

④ **냉각수 계통** : 팽창 탱크 수위 점검, 냉각수 예열기를 작동하여 기관을 예열

⑤ **작동부 이상 유무** : 터닝 기어로 기관을 회전시키면서 이상 유무 확인, 인디케이터 콕으로부터 물이나 기름 등의 이물질이 나오는지 확인

⑥ **제어반 점검** : 각종 제어반 계기, 안전장치 및 정보 감시 장치를 확인

⑦ <u>윤활유 프라이밍 펌프를 작동시켜 프라이밍(비등이 심한 경우나 급히 주증기 밸브를 열때 기포가 급히 상승하여 수면에서 파괴되면서 수분이 증기와 함께 배출되는 현상)을 실시하는 동안에 크랭크축을 완전히 3회전 시키고, 인디케이터 콕으로부터 누수가 없는지 확인</u>

(2) 시동 후 점검 사항

① 각 작동부의 음향과 진동, 압력계, 온도계, 회전계 등을 살펴보고, 이상발열이나 소리가 없는지 확인

② 배기밸브의 누설이나 온도 상승, 작동 상태를 확인

③ 모든 실린더에서 연소가 이루어지고 있는지 확인하고, 실린더 주유기의 작동 상태를 확인

④ 실린더 헤드의 시동 밸브가 누설되어 연소가스가 새고 있는지 확인

※ **과부하출력** : 과부하출력은 정격출력을 넘어서, 정해진 운전 조건하에서 일정시간 동안의 연속운전을 보증하는 출력

⑥ 프로펠러의 회전 방향이 텔레그라프 명령과 일치하는지를 확인

⑦ 순환유의 압력을 점검하고, 제대로 토출이 되는지를 확인

⑧ 순환유, 캠축, 윤활유, 연료유, 냉각수, 소기 등의 온도와 압력이 정상인지 확인

79 디젤기관의 연료유관 개통에서 프라이밍이 완료된 상태는 어떻게 판단하는가?

　가. 연료유의 불순물만 나올 때

　나. 공기만 나올 때

　사. 연료유만 나올 때

　아. 연료유와 공기의 거품이 함께 나올 때

80 디젤기관에서 과부하 운전이란 어떠한 상태인가?

　가. 기관회전수가 증가되는 상태

　나. 기관회전수가 감소되는 상태

　사. 정격출력 이상의 출력으로 운전하는 상태

　아. 공기 공급이 증가되는 상태

81 디젤기관의 운전 중 매일 점검 및 시행해야 할 사항으로 옳지 않은 것은?

　가. 연료분사밸브의 분사 압력 및 분무 상태 점검

　나. 감속기 및 과급기의 윤활유량 점검

　사. 연료유 탱크의 유량 및 탱크 하부의 드레인 배출

　아. 주기관의 윤활유량 점검

3-6 운전 중 점검과 정지 및 정지 후 조치

(1) 운전 중의 점검

① 각 운동부의 음향과 진공, 압력계, 온도계, 회전계 등을 살펴보고 발열이나 너트의 풀림 확인

② 윤활유 양 및 윤활유의 압력과 온도, 기관의 색깔과 온도 확인

③ 배기가스의 누설 및 색깔과 온도 확인

④ 각종 배관 장치의 누설 여부 확인

⑤ 빌지의 증가에 주의

(2) 정지 및 정지 후 조치

① 기관의 회전수를 서서히 감소시켜 정지, 윤활유 펌프를 약 20분 이상 운전시킨 후 정지

② 연료 공급 밸브(시동공기 계통의 밸브)를 잠그고 인디케이터 밸브와 시동 공기 밸브를 열고 기관을 터닝

③ 인디케이터 밸브를 통하여 분출되는 잔류 가스의 상태를 관찰하여 이상 유무를 확인

④ 터닝 기어의 운전이 끝나면 윤활유 펌프와 실린더, 피스톤, 밸브 등에 냉각 유체를 공급하는 펌프를 정지

(3) 디젤기관을 장기간 휴지할 때의 주의 사항

① 동파와 부식에 주의

② 정기적으로 터닝을 시켜 줌

③ 냉각수를 전부 빼고, 각 운동부에 그리스를 도포

④ 각 밸브 및 콕을 모두 잠금

2017년 4차

82 디젤기관의 운전 중 점검 사항이 아닌 것은?

가. 연료분사밸브의 분사압력 및 분무상태

나. 감속기 및 과급기의 윤활유 양

사. 윤활유 압력

아. 주기관의 윤활유 양

2017년 2차

83 디젤기관에서 운전 중에 확인해야 하는 사항이 아닌 것은?

가. 윤활유의 압력과 온도

나. 배기가스의 색깔과 온도

사. 기관의 색깔과 온도

아. 크랭크실 내부의 검사

2018년 2차

84 디젤기관을 완전히 정지한 후의 조치사항으로 옳지 않은 것은?

가. 시동공기 계통의 밸브를 잠근다.

나. 인디케이터 콕을 열고 기관을 터닝시킨다.

사. 윤활유 펌프를 약 20분 이상 운전시킨 후 정지한다.

아. 냉각 청수의 입·출구 밸브를 열어 냉각수를 모두 배출 시킨다.

2017년 4차

85 디젤기관을 장기간 휴지할 경우의 주의사항으로 옳지 않은 것은?

가. 동파를 방지한다.

나. 부식을 방지한다.

사. 정기적으로 터닝을 시켜 준다.

아. 중요 부품은 분해하여 보관한다.

3-7 일반적인 고장 현상의 원인과 대책

(1) 시동이 안되는 경우

① 연료 공급이 안되거나 연료에 물이나 공기가 차 있을 때

② 냉각수의 온도나 실린더 내의 온도가 낮을 때

③ 연료 분사 시기나 연료분사 상태 불량

④ 흡기 · 배기밸브의 누설 상태 불량

⑤ 시동 배터리나 시동공기의 압력 불량

(2) 기관이 자연적으로 정지할 때의 원인

① 조속기의 고장으로 연료 공급이 차단되었을 때

② **연료유 계통 문제** : 연료탱크에 기름이 없을 경우, 연료 여과기가 막혀 있을 때, 연료유 수분 과다 혼입 등

③ **주 운동 부분 고착** : 피스톤이나 크랭크 핀 베어링, 메인 베어링 등

④ 프로펠러에 부유물이 걸렸을 때

⑤ 분사펌프 플런저의 고착

(3) 기관을 비상 정지시켜야 하는 경우

① 왕복운동부 및 회전 운동부에 이상한 음향이나 진동이 발생할 때

② 기관 주요부에 과도한 열이 발생하거나 연기가 날 때

③ 냉각수나 윤활유 공급 압력 저하

④ 기관의 회전수가 최고 회전수 이상으로 급격히 증가할 때

⑤ 실린더의 음향이 특히 높거나 실린더 내의 안전밸브가 열리거나 불량할 때

⑥ 베어링 윤활유, 실린더 냉각수, 피스톤 냉각수(유) 출구 온도의 이상 상승

⑦ 안전밸브가 동작하여 가스가 분출될 때

⑧ 조속기, 연료 분사 펌프, 연료 분사 밸브의 고장

(4) 윤활유 소비량이 많은 경우

① 윤활유가 샐 경우

② 피스톤나 실린더의 마멸이 심하거나 베어링의 틈새가 너무 큰 경우

③ 윤활유의 온도가 높을 경우

(5) 배기 온도가 너무 높을 경우

① 연료 분사량이 많았을 때

② 과부하 운전일 경우

③ 배기 밸브의 누설이나 배기밸브가 빨리 열렸을 때

④ 후연소 시간이 길 경우

(6) 배기색이 유색인 경우

① **흑색(검은색)의 배기 가스**

㉠ **흡입 공기 압력의 부족** : 흡 · 배기 밸브의 상태가 불량하거나 개폐 시기가 올바르지 못할 때(과급기나 공기 필터 점검)

㉡ **연료 분사 상태 불량** : 연료 분사 펌프나 연료 분사 밸브의 상태가 불량(분사 압력 조정, 밸브 점검)

㉢ **배기관이 막혔거나 과부하 운전** : 부하를 줄임

㉣ 피스톤 링이나 실린더 라이너의 마모

② **백색(흰색)의 배기 가스**

㉠ 실린더 내로 냉각수 유입

㉡ 연료에 수분이 섞여 있을 때

㉢ 소기압력이 너무 높을 때

㉣ 압축 압력이 너무 낮을 때

㉤ 기관이 과랭한 경우

㉥ 어느 실린더에서 전혀 연소하지 않을 때

③ **청백색의 배기 가스** : 윤활유가 연소하고 있을 때(피스톤 링 등을 교체)

(7) 기관의 진동이 심할 경우

① 위험 회전수로 운전을 하고 있을 때

② 기관 대 볼트가 풀렸거나 부러졌을 때

③ 기관이 노킹을 일으킬 때와 각 실린더의 최고압력이 고르지 않을 때

④ 각 베어링 틈새가 너무 클 때

⑤ 기관이 노킹을 일으켰을 때

(8) 윤활유 온도가 상승하는 원인

① 냉각수의 부족 또는 온도 상승

② 냉기관이 오손된 경우

③ 과부하나 마찰부에서 발열

④ 냉각수가 부족한 경우나 온도 상승

(9) 기관 노킹(Knocking)의 원인

① 연료 분사 시기가 빠를 때

② 연료 공급량이 지나치게 많을 때

③ 세탄가가 낮은 연료를 사용할 때

④ 연료 분사가 불균일하거나 분사 압력이 부적당할 때

⑤ 부하가 너무 적을 때

⑥ 흡기 압력과 흡기 온도가 낮을 때

⑦ 냉각수 온도가 낮아 실린더 내의 공기 온도가 낮을 때

2018년 1차

86 소형 디젤기관에서 시동이 걸리지 않는 경우의 원인으로 옳지 않은 것은?

가. 시동용 배터리가 완전 방전된 경우

나. 연료유가 공급되지 않는 경우

사. 냉각수의 온도가 낮은 경우

아. 배기밸브가 심하게 누설되는 경우

2017년 4차

87 디젤기관이 시동되지 않을 경우의 원인으로 옳지 않은 것은?

가. 연료 노즐에서 연료가 분사되지 않을 때

나. 실린더 내 압축압력이 너무 낮을 때

사. 실린더의 온도가 높을 때

아. 불량한 연료유를 사용했을 때

2018년 1차

88 항해 중 디젤 주기관이 비상정지되는 경우는?

가. 냉각수 압력이 너무 높을 때   나. 연료유 압력이 너무 높을 때

사. 윤활유 압력이 너무 낮을 때   아. 냉각수 온도가 너무 낮을 때

2017년 4차

89 항해 중 주기관을 급히 정지시켜야 할 경우가 아닌 것은?

가. 연료분사펌프의 송출압력이 높아질 때

나. 운동부에서 이상한 소리가 날 때

사. 윤활유의 압력이 급격히 떨어질 때

아. 냉각수가 공급되지 않을 때

2017년 4차

90 디젤기관의 운전 중 진동이 심해지는 경우의 원인으로 옳지 않은 것은?

가. 기관대의 설치 볼트가 여러 개 절손되었을 때

나. 윤활유 압력이 높을 때

사. 노킹현상이 심할 때

아. 기관이 위험회전수로 운전될 때

2018년 1차

91 디젤기관의 운전 중 기관 자체에서 이상한 소리가 발생할 때 가장 우선적인 조치는?

가. 윤활유를 보충한다.　　　　　　나. 기관의 회전수를 내린다.

사. 연료유필터를 교환한다.　　　　아. 냉각수 순환량을 증가시킨다.

2017년 1차

92 디젤 주기관의 운전 중 검은색 배기가 발생하는 경우는?

가. 연료분사밸브에 이상이 있을 경우

나. 냉각수 온도가 규정치 보다 조금 높을 경우

사. 윤활유 압력이 규정치 보다 조금 높을 경우

아. 윤활유 온도가 규정치 보다 조금 낮을 경우

3-8 시동 전 고장의 원인과 대책

(1) 터닝 기어로 회전시켜도 회전하지 않거나, 전류계의 값이 비정상적으로 상승

① 터닝 기어의 연결 불량 : 터닝 기어가 제 위치에 맞물렸는지 확인

② 이물질로 인한 크랭크 회전 불량 : 기어, 실린더 내부, 커플링 플랜지 또는 이물질이 끼어 있는지를 확인

(2) 윤활유 섬프 탱크의 레벨이 비정상적으로 상승

① 윤활유 냉각기의 누수 : 냉각 튜브가 파공된 곳을 점검

② 실린더 내부를 통한 물의 유입 : 실린더 라이너의 균열 점검

③ 실린더 라이너의 누수 : 워터 재킷의 오 링을 새 것으로 교환

④ 실린더 헤드의 플러그를 통한 물의 유입 : 실린더 헤드 균열 유무 점검, 플러그 교환

⑤ 배기 밸브의 냉각수 연결 부위로부터의 누수 : 배기 밸브와 실린더 헤드의 냉각수 연결 부위 오 링을 새 것으로 교환

90 나 91 나 92 가

(3) 터닝 시 인디케이터 쪽으로부터의 누수

① 공기 냉각기를 통한 물의 유입 : 냉각 튜브 누설 부위를 점검, 흡기매니폴드 내에 수분의 유무를 점검

② 배기관을 통한 빗물 유입 : 과급기의 배기가스 출구 파이프에 물이 고여 있는지 확인

③ 실린더 라이너와 실린더 헤드의 균열에 의한 누수 : 실린더의 이상 유무 점검, 점검 도어를 통해 크랭크실 내부를 점검, 실린더 헤드의 수압 시험

2018년 2차

93 정박 중 터닝기어로 기관을 터닝하려 할 때 터닝이 잘 되지 않는다면 가장 먼저 확인해야 할 것은?

가. 시동밸브가 열려있는지를 확인 나. 흡기밸브가 열려있는지를 확인

사. 연료분사밸브가 열려있는지를 확인 아. 인디케이터 콕이 열려있는지를 확인

3-9 시동 시의 고장 원인과 대책

(1) 시동을 시켜도 기관이 회전하지 않음

① 시동 공기 탱크의 압력 저하 : 공기 압축기를 운전하여 시동 공기 압력을 올림

② 터닝 기어의 인터록 장치 작동 : 인터록 장치를 해지

③ 시동 공비 분배기의 조정 불량 : 타이밍 마크를 점검

④ 시동 위치에서 실린더의 시동 밸브가 작동되지 않음 : 시동 밸브를 점검

⑤ 윤활유의 점도가 너무 높음 : 윤활유의 점도를 조절

(2) 크랭크축은 회전하나 폭발이 없음

① 연료 분사 펌프의 래크가 고착 되거나 인덱스가 너무 낮음 : 레크의 위치를 점검, 연료 분사 펌프 로드의 연결 상태를 점검

② 연료유 공급 불량 : 연료 계통을 점검, 압력 확인

③ 연료 펌프로부터 연료 밸브까지의 배관에 공기가 유입됨 : 공기빼기 밸브를 열어 공기를 빼냄

④ 노즐의 구멍이 막힘 : 막힌 구멍을 뚫음

(3) 기관이 정상 시동 후 정지

① 조속기에 설정된 스피드 설정 압력이 너무 낮음 : 취급설명서를 참조하여 설정 압력을 높임

② 안전 장치의 작동 : 안전 장치의 기능을 복귀

③ 기관의 이상 검출 정지 장치에 의해 시동이 안됨 : 기관 작동 패널을 점검

(4) 연료유로 운전하고 있으나 연소가 불규칙적임

① 보조 송풍기 작동 불량 : 보조송풍기를 점검하고 정상 작동 시킴

② 연료유 공급 계통에 공기 배출이 이루어지지 않음 : 공기 빼기 밸브를 열러 공기를 배출시킴

③ 연료유에 물의 유입 : 연료유 서비스 탱크로부터 물을 배출(드레인 밸브를 염)

④ 실린더 연소 불량 : 배기 온도를 확인하여 온도가 올라가지 않는 실린더의 연료 분사 밸브를 점검 · 교체, 연료 분사 펌프 플런저 및 캠의 작동을 확인

2017년 1차

94 디젤기관에서 연료분사밸브가 누설되면 발생하는 현상으로 옳은 것은?

가. 배기온도가 내려가고 검은색 배기가 발생한다.

나. 배기온도가 올라가고 검은색 배기가 발생한다.

사. 배기온도가 내려가고 흰색 배기가 발생한다.

아. 배기온도가 올라가고 흰색 배기가 발생한다.

3-10 운전 중 비정상적인 상태와 그 대책

(1) 모든 실린더에서 배기 가스의 온도 상승

① 부하의 부적합 : 연료 펌프 래크의 인덱스틀 점검하여 부하 상태틀 점검

② 흡입 공기의 온도가 너무 높음(흡입 공기의 냉각 불량) : 냉각수의 유량을 증가시킴

③ 흡입 공기의 저항이 큼 : 공기 여과기를 점검, 공기 필터를 새 것으로 교환

④ 과급기의 상태 불량 : 과급기의 정상 여부를 점검

⑤ 배기구로부터 배압이 있음 : 배기구의 보호용 커버 제거 확인

(2) 특정 실린더에서 배기 온도가 높음

① 연료 분사 밸브나 노즐의 결함 : 밸브나 노즐 교체

② 배기 밸브의 누설 : 밸브를 교체하거나 분해 점검

(3) 배기 온도가 낮음

① 흡입 공기 온도가 너무 낮음 : 온도 조절용 3방향 밸브가 정상적으로 작동하는지 점검

94 나

② **연료 계통의 공기 혼입** : 공기 분리 밸브의 기능을 점검, 연료유 공급 펌프의 공기 누설 점검, 연료유 예열기의 증기 누설 여부를 점검

③ **연료 밸브의 고착** : 연료 밸브를 교체

(4) 폭발시 비정상적인 소음 발생

① **실린더 헤드 게스킷 부분에서의 가스 누출** : 실린더 헤드의 풀림을 점검하고, 필요하면 게스킷을 교환

② **실린더 헤드의 배기 플랜지에서의 가스 누출** : 게스킷을 교환, 팽창 조인트의 파손 점검

③ **연료 밸브와 실린더 헤드의 기밀 불량** : 연료 밸브를 들어 내어 헤드와의 시트 부분에 이물질이 있는지 점검

④ **연료 밸브가 막혔거나 니들 밸브의 오염** : 연료 밸브를 예비품으로 교환

(5) 유증기 배출관으로부터 대량의 가스 배출

① **피스톤, 베어링 등의 운동 부분의 소착** : 기관을 즉시 정지하고 점검

② **피스톤 링의 과대한 마멸** : 윤활유계와 냉각수계의 유량을 점검, 링 교체

(6) 기관의 운전 중 급정지

① **과속도 정지 장치의 작동** : 과속도 정지 장치를 리셋

② **연료에 물이 혼입** : 연료유 서비스 탱크의 드레인 밸브를 열어 물을 배출, 연료유 청정기의 작동 상태를 점검

③ **연료유의 압력 저하** : 연료계 및 연료 탱크 내 연료의 양을 점검

④ **조속기의 이상** : 조속기 점검

(7) 기관의 평소보다 심한 진동

① **위험 회전수에서 운전** , 위험 회전수 영역을 벗어나서 운전

② **각 실린더의 최고 압력이 고르지 않음** : 연료 분사 시기를 점검, 최고 압력 확인

③ **기관 베드의 설치 볼트가 이완 또는 절손** : 점검 후 이완부는 다시 조이고 절손된 것은 교체

④ **각 베어링의 큰 틈새** : 베어링의 틈새를 적절히 조절

⑤ **기관의 노킹 현상** : 노킹의 원인을 제거

(8) 기관에 들어가는 윤활유의 압력 저하

① **압력계에서의 윤활유 누설** : 압력계 및 연결부를 점검

② **윤활유 여과기가 막힘** : 여과기의 압력차 측정

③ **윤활유 압력 조절 밸브의 이상** : 압력 조절 밸브를 점검

(9) 메인 베어링의 발열

① 원인 : 베어링의 틈새 불량, 윤활유 부족 및 불량, 크랭크 축의 중심선 불일치

② 대책 : 윤활유를 공급하면서 기관을 냉각시킴, 베어링의 틈새를 적절히 조절

(10) 윤활유의 온도 상승

① 윤활유 온도 조절 밸브의 불량 : 온도 감지 부분의 고장을 점검

② 냉각수의 부족 또는 온도 상승 : 냉각수계를 점검

③ 마찰부의 이상 발열 : 운동부를 점검하여 발열 원인을 조사하고 수리

(11) 냉각수 계통의 고장

① 냉각수 온도 조절 밸브의 불량 : 온도 감지 부분의 고장을 점검 및 교체

② 저온도 냉각수의 유량 부족 : 저온도 냉각계를 점검

③ 냉각수 펌프 물 공급 불량 : 고온도 냉각계의 공기를 점검하고, 팽창 탱크내의 수위를 점검, 냉각수 펌프를 점검

④ 저온 냉각수 펌프의 압력 저하 : 저온 냉각수 계통, 특히 냉각수 펌프를 점검

(12) 연료 분사를 멈추어도 소음 발생

① 원인 : 로커 암 지지 핀의 소착, 흡·배기 밸브의 파손, 밸브 스프링의 파손

② 대책 : 기관을 즉시 정지, 파손된 부품을 교환

2017년 2차

95 운전중인 디젤기관에서 어느 한 실린더의 배기 온도가 상승한 경우의 원인으로 볼 수 있는 것은?

가. 과부하 운전　　　　　　　　나. 조속기 고장

사. 배기밸브의 누설　　　　　　아. 흡입공기의 냉각 불량

2017년 1차

96 디젤기관에서 배기가스의 온도가 상승하는 원인이 아닌 것은?

가. 과급기의 작동 불량　　　　　나. 흡입공기의 냉각 불량

사. 배기밸브의 누설　　　　　　아. 윤활유 압력의 저하

2017년 3차

97 디젤기관의 운전 중 운동부에서 심한 소리가 날 경우의 조치로 옳은 것은?

가. 연료유의 공급량을 늘린다.　　나. 윤활유의 압력을 낮춘다.

사. 기관의 회전수를 낮춘다.　　　아. 냉각수의 공급량을 줄인다.

---

 95 사　96 아　97 사

98 운전 중인 디젤기관이 갑자기 정지되었을 경우 그 원인이 아닌 것은?

가. 과속도 장치의 작동　　　　나. 연료유 여과기의 막힘

사. 시동밸브의 누설　　　　　　아. 조속기의 고장

99 운전중인 디젤기관에서 메인 베어링의 발열이 심할 때 응급조치 사항으로 가장 적절한 것은?

가. 윤활유를 공급하면서 기관을 서서히 정지시킨다.

나. 발열 부분의 냉각을 위해 냉각수의 압력을 높인다.

사. 발열 부분의 냉각을 위해 냉각수 펌프 2대 운전한다.

아. 발열 부분의 냉각을 위해 윤활유 펌프를 2대 운전한다.

100 디젤기관에서 실린더 내로 흡입되는 공기의 압력이 낮을 때 조치사항으로 가장 적절한 것은?

가. 과급기의 회전수를 낮춘다.

나. 과급기의 공기 필터를 소제한다.

사. 과급기의 냉각수 온도를 조정한다.

아. 공기 냉각기의 냉각수량을 감소시킨다.

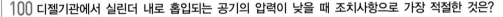

01 해사안전법

1-1 법의 목적과 용어의 정의

(1) 제1조(목적)

선박의 안전운항을 위한 안전관리체계를 확립, 해사안전 증진, 선박 항행의 안전

(2) 제2조(정의) : 용어의 정의

① **해사안전관리** : 선원·선박소유자 등 인적 요인, 선박·화물 등 물적 요인, 항행보조시설·안전제도 등 환경적 요인을 종합적·체계적으로 관리함으로써 선박의 운용과 관련된 모든 일에서 발생할 수 있는 사고로부터 사람의 생명·신체 및 재산의 안전을 확보하기 위한 모든 활동

② **선박** : 물에서 항행수단으로 사용하거나 사용할 수 있는 모든 종류의 배(물 위에서 이동할 수 있는 수상항공기와 수면비행선박을 포함)

③ **수상항공기** : 물 위에서 이동할 수 있는 항공기

④ **수면비행선박** : 표면효과 작용을 이용하여 수면 가까이 비행하는 선박

⑦ **거대선** : 길이 200미터 이상의 선박

⑧ **고속여객선** : 시속 15노트 이상으로 항행하는 여객선

⑨ **동력선** : 기관을 사용하여 추진하는 선박

⑩ **범선** : 돛을 사용하여 추진하는 선박

⑪ **어로에 종사하고 있는 선박** : 그물, 낚싯줄, 트롤망, 그 밖에 조종성능을 제한하는 어구를 사용하여 어로 작업을 하고 있는 선박

⑫ **조종불능선** : 선박의 조종성능을 제한하는 고장이나 그 밖의 사유로 조종을 할 수 없게 되어 다른 선박의 진로를 피할 수 없는 선박

⑬ **조종제한선** : 다음 각 목의 작업과 그 밖에 선박의 조종성능을 제한하는 작업에 종사하고 있어 다른 선박의 진로를 피할 수 없는 선박

　㉠ 항로표지, 해저전선 또는 해저파이프라인의 부설·보수·인양 작업

    ⓛ 준설·측량 또는 수중 작업

    ⓒ 항행 중 보급, 사람 또는 화물의 이송 작업

    ⓔ 항공기의 발착작업

    ⓜ 기뢰제거작업

    ⓗ 진로에서 벗어날 수 있는 능력에 제한을 많이 받는 예인작업

⑱ **통항로** : 선박의 항행안전을 확보하기 위하여 한쪽 방향으로만 항행할 수 있도록 되어 있는 일정한 범위의 수역

⑲ **제한된 시계** : 안개·연기·눈·비·모래바람 및 그 밖에 이와 비슷한 사유로 시계가 제한되어 있는 상태

⑳ **항행 중** : 선박이 다음 어느 하나에 해당하지 아니하는 상태

    ㉠ 정박

    ⓛ 항만의 안벽 등 계류시설에 매어 놓은 상태[계선부표나 정박하고 있는 선박에 매어 놓은 경우를 포함]

    ⓒ 얹혀 있는 상태

㉓ **길이** : 선체에 고정된 돌출물을 포함하여 선수의 끝단부터 선미의 끝단 사이의 최대 수평거리

㉔ **폭** : 선박 길이의 횡방향 외판의 외면으로부터 반대쪽 외판의 외면 사이의 최대 수평거리

㉕ **통항분리제도** : 선박의 충돌을 방지하기 위하여 통항로를 설정하거나 그 밖의 적절한 방법으로 한쪽 방향으로만 항행할 수 있도록 항로를 분리하는 제도

㉖ **분리선 또는 분리대** : 서로 다른 방향으로 진행하는 통항로를 나누는 선 또는 일정한 폭의 수역

㉗ **연안통항대** : 통항분리수역의 육지 쪽 경계선과 해안 사이의 수역

㉙ **대수속력** : 선박의 물에 대한 속력으로서 자기 선박 또는 다른 선박의 추진장치의 작용이나 그로 인한 선박의 타력에 의하여 생기는 것

2018년 1차

01 해사안전법상 거대선의 정의는?

가. 길이 100미터 이상인 선박

나. 길이 200미터 이상인 선박

사. 총톤수 100,000톤 이상인 선박

아. 총톤수 200,000톤 이상인 선박

2017년 2차

02 (   )에 적합한 것은?

> "해사안전법상 고속여객선이란 시속 (   ) 이상으로 항행하는 여객선을 말한다."

가. 10노트　　　　　　　　　　나. 15노트

사. 20노트　　　　　　　　　　아. 30노트

2017년 4차

03 해사안전법상 '어로에 종사하고 있는 선박'이 아닌 것은?

가. 투망중인 안강망 어선　　　　나. 양망중인 저인망 어선

사. 낚시를 드리우고 있는 채낚기 어선　아. 어장 이동을 위해 항행하는 통발 어선

2017년 4차

04 해사안전법상 항행 중 보급, 사람 또는 화물의 이송작업을 하는 선박은?

가. 조종불능선　　　　　　　　나. 조종제한선

사. 흘수제약선　　　　　　　　아. 이선작업선

2018년 1차

05 해사안전법상 항행 중인 상태는?

가. 정박

나. 얹혀있는 상태

사. 고장으로 표류하고 있는 상태

아. 항만의 안벽 등 계류시설에 매어 놓은 상태

2017년 3차

06 (   )에 적합한 것은?

> "해사안전법상 선박의 길이란 선체에 고정된 돌출물을 포함하여 선수의 끝단부터 선미의 끝단 사이의 (   )를 말한다."

가. 최대 수평거리　　　　　　　나. 최소 수평거리

사. 최대 수직거리　　　　　　　아. 최소 수직거리

2017년 3차

07 해사안전법상 서로 다른 방향으로 진행하는 통항로를 나누는 일정한 폭의 수역은?

가. 통항로　　　　　　　　　　나. 분리대

사. 분리선　　　　　　　　　　아. 연안통항대

02 나　03 아　04 나　05 사　06 가　07 나

08 해사안전법상 '통항분리제도'에서의 항행 원칙으로 옳지 않은 것은?

가. 통항로 안에서는 정하여진 진행방향으로 항행한다.

나. 통항로의 양끝단을 통하여 출입하는 것이 원칙이다.

사. 부득이한 사유로 통항로를 횡단하여야 하는 경우에는 통항로와 작은 각도로 횡단하여야
한다.

아. 길이 20미터 미만의 선박은 통항로를 따라 항행하고 있는 다른 선박의 항행을 방해하지
않아야 한다.

09 해사안전법상 통항분리수역의 육지쪽 경계선과 해안사이의 수역은?

가. 통항로   나. 분리선

사. 통항분리대   아. 연안통항대

10 해사안전법상 선박의 물에 대한 속력으로서 자기 선박 또는 다른 선박의 추진장치의 작용이나 그로
인한 선박의 타력에 의하여 생기는 것은?

가. 평균속력   나. 최저속력

사. 대지속력   아. 대수속력

1-2 교통안전특정해역 · 음주 측정 · 해양사고시 조치 사항

(1) 제10조(교통안전특정해역의 설정 등)

① 교통안전특정해역 : 대형 해양사고가 발생할 우려가 있는 해역

㉠ 해상교통량이 아주 많은 해역

㉡ 거대선, 위험화물운반선, 고속여객선 등의 통항이 잦은 해역

(2) 제12조(어업의 제한 등)

① 교통안전특정해역에서 어로 작업에 종사하는 선박은 항로지정제도에 따라 그 교통안
전특정해역을 항행하는 다른 선박의 통항에 지장을 주어서는 아니 된다.

② 교통안전특정해역에서는 어망 또는 그 밖에 선박의 통항에 영향을 주는 어구 등을 설
치하거나 양식어업을 하여서는 아니 된다.

(3) 제41조(술에 취한 상태에서의 조타기 조작 등 금지)

　⑤ 술에 취한 상태의 기준은 <u>혈중알코올농도 0.03퍼센트 이상</u>

(4) 제43조(해양사고가 일어난 경우의 조치)

　① 선장이나 선박소유자는 해양사고가 일어나 선박이 위험하게 되거나 다른 선박의 항행 안전에 위험을 줄 우려가 있는 경우에는 위험을 방지하기 위하여 신속하게 필요한 조치를 취하고, 해양사고의 발생 사실과 조치 사실을 지체 없이 <u>해양경찰서장이나 지방 해양수산청장에게 신고하여야 한다.</u>

2018년 2차

11 ( )에 적합한 것은?

> "해사안전법상 ( )에서 어망 또는 그밖에 선박의 통항에 영향을 주는 어구 등을 설치하거나 양식어업을 하여서는 아니된다."

가. 연해구역　　　　　　　　　　나. 통항분리수역
사. 교통안전특정해역　　　　　　아. 무역항의 수상구역

2018년 2차

12 해사안전법상 해양경찰청 소속 경찰공무원의 음주측정에 대한 설명으로 옳지 않은 것은?

가. 술에 취한 상태의 기준은 혈중알코올 농도 0.01퍼센트 이상으로 한다.
나. 다른 선박의 안전운항을 해칠 우려가 있는 경우에 측장할 수 있다.
사. 술에 취한 상태에서 조타기를 조작할 것을 지시하였을 경우 측정할 수 있다.
아. 측정결과에 불복하는 경우 동의를 받아 혈액채취 등의 방법으로 다시 측정할 수 있다.

2018년 1차

13 해사안전법상 해양사고가 발생한 경우의 조치사항으로 옳은 것은?

가. 좌초시 즉시 기관을 사용하여 이초한다.
나. 충돌시 즉시 기관을 후진시켜 두 선박을 분리한다.
사. 무선통신으로 인근 선박에 알린 후 즉시 퇴선한다.
아. 신속하게 필요한 조치를 취하고 해양경찰서장이나 지방해양수산청장에게 신고한다.

2018년 1차

14 해사안전법상 '술에 취한 상태'를 판별하는 기준은?

가. 체온　　　　　　　　　　　　나. 걸음걸이
사. 혈중 알코올 농도　　　　　　아. 실제 섭취한 알코올 양

 11 사　12 가　13 아　14 사

모든 시계상태에서의 항법

(1) 제63조(경계)

선박은 주위의 상황 및 다른 선박과 충돌할 수 있는 위험성을 충분히 파악할 수 있도록 시각·청각 및 당시의 상황에 맞게 이용할 수 있는 모든 수단을 이용하여 항상 적절한 경계를 하여야 한다.

(2) 제64조(안전한 속력)

① 선박은 다른 선박과의 충돌을 피하기 위하여 적절하고 효과적인 동작을 취하거나 당시의 상황에 알맞은 거리에서 선박을 멈출 수 있도록 항상 안전한 속력으로 항행

② 안전한 속력을 결정할 때 고려 사항 : 시계의 상태, 해상교통량의 밀도, 선박의 정지거리·선회성능, 항해에 지장을 주는 불빛의 유무, 바람·해면 및 조류의 상태와 항행장애물의 근접상태, 선박의 흘수와 수심과의 관계, 레이더의 특성 및 성능, 해면상태·기상 등

(3) 제66조(충돌을 피하기 위한 동작)

① 충분한 시간적 여유를 두고 적극적으로 조치

② 침로(針路)나 속력의 변경 : 다른 선박이 그 변경을 쉽게 알아볼 수 있도록 충분히 크게 변경, 침로나 속력을 소폭으로 연속적으로 변경하여서는 안됨

③ 넓은 수역에서의 충돌 회피동작 : 큰 각도로 침로를 변경

④ 다른 선박과의 사이에 안전한 거리 후 주의 깊게 확인

⑤ 필요하면 속력을 줄이거나 기관의 작동을 정지, 후진하여 선박의 진행을 완전히 멈춤

(4) 제67조(좁은 수로 등)

① 좁은 수로등의 오른편 끝 쪽에서 항행

② 길이 20미터 미만의 선박이나 범선 : 안쪽에서만 안전하게 항행할 수 있는 다른 선박의 통행을 방해 금지

③ 어로종사선박 : 수로 안쪽에서 항행하고 있는 다른 선박의 통항 방해 금지

④ 좁은 수로 등의 안쪽에서만 안전하게 항행할 수 있는 다른 선박의 통항을 방해하게 되는 경우 좁은 수로에서 횡단 금지

(5) 제68조(통항분리제도)

② 선박이 통항분리수역을 항행하는 경우

ㄱ 통항로 안에서는 정하여진 진행방향으로 항행할 것

ㄴ 분리선이나 분리대에서 될 수 있으면 떨어져서 항행할 것

ⓒ 통항로의 출입구를 통하여 출입하는 것을 원칙으로 하되, 통항로의 옆쪽으로 출입하는 경우에는 그 통항로에 대하여 정하여진 선박의 진행방향에 대하여 될 수 있으면 작은 각도로 출입할 것

③ 부득이한 사유로 그 통항로를 횡단하여야 하는 경우에는 그 통항로와 선수방향이 직각에 가까운 각도로 횡단

④ <u>연안통항대를 따라 항행할 수 있는 선박</u> : 길이 20미터 미만의 선박, 범선, 어로에 종사하고 있는 선박, 인접한 항구로 입항·출항하는 선박, 연안통항대 안에 있는 해양시설 또는 도선사의 승하선 장소에 출입하는 선박, 급박한 위험을 피하기 위한 선박

⑧ 선박은 통항분리수역과 그 출입구 부근에 정박(정박하고 있는 선박에 매어 있는 것을 포함한다)하여서는 아니 된다. 다만, 해양사고를 피하거나 인명이나 선박을 구조하기 위하여 부득이하다고 인정되는 사유가 있는 경우에는 그러하지 아니하다.

2018년 2차

15 해사안전법상 안전한 속력에 대한 설명으로 옳은 것은?

가. 좁은수로, 통항로, 항로에서만 지켜야 하는 속력이다.

나. 시정이 제한될 때에는 안전한 속력을 유지하되 정선하면 아니된다.

사. 최소 타효속력을 의미한다.

아. 선박은 항상 안전한 속력으로 항행하여야 한다.

2017년 4차

16 해사안전법상 '적절한 경계'에 대한 설명으로 옳지 않은 것은?

가. 이용할 수 있는 모든 수단을 이용한다.

나. 청각을 이용하는 것이 가장 효과적이다.

사. 선박 주위의 상황을 파악하기 위함이다.

아. 다른 선박과 충돌할 위험성을 파악하기 위함이다.

2018년 2차

17 해사안전법상 '다른 선박과의 충돌을 피하기 위한 동작으로 옳지 않은 것은?

가. 변침 동작은 될 수 있으면 크게 한다.

나. 충분한 시간적 여유를 두고 적극적으로 동작을 취한다.

사. 시간적 여유를 얻기 위하여 필요하면 기관의 작동을 정지하거나 선박의 진행을 완전히 멈춰서는 아니된다.

아. 안전한 거리를 두고 통과하기 위한 동작의 효과를 다른 선박이 완전히 통과할 때까지 주의 깊게 확인한다.

15 아 16 나 17 사

18 ( )에 적합한 것은?

"해사안전법상 길이 ( ) 미만의 선박이나 범선은 좁은 수로등의 안쪽에서만 안전하게 항행할 수 있는 다른 선박의 통행을 방해하여서는 아니 된다."

가. 10미터 　　　　　　　　　나. 20미터
사. 30미터 　　　　　　　　　아. 50미터

19 해사안전법상 연안통항대를 따라 항행하여서는 아니 되는 선박은?

가. 범선 　　　　　　　　　　나. 길이 25미터인 선박
사. 어로에 종사하고 있는 선박 　　아. 인접한 항구로 입항·출항하는 선박

1-4 선박이 서로 시계 안에 있는 때의 항법

(1) 제69조(적용)

이 절은 선박에서 다른 선박을 눈으로 볼 수 있는 상태에 있는 선박에 적용한다.

(2) 제70조(범선)

① 2척의 범선이 서로 접근하여 충돌할 위험이 있는 경우
　ㄱ 각 범선이 다른 쪽 현(舷)에 바람을 받고 있는 경우에는 좌현(左舷)에 바람을 받고 있는 범선이 다른 범선의 진로를 피함
　ㄴ 두 범선이 서로 같은 현에 바람을 받고 있는 경우에는 바람이 불어오는 쪽의 범선이 바람이 불어가는 쪽의 범선의 진로를 피함
　ㄷ 좌현에 바람을 받고 있는 범선은 바람이 불어오는 쪽에 있는 다른 범선을 본 경우로서 그 범선이 바람을 좌우 어느 쪽에 받고 있는지 확인할 수 없는 때에는 그 범선의 진로를 피함

(2) 제71조(추월)

① 추월선은 추월당하고 있는 선박을 완전히 추월하거나 그 선박에서 충분히 멀어질 때까지 그 선박의 진로를 피하여야 한다.
② 다른 선박의 양쪽 현의 정횡으로부터 22.5도를 넘는 뒤쪽[밤에는 다른 선박의 선미등만을 볼 수 있고 어느 쪽의 현등도 볼 수 없는 위치를 말한다]에서 그 선박을 앞지르는 선박은 추월선으로 보고 필요한 조치를 취하여야 한다.

③ 선박은 스스로 다른 선박을 추월하고 있는지 분명하지 아니한 경우에는 추월선으로 보고 필요한 조치를 취하여야 한다.

④ 추월하는 경우 2척의 선박 사이의 방위가 어떻게 변경되더라도 추월하는 선박은 추월이 완전히 끝날 때까지 추월당하는 선박의 진로를 피하여야 한다.

(3) 제72조(마주치는 상태)

① 2척의 동력선이 마주치거나 거의 마주치게 되어 충돌의 위험이 있을 때에는 각 동력선은 서로 다른 선박의 좌현 쪽을 지나갈 수 있도록 침로를 우현 쪽으로 변경하여야 한다.

② 마주치는 상태

  ㉠ 밤에는 2개의 마스트등을 일직선으로 또는 거의 일직선으로 볼 수 있거나 양쪽의 현등을 볼 수 있는 경우

  ㉡ 낮에는 2척의 선박의 마스트가 선수에서 선미까지 일직선이 되거나 거의 일직선이 되는 경우

③ 선박은 마주치는 상태에 있는지가 분명하지 아니한 경우에는 마주치는 상태에 있다고 보고 필요한 조치를 취하여야 한다.

(4) 제73조(횡단하는 상태)

2척의 동력선이 상대의 진로를 횡단하는 경우로서 충돌의 위험이 있을 때에는 다른 선박을 우현 쪽에 두고 있는 선박이 그 다른 선박의 진로를 피하여야 한다. 이 경우 다른 선박의 진로를 피하여야 하는 선박은 부득이한 경우 외에는 그 다른 선박의 선수 방향을 횡단하여서는 아니 된다.

(5) 제74조(피항선의 동작)

미리 동작을 크게 취하여 다른 선박으로부터 충분히 멀리 떨어져야 한다.

(6) 제75조(유지선의 동작)

① 2척의 선박 중 1척의 선박이 다른 선박의 진로를 피하여야 할 경우 다른 선박은 그 침로와 속력을 유지하여야 한다.

② 유지선은 피항선이 이 법에 따른 적절한 조치를 취하고 있지 아니하다고 판단하면 스스로의 조종만으로 피항선과 충돌하지 아니하도록 조치를 취할 수 있다. 이 경우 유지선은 부득이하다고 판단하는 경우 외에는 자기 선박의 좌현 쪽에 있는 선박을 향하여 침로를 왼쪽으로 변경하여서는 아니 된다.

③ 유지선은 피항선과 매우 가깝게 접근하여 해당 피항선의 동작만으로는 충돌을 피할 수 없다고 판단하는 경우에는 충돌을 피하기 위하여 충분한 협력을 하여야 한다.

(7) **제76조(선박 사이의 책무)**

② 항행 중인 동력선이 선박의 진로를 피해야 할 경우 : 조종불능선, 조종제한선, 어로에 종사하고 있는 선박, 범선

③ 항행 중인 범선이 선박의 진로를 피해야 할 경우 : 조종불능선, 조종제한선, 어로에 종사하고 있는 선박

④ 어로에 종사하고 있는 선박 중 항행 중인 선박이 진로를 피해야 할 경우 : 조종불능선, 조종제한선

⑤ 조종불능선이나 조종제한선이 아닌 선박은 부득이하다고 인정하는 경우 외에는 제86조에 따른 등화나 형상물을 표시하고 있는 흘수제약선의 통항을 방해하여서는 아니 된다.

⑥ 수상항공기는 될 수 있으면 모든 선박으로부터 충분히 떨어져서 선박의 통항을 방해하지 아니하도록 하되, 충돌할 위험이 있는 경우에는 이 법에서 정하는 바에 따라야 한다.

⑦ 수면비행선박은 선박의 통항을 방해하지 아니하도록 모든 선박으로부터 충분히 떨어져서 비행(이륙 및 착륙을 포함한다. 이하 같다)하여야 한다. 다만, 수면에서 항행하는 때에는 이 법에서 정하는 동력선의 항법을 따라야 한다.

2017년 4차

20 해사안전법상 서로 시계 안에서 항행 중인 범선이 반드시 진로를 피해야 하는 선박이 아닌 것은?

　가. 동력선 　　　　　　　　　　　나. 조종제한선

　사. 조종불능선 　　　　　　　　　아. 어로에 종사하고 있는 선박

2017년 3차

21 (　　　)에 적합한 것은?

> "해사안전법상 2척의 범선이 서로 접근하여 충돌할 위험이 있는 경우, 각 범선이 다른 쪽 현에 바람을 받고 있는 경우에는 (　　　)에 바람을 받고 있는 범선이 다른 범선의 진로를 피하여야 한다."

　가. 선수 　　　　　　　　　　　　나. 우현

　사. 좌현 　　　　　　　　　　　　아. 선미

2018년 1차

22 해사안전법상 서로 시계 안에 있는 2척의 동력선이 마주치는 상태로 충돌의 위험이 있을 때의 항법으로 옳은 것은?

　가. 큰 배가 작은 배를 피한다. 　　　나. 작은 배가 큰 배를 피한다.

　사. 서로 좌현 변침하여 피한다. 　　아. 서로 우현 변침하여 피한다.

23 ( )에 각각 적합한 것은?

> "해사안전법상 서로 시계 안에서 2척의 동력선이 마주치거나 거의 마주치게 되어 충돌의 위험이 있을 때에는 각 동력선은 서로 다른 선박의 ( )쪽을 지나갈 수 있도록 침로를 ( )쪽으로 변경하여야 한다."

가. 우현, 좌현   나. 좌현, 우현

사. 우현, 좌현   아. 좌현, 좌현

24 해사안전법상 항행중 우현 20도 부근에서 비스듬히 접근하며 내려오는 상대 선박을 발견하였을 때 본선이 취할 조치로서 옳은 것은?

가. 무조선 좌현 변침하여 멀리 떨어진다.

나. 특별히 규정된 것은 없으므로 적당히 상황을 봐서 행동한다.

사. 본선이 유지선이므로 변침하지 말고 그대로 진행한다.

아. 상대선을 관측한 컴퍼스 방위가 거의 변화가 없으면 우현변침하여 피항하여야 한다.

25 해사안전법상 서로 시계 안에서 동력선이 서로 횡단하는 상태에서의 항법으로 옳은 것을 〈보기〉에서 모두 고른 것은?

> ① 다른 선박의 녹색 등을 보는 선박이 피항선이다.
> ② 다른 선박을 우현 쪽에 두는 선박이 피항선이다.
> ③ 횡단 상태는 두 동력선의 침로가 교차된 상태이다.
> ④ 고장없이 정지 중에 있는 선박은 적용에서 제외된다.

가. ①, ②   나. ①, ③

사. ②, ③   아. ③, ④

1-5 제한된 시계에서 선박의 항법

(1) 제77조(제한된 시계에서 선박의 항법)

① 이 조는 시계가 제한된 수역 또는 그 부근을 항행하고 있는 선박이 서로 시계 안에 있지 아니한 경우에 적용한다.

② 모든 선박은 시계가 제한된 그 당시의 사정과 조건에 적합한 안전한 속력으로 항행하여야 하며, 동력선은 제한된 시계 안에 있는 경우 기관을 즉시 조작할 수 있도록 준비하고 있어야 한다.

③ 선박은 시계가 제한되어 있는 당시의 상황에 충분히 유의하여 항행하여야 한다.

④ 레이더만으로 다른 선박이 있는 것을 탐지한 선박은 해당 선박과 얼마나 가까이 있는지 또는 충돌할 위험이 있는지를 판단하여야 한다. 이 경우 해당 선박과 매우 가까이 있거나 그 선박과 충돌할 위험이 있다고 판단한 경우에는 충분한 시간적 여유를 두고 피항동작을 취하여야 한다.

⑤ 피항동작이 침로를 변경하는 것만으로 이루어질 경우에는 될 수 있으면 다음의 동작은 피하여야 한다.

   ㉠ 다른 선박이 자기 선박의 양쪽 현의 정횡 앞쪽에 있는 경우 좌현 쪽으로 침로를 변경하는 행위(추월당하고 있는 선박에 대한 경우는 제외)

   ㉡ 자기 선박의 양쪽 현의 정횡 또는 그곳으로부터 뒤쪽에 있는 선박의 방향으로 침로를 변경하는 행위

⑥ 충돌할 위험성이 없다고 판단한 경우 외에는 다음 내용의 어느 하나에 해당하는 경우 모든 선박은 자기 배의 침로를 유지하는 데에 필요한 최소한으로 속력을 줄여야 한다. 이 경우 필요하다고 인정되면 자기 선박의 진행을 완전히 멈추어야 하며, 어떠한 경우에도 충돌할 위험성이 사라질 때까지 주의하여 항행하여야 한다.

   ㉠ 자기 선박의 양쪽 현의 정횡 앞쪽에 있는 다른 선박에서 무중신호를 듣는 경우

   ㉡ 자기 선박의 양쪽 현의 정횡으로부터 앞쪽에 있는 다른 선박과 매우 근접한 것을 피할 수 없는 경우

2017년 2차

26 ( )에 순서대로 적합한 것은?

> "해사안전법상 선박은 접근하여 오는 다른 선박의 나침방위에 뚜렷한 변화가 있더라도 ( ) 또는 ( )에 종사하고 있는 선박에 접근하거나, 가까이 있는 다른 선박에 접근하는 경우에는 충돌을 방지하기 위하여 필요한 조치를 하여야 한다."

가. 소형선, 어로작업   나. 소형선, 예인작업
사. 거대선, 어로작업   아. 거대선, 예인작업

2017년 3차

27 해사안전법상 길이 12미터 이상의 어선이 정박하였을 때 주간에는 표시하는 것은?

가. 어선은 특별히 표시할 필요가 없다.
나. 앞쪽에 둥근꼴의 형상물 1개를 표시하여야 한다.
사. 둥근꼴의 형상물 2개를 가장 잘 보이는 곳에 표시하여야 한다.
아. 잘 보이도록 황색기 1개를 표시하여야 한다.

28 해사안전법상 피항선에 관한 설명으로 옳은 것은?

가. 항행 중인 대형 동력선과 소형 동력선이 서로 시계 안에 있을 때 대형 동력선이 피항선이다.

나. 어로에 종사하고 있는 선박과 항행 중인 동력선이 서로 시계 안에 있을 때 어로에 종사하고 있는 선박이 피항선이다.

사. 2척의 동력선이 서로 시계 안에 있으며 상대의 진로를 횡단하는 경우로서 충돌의 위험이 있을 때에는 다른 선박을 우현 쪽에 두고 있는 선박이 피항선이다.

아. 수면비행선박이 이륙하고 있을 때 동력선과 서로 시계 안에 있으면 동력선이 피항선이다.

1-6 등화의 점등 시기와 종류

(1) 제78조(적용)

등화의 점등 시기 : 모든 날씨에서 적용, 해뜨는 시각부터 해지는 시각까지도 제한된 시계에서는 등화를 표시, 제한시계 내

(2) 제79조(등화의 종류)

① **마스트등** : 선수와 선미의 중심선상에 설치되어 225도에 걸치는 수평의 호를 비추되, 그 불빛이 정선수 방향으로부터 양쪽 현의 정횡으로부터 뒤쪽 22.5도까지 비출 수 있는 흰색 등

② **현등** : 정선수 방향에서 양쪽 현으로 각각 112.5도에 걸치는 수평의 호를 비추는 등화로서 그 불빛이 정선수 방향에서 좌현 정횡으로부터 뒤쪽 22.5도까지 비출 수 있도록 좌현에 설치된 붉은색 등과 그 불빛이 정선수 방향에서 우현 정횡으로부터 뒤쪽 22.5도까지 비출 수 있도록 우현에 설치된 녹색 등

③ **선미등** : 135도에 걸치는 수평의 호를 비추는 흰색 등으로서 그 불빛이 정선미 방향으로부터 양쪽 현의 67.5도까지 비출 수 있도록 선미 부분 가까이에 설치된 등

④ **예선등** : 선미등과 같은 특성을 가진 황색 등

⑤ **전주등** : 360도에 걸치는 수평의 호를 비추는 등화. 다만, 섬광등은 제외

⑥ **섬광등** : 360도에 걸치는 수평의 호를 비추는 등화로서 일정한 간격으로 1분에 120회 이상 섬광을 발하는 등

⑦ **양색등** : 선수와 선미의 중심선상에 설치된 붉은색과 녹색의 두 부분으로 된 등화로서 그 붉은색과 녹색 부분이 각각 현등의 붉은색 등 및 녹색 등과 같은 특성을 가진 등

⑧ **삼색등** : 선수와 선미의 중심선상에 설치된 붉은색·녹색·흰색으로 구성된 등으로서 그 붉은색·녹색·흰색의 부분이 각각 현등의 붉은색 등과 녹색 등 및 선미등과 같은 특성을 가진 등

▣ 등화의 가시거리(국제해상충돌예방규칙 22조)

(1) 길이 50미터 이상의 선박

① 마스트등 : 6마일
② 현등 : 3마일
③ 선미등 : 3마일
④ 예선등 : 3마일
⑤ 전주등으로서 백등, 홍등, 녹등, 황등 : 3마일

(2) 길이 12미터 이상 50미터 미만의 선박

① 마스트등 : 5마일(길이 20미터 미만인 경우에는 3마일)
② 현등 : 2마일
③ 선미등 : 2마일
④ 예선등 : 2마일
⑤ 전주등으로서 백등, 홍등, 녹등, 황등 : 2마일

(3) 길이 12미터 미만의 선박

① 마스트등 : 2마일
② 현등 : 1마일
③ 선미등 : 2마일
④ 예선등 : 2마일
⑤ 전주등으로서 백등, 홍등, 녹등, 황등 : 2마일

(4) 현저하게 상당 부분이 침하되는 선박 및 피예인 물체

전주등으로서 백등 3마일

2018년 2차

29 해사안전법상 길이 12미터 미만 선박의 현등의 최소 가시거리 기준은?

가. 1마일   나. 2마일
사. 3마일   아. 4마일

2018년 2차

30 (   )에 적합한 것은?

"해사안전법상 전주등이란 (   )도에 걸치는 수평의 호를 비추는 등화를 말한다."

가. 360   나. 300
사. 225   아. 135

---

31 해사안전법상 선박의 등화에 대한 설명으로 옳지 않은 것은?

가. 마스트등은 흰색 등이다.　　　나. 오른쪽 현등은 녹색 등이다.

사. 왼쪽 현등은 붉은색 등이다.　　아. 선미등은 황색 등이다.

32 해사안전법상 '섬광등'의 정의는?

가. 선수쪽 225도의 사광범위를 갖는 등

나. 선미쪽 135도의 사광범위를 갖는 등

사. 360도에 걸치는 수평의 호를 비추는 등화로서 일정한 간격으로 1분에 120회 이상 섬광을 발하는 등

아. 360도에 걸치는 수평의 호를 비추는 등화로서 일정한 간격으로 1분에 60회 이상 섬광을 발하는 등

33 해사안전법상 360도에 걸치는 수평의 호를 비추는 등화는?

가. 현등　　　　　　　　　　　나. 전주등

사. 선미등　　　　　　　　　　아. 마스트등

1-7　등화 및 형상물 표시

(1) 제80조(등화 및 형상물의 기준)

등화의 가시거리·광도 등 기술적 기준, 등화·형상물의 구조와 설치할 위치 등에 관하여 필요한 사항은 해양수산부장관이 정하여 고시

(2) 제81조(항행 중인 동력선)

① 항행 중인 동력선의 등화 표시 : 앞쪽에 마스트등 1개와 그 마스트등보다 뒤쪽의 높은 위치에 마스트등 1개, 현등 1쌍(길이 20미터 미만의 선박은 이를 대신하여 양색등을 표시할 수 있다), 선미등 1개

② 수면에 떠있는 상태로 항행 중인 선박 : 황색의 섬광등 1개

③ 수면비행선박의 비행 : 고광도 홍색 섬광등 1개

④ 길이 12미터 미만의 동력선 : 흰색 전주등 1개와 현등 1쌍

⑤ 길이 7미터 미만이고 최대속력이 7노트 미만인 동력선 : 흰색 전주등 1개만을 표시할 수 있으며, 가능한 경우 현등 1쌍도 표시

31 아　32 사　33 나

⑥ 길이 12미터 미만인 동력선 : 마스트등이나 흰색 전주등을 선수와 선미의 중심선상에 표시하는 것이 불가능할 경우에는 그 중심선 위에서 벗어난 위치에 표시

(3) 제82조(항행 중인 예인선)

① 동력선이 다른 선박이나 물체를 끌고 있는 경우

㉠ 마스트등 2개나 3개

㉡ 현등 1쌍

㉢ 선미등 1개

㉣ 선미등의 위쪽에 수직선 위로 예선등 1개

㉤ 예인선열의 길이가 200미터를 초과하면 가장 잘 보이는 곳에 마름모꼴의 형상물 1개

② 다른 선박을 밀거나 옆에 붙여서 끌고 있는 동력선 : 마스트등 2개, 현등 1쌍, 선미등 1개

③ 끌려가고 있는 선박이나 물체 : 현등 1쌍, 선미등 1개, 예인선열의 길이가 200미터를 초과하면 가장 잘 보이는 곳에 마름모꼴의 형상물 1개

④ 2척 이상의 선박이 한 무리가 되어 밀려가거나 옆에 붙어서 끌려갈 경우

㉠ 앞쪽으로 밀려가고 있는 선박의 앞쪽 끝에 현등 1쌍

㉡ 옆에 붙어서 끌려가고 있는 선박은 선미등 1개와 그의 앞쪽 끝에 현등 1쌍

(4) 제83조(항행 중인 범선 등)

① 항행 중인 범선 : 현등 1쌍, 선미등 1개

② 항행 중인 길이 20미터 미만의 범선 : 삼색등 1개

(5) 제84조(어선)

① 항망이나 그 밖의 어구를 수중에서 끄는 트롤망어로에 종사하는 선박

㉠ 수직선 위쪽에는 녹색, 그 아래쪽에는 흰색 전주등 각 1개 또는 수직선 위에 2개의 원뿔을 그 꼭대기에서 위아래로 결합한 형상물 1개

㉡ 위의 녹색 전주등보다 뒤쪽의 높은 위치에 마스트등 1개

㉢ 대수속력이 있는 경우 : 현등 1쌍과 선미등 1개 추가

② 어로에 종사하는 선박

㉠ 수직선 위쪽에는 붉은색, 아래쪽에는 흰색 전주등 각 1개 또는 수직선 위에 두 개의 원뿔을 그 꼭대기에서 위아래로 결합한 형상물 1개

㉡ 수평거리로 150미터가 넘는 어구를 선박 밖으로 내고 있는 경우에는 어구를 내고 있는 방향으로 흰색 전주등 1개 또는 꼭대기를 위로 한 원뿔꼴의 형상물 1개

㉢ 대수속력이 있는 경우 : 현등 1쌍과 선미등 1개 추가

③ 트롤망어로와 선망어로에 종사하고 있는 선박 : 수직선상 상부에 녹색, 하부에 백색 전
   주등

(6) 제85조(조종불능선과 조종제한선)

① 조종불능선

    ㉠ <u>가장 잘 보이는 곳에 수직으로 붉은색 전주등 2개</u>

    ㉡ 가장 잘 보이는 곳에 수직으로 둥근꼴이나 그와 비슷한 형상물 2개

    ㉢ 대수속력이 있는 경우 : 현등 1쌍과 선미등 1개 추가

② 조종제한선

    ㉠ 가장 잘 보이는 곳에 수직으로 위쪽과 아래쪽에는 붉은색 전주등, 가운데에는 흰
        색 전주등 각 1개

    ㉡ 가장 잘 보이는 곳에 수직으로 위쪽과 아래쪽에는 둥근꼴, 가운데에는 마름모꼴의
        형상물 각 1개

    ㉢ 대수속력이 있는 경우 : ㉠에 덧붙여 마스트등 1개, 현등 1쌍 및 선미등 1개 추가

    ㉣ 정박 중 : ㉠과 ㉡에 덧붙여 마스트등 1개, 현등 1쌍 및 선미등 1개 추가

(7) 제86조(흘수제약선)

동력선의 등화에 덧붙여 가장 잘 보이는 곳에 <u>붉은색 전주등 3개</u>를 수직으로 표시하거나
원통형의 형상물 1개를 표시

(8) 제87조(도선선)

① 도선업무에 종사하고 있는 선박

    ㉠ <u>마스트의 꼭대기나 그 부근에 수직선 위쪽에는 흰색 전주등, 아래쪽에는 붉은색</u>
        <u>전주등 각 1개</u>

    ㉡ 항행 중에는 제1호에 따른 등화에 덧붙여 현등 1쌍과 선미등 1개

    ㉢ 정박 중에는 제1호에 따른 등화에 덧붙여 제88조에 따른 정박하고 있는 선박의 등
        화나 형상물

② 도선선이 도선업무에 종사하지 아니할 때 : 그 선박과 같은 길이의 선박이 표시하여야
    할 등화나 형상물을 표시

(9) 제88조(정박선과 얹혀 있는 선박)

① 정박 중인 선박은 가장 잘 보이는 곳에 다음 각 호의 등화나 형상물을 표시하여야 한다.

    ㉠ 앞쪽에 흰색의 전주등 1개 또는 둥근꼴의 형상물 1개

    ㉡ 선미나 그 부근에 제1호에 따른 등화보다 낮은 위치에 흰색 전주등 1개

② 길이 50미터 미만인 선박 : 가장 잘 보이는 곳에 흰색 전주등 1개

③ 정박 중인 선박 : 갑판을 조명하기 위하여 작업등 또는 이와 비슷한 등화를 사용

④ 얹혀 있는 선박

　　ㄱ 수직으로 붉은색의 전주등 2개

　　ㄴ 수직으로 둥근꼴의 형상물 3개

2018년 2차

34 ( )에 적합한 것은?

> "해사안전법상 수면에 떠 있는 상태로 항행 중인 공기부양선은 항행 중인 동력선에 따른 등화에 덧붙여 사방을 비출 수 있는 ( ) 1개를 표시하여야 한다."

가. 황색의 섬광등　　　　　　　나. 황색의 전주등
사. 홍색의 섬광등　　　　　　　아. 홍색의 전주등

2017년 2차

35 ( )에 적합한 것은?

> "해사안전법상 조종불능선은 가장 잘 보이는 곳에 수직으로 ( )를 표시하여야 한다."

가. 황색 전주등 1개　　　　　　나. 황색 전주등 2개
사. 붉은색 전주등 1개　　　　　아. 붉은색 전주등 2개

2018년 1차

36 해사안전법상 야간에 조종성능을 제한하는 장어통발 어구를 해수 중에 투입하여 어로작업을 하는 선박이 표시해야 할 등화는?

가. 수직선상 위쪽에는 붉은색, 아래쪽에는 흰색 전주등 각 1개

나. 수직선상 위쪽에는 녹색, 아래쪽에는 흰색 전주등 각 1개

사. 수직선상 위쪽에는 붉은색, 아래쪽에는 녹색 전주등 각 1개

아. 수직선상 흰색, 전주등 2개

2017년 1차

37 해사안전법상 선수, 선미에 각각 백색의 전주등 1개씩과 수직선상에 홍등 2개를 켜고 있는 선박은 어떤 상태의 선박인가?

가. 정박선　　　　　　　　　　나. 얹혀 있는 선박
사. 조종불능선　　　　　　　　아. 어선

38 해사안전법상 예인선열의 길이가 200미터를 초과하면, 예인 작업에 종사하는 동력선이 표시하여야 하는 형상물은?

가. 마름모꼴 형상물 1개   나. 마름모꼴 형상물 2개

사. 마름모꼴 형상물 3개   아. 마름모꼴 형상물 4개

39 해사안전법상 야간에 가장 잘 보이는 곳에 붉은색 전주등 3개를 수직으로 표시하고 있는 선박은?

가. 조종제한선   나. 어로에 종사하고 있는 선박

사. 조종불능선   아. 흘수제약선

40 해사안전법상 항행 중 기관 고장으로 조종을 할 수 없게 되었을 때의 표시 등화는?

가. 선수부에 홍색 전주등 1개

나. 선미부에 홍색 전주등 1개

사. 가장 잘 보이는 곳에 수직으로 홍색 전주등 2개

아. 가장 잘 보이는 곳에 수직으로 홍색 전주등 3개

41 (   )에 순서대로 적합한 것은?

> "해사안전법상 도선업무를 하고 있는 선박은 미스트의 꼭대기나 그 부근에 수직선 위쪽에는 (   ), 아래쪽에는 (   ) 각 1개를 표시하여야 한다."

가. 흰색 전주등, 붉은색 전주등   나. 붉은색 전주등, 흰색 전주등

사. 흰색 전주등, 녹색 전주등   아. 녹색 전주등, 흰색 전주등

42 해사안전법상 '얹혀 있는 선박'의 주간 형상물은?

가. 가장 잘 보이는 곳에 수직으로 원통형 형상물 2개

나. 가장 잘 보이는 곳에 수직으로 원통형 형상물 3개

사. 가장 잘 보이는 곳에 수직으로 둥근형 형상물 2개

아. 가장 잘 보이는 곳에 수직으로 둥근형 형상물 3개

음향신호와 발광신호

(1) 제90조(기적의 종류)

① 단음 : 1초 정도 계속되는 고동소리

② 장음 : 4초부터 6초까지의 시간 동안 계속되는 고동소리

(2) 제92조(조종신호와 경고신호)

① 항행 중인 동력선의 기적신호

  ㉠ 침로를 오른쪽으로 변경하고 있는 경우 : 단음 1회

  ㉡ 침로를 왼쪽으로 변경하고 있는 경우 : 단음 2회

  ㉢ 기관을 후진하고 있는 경우 : 단음 3회

② 항행 중인 동력선의 발광신호

  ㉠ 침로를 오른쪽으로 변경하고 있는 경우 : 섬광 1회

  ㉡ 침로를 왼쪽으로 변경하고 있는 경우 : 섬광 2회

  ㉢ 기관을 후진하고 있는 경우 : 섬광 3회

③ 섬광의 지속시간 및 섬광과 섬광 사이의 간격은 1초 정도로 하되, 반복되는 신호 사이의 간격은 10초 이상으로 하며, 이 발광신호에 사용되는 등화는 적어도 5해리의 거리에서 볼 수 있는 흰색 전주등

④ 좁은 수로 등에서 서로 상대의 시계 안에 있는 경우 기적신호

  ㉠ 다른 선박의 우현 쪽으로 추월하려는 경우에는 장음 2회와 단음 1회의 순서로 의사를 표시할 것

  ㉡ 다른 선박의 좌현 쪽으로 추월하려는 경우에는 장음 2회와 단음 2회의 순서로 의사를 표시할 것

  ㉢ 추월당하는 선박이 다른 선박의 추월에 동의할 경우에는 장음 1회, 단음 1회의 순서로 2회에 걸쳐 동의의사를 표시할 것

⑤ 서로 상대의 시계 안에 있는 선박이 접근하고 있을 경우

  ㉠ 하나의 선박이 다른 선박의 의도 또는 동작을 이해할 수 없거나 다른 선박이 충돌을 피하기 위하여 충분한 동작을 취하고 있는지 분명하지 아니한 경우에는 그 사실을 안 선박이 즉시 기적으로 단음을 5회 이상 재빨리 울려 그 사실을 표시

  ㉡ 의문신호는 5회 이상의 짧고 빠르게 섬광을 발하는 발광신호로써 보충

⑥ 좁은 수로등의 굽은 부분이나 장애물 때문에 다른 선박을 볼 수 없는 수역에 접근하는 선박

  ㉠ 장음으로 1회의 기적신호

ⓛ 선박에 접근하고 있는 다른 선박이 굽은 부분의 부근이나 장애물의 뒤쪽에서 그 기적신호를 들은 경우에는 장음 1회의 기적신호를 울려 이에 응답

⑦ 100미터 이상 거리를 두고 둘 이상의 기적을 갖추어 두고 있는 선박이 조종신호 및 경고신호를 울릴 때에는 그 중 하나만을 사용

(3) 제93조(제한된 시계 안에서의 음향신호)

① 시계가 제한된 수역이나 그 부근에 있는 모든 선박

　ㄱ. <u>항행 중인 동력선</u> : 대수속력이 있는 경우 2분을 넘지 아니하는 간격으로 장음 1회

　ㄴ. <u>항행 중인 동력선</u> : 정지하여 대수속력이 없는 경우에는 장음 사이의 간격을 2초 정도로 연속하여 장음을 2회 울리되, 2분을 넘지 아니하는 간격으로 울려야 한다.

　ㄷ. 조종불능선, 조종제한선, 흘수제약선, 범선, 어로 작업을 하고 있는 선박 또는 다른 선박을 끌고 있거나 밀고 있는 선박 : 제1호와 제2호에 따른 신호를 대신하여 2분을 넘지 아니하는 간격으로 연속하여 3회의 기적(장음 1회에 이어 단음 2회)

　ㄹ. 끌려가고 있는 선박(2척 이상의 선박이 끌려가고 있는 경우에는 제일 뒤쪽의 선박)은 승무원이 있을 경우에는 2분을 넘지 아니하는 간격으로 연속하여 4회의 기적(장음 1회에 이어 단음 3회를 말한다)을 울릴 것

　ㅁ. **정박 중인 선박** : 1분을 넘지 아니하는 간격으로 5초 정도 재빨리 호종을 울릴 것

　ㅂ. 얹혀 있는 선박 중 길이 100미터 미만의 선박 : 1분을 넘지 아니하는 간격으로 재빨리 호종을 5초 정도 울림과 동시에 그 직전과 직후에 호종을 각각 3회 똑똑히 울릴 것

　ㅅ. 얹혀 있는 선박 중 길이 100미터 이상의 선박은 그 앞쪽에서 1분을 넘지 아니하는 간격으로 재빨리 호종을 5초 정도 울림과 동시에 그 직전과 직후에 호종을 각각 3회씩 똑똑히 울리고, 뒤쪽에서는 그 호종의 마지막 울림 직후에 재빨리 징을 5초 정도 울릴 것

　ㅇ. 도선선이 도선업무를 하고 있는 경우에는 제1호, 제2호 또는 제5호에 따른 신호에 덧붙여 <u>단음 4회로 식별신호</u>를 할 수 있다.

2017년 2차

43 해사안전법에서 규정하고 있는 장음과 단음에 대한 설명으로 옳은 것은?

　가. 단음 : 약 1초 정도 계속되는 고동소리

　나. 단음 : 약 3초 정도 계속되는 고동소리

　사. 단음 : 약 8초 정도 계속되는 고동소리

　아. 단음 : 약 10초 정도 계속되는 고동소리

43 가

44 해사안전법상 단음은 몇 초 정도 계속되는 고동소리인가?

가. 1초　　　　　　　　　　나. 2초

사. 4초　　　　　　　　　　아. 6초

45 해사안전법상 항행 중인 동력선이 대수속력이 있는 경우 안개로 시계가 제한되었을 때 울리는 신호는?

가. 장음 1회 단음 3회

나. 단음 1회 장음 1회 단음 1회

사. 2분을 넘지 않는 간격으로 장음 1회

아. 2분을 넘지 않는 간격으로 장음 2회

46 해사안전법상 가까이 있는 다른 선박으로부터 단음 2회의 기적신호를 들었을 때 그 선박이 취하고 있는 동작은?

가. 우현변침　　　　　　　　나. 좌현변침

사. 감속　　　　　　　　　　아. 침로유지

47 해사안전법상 서로 시계 안에 있는 선박이 접근하고 있을 경우, 하나의 선박이 다른 선박의 의도 또는 동작을 이해할 수 없을 때 울리는 기적신호는?

가. 장음 5회 이상　　　　　　나. 장음 3회 이상

사. 단음 5회 이상　　　　　　아. 단음 3회 이상

48 해사안전법에서 좁은 수로 등의 굽은 부분에 접근하는 선박이 울리는 기적 신호는?

가. 단음 1회　　　　　　　　나. 장음 1회

사. 단음 3회　　　　　　　　아. 장음 3회

02 선박의 입항 및 출항 등에 관한 법률

2-1 법의 목적과 용어의 정의

(1) 제1조(목적)

선박의 입항·출항에 대한 지원, 선박운항의 안전 및 질서 유지

(2) 제2조(정의) : 용어의 뜻

① **무역항** : 국민경제와 공공의 이해에 밀접한 관계가 있고 주로 외항선이 입항·출항하는 항만으로서 대통령령으로 정한 항만으로 해양수산부장관이 지정

② **무역항의 수상구역 등** : 무역항의 수상구역과 항로·정박지·선유장·선회장 등 수역시설로서 해양수산부장관이 지정·고시한 것(「항만법」 제2조 제5호)

③ **예선** : 예인선 중 무역항에 출입하거나 이동하는 선박을 끌어당기거나 밀어서 이안·접안·계류를 보조하는 선박

④ **우선피항선** : 주로 무역항의 수상구역에서 운항하는 선박으로서 다른 선박의 진로를 피하여야 하는 선박

    ㉠ 「선박법」에 따른 **부선**(艀船)[예인선이 부선을 끌거나 밀고 있는 경우의 예인선 및 부선을 포함하되, 예인선에 결합되어 운항하는 압항부선(押航艀船)은 제외한다]

    ㉡ 주로 노와 삿대로 운전하는 선박

    ㉢ 예선

    ㉣ 항만운송관련사업을 등록한 자가 소유한 선박

    ㉤ 해양환경관리업을 등록한 자가 소유한 선박(폐기물해양배출업으로 등록한 선박은 제외)

    ㉥ 위 규정에 해당하지 아니하는 **총톤수 20톤 미만의 선박**

⑥ **정박** : 선박이 해상에서 닻을 바다 밑바닥에 내려놓고 운항을 멈추는 것

⑧ **정류** : 선박이 해상에서 일시적으로 운항을 멈추는 것

⑨ **계류** : 선박을 다른 시설에 붙들어 매어 놓는 것

⑩ 계선 : 선박이 운항을 중지하고 정박하거나 계류하는 것

⑪ 항로 : 선박의 출입 통로로 이용하기 위하여 제10조에 따라 지정·고시한 수로

⑫ 위험물 : 화재·폭발 등의 위험이 있거나 인체 또는 해양환경에 해를 끼치는 물질로서 해양수산부령으로 정하는 것

⑭ 선박교통관제 : 무역항의 수상구역등에서 선박교통의 안전과 효율성 증진 및 환경 보호를 위하여 선박을 탐지하거나 선박과 통신할 수 있는 설비를 설치·운영하고 필요한 조치를 하는 것

2017년 4차

49 선박의 입항 및 출항 등에 관한 법률상 우선피항선이 아닌 것은?

가. 예선
나. 수면비행선박
사. 주로 삿대로 운전하는 선박
아. 주로 노로 운전하는 선박

2018년 1차

50 선박의 입항 및 출항 등에 관한 법률상 선박이 해상에서 닻을 바다 밑바닥에 내려놓고 운항을 멈추는 것은?

가. 계선
나. 정박
사. 정류
아. 정지

2017년 4차

51 선박의 입항 및 출항 등에 관한 법률상 선박이 해상에서 일시적으로 운항을 멈추는 것은?

가. 정박
나. 정류
사. 계류
아. 계선

2-2 입항·출항 및 정박

(1) 제4조(출입 신고)

① 무역항의 수상구역등에 출입하려는 선박의 선장은 대통령령으로 정하는 바에 따라 해양수산부장관에게 신고

> **시행령 제2조(출입 신고)**
> ① 내항선(국내에서만 운항하는 선박을 말한다)이 무역항의 수상구역등의 안으로 입항하는 경우에는 입항 전에, 무역항의 수상구역등의 밖으로 출항하려는 경우에는 출항 전에 해양수산부령으로 정하는 바에 따라 내항선 출입 신고서를 해양수산부장관에게 제출할 것

② 외항선(국내항과 외국항 사이를 운항하는 선박을 말한다)이 무역항의 수상구역등의 안으로 입항하는 경우에는 입항 전에, 무역항의 수상구역등의 밖으로 출항하려는 경우에는 출항 전에 해양수산부령으로 정하는 바에 따라 외항선 출입 신고서를 해양수산부장관에게 제출할 것

③ 무역항을 출항한 선박이 피난, 수리 또는 그 밖의 사유로 출항 후 12시간 이내에 출항한 무역항으로 귀항하는 경우에는 그 사실을 적은 서면을 해양수산부장관에게 제출할 것

④ 선박이 해양사고를 피하기 위한 경우나 그 밖의 부득이한 사유로 무역항의 수상구역등의 안으로 입항하거나 무역항의 수상구역 등의 밖으로 출항하는 경우에는 그 사실을 적은 서면을 해양수산부장관에게 제출할 것

출입 신고의 면제 선박

① 총톤수 5톤 미만의 선박

② 해양사고구조에 사용되는 선박

③ 「수상레저안전법」 제2조 제3호에 따른 수상레저기구 중 국내항 간을 운항하는 모터보트 및 동력요트

④ 그 밖에 공공목적이나 항만 운영의 효율성을 위하여 해양수산부령으로 정하는 선박

(2) 제5조(정박지의 사용 등)

① 해양수산부장관은 무역항의 수상구역등에 정박하는 선박의 종류·톤수·흘수 또는 적재물의 종류에 따른 정박구역 또는 정박지를 지정·고시할 수 있다.

② 무역항의 수상구역등에 정박하려는 선박(우선피항선은 제외한다)은 제1항에 따른 정박구역 또는 정박지에 정박하여야 한다. 다만, 해양사고를 피하기 위한 경우 등 해양수산부령으로 정하는 사유가 있는 경우에는 그러하지 아니하다.

③ 우선피항선은 다른 선박의 항행에 방해가 될 우려가 있는 장소에 정박하거나 정류하여서는 아니 된다.

④ 제②항 단서에 따라 정박구역 또는 정박지가 아닌 곳에 정박한 선박의 선장은 즉시 그 사실을 해양수산부장관에게 신고하여야 한다.

(3) 제6조(정박의 제한 및 방법 등)

① 정박·정류 등의 제한

㉠ 부두·잔교·안벽·계선부표·돌핀 및 선거의 부근 수역

㉡ 하천, 운하 및 그 밖의 좁은 수로와 계류장 입구의 부근 수역

② 정박·정류 등의 제한 예외

㉠ 해양사고를 피하기 위한 경우

㉡ 선박의 고장이나 그 밖의 사유로 선박을 조종할 수 없는 경우

  © 인명을 구조하거나 급박한 위험이 있는 선박을 구조하는 경우

  © 제41조에 따른 허가를 받은 공사 또는 작업에 사용하는 경우

 ③ 제①항에 따른 선박의 정박 또는 정류의 제한 외에 무역항별 무역항의 수상구역등에서의 정박 또는 정류 제한에 관한 구체적인 내용은 해양수산부장관이 정하여 고시한다.

 ④ 무역항의 수상구역등에 정박하는 선박은 지체 없이 예비용 닻을 내릴 수 있도록 닻 고정장치를 해제하고, 동력선은 즉시 운항할 수 있도록 기관의 상태를 유지하는 등 안전에 필요한 조치를 하여야 한다.

 ⑤ 해양수산부장관은 정박하는 선박의 안전을 위하여 필요하다고 인정하는 경우에는 무역항의 수상구역 등에 정박하는 선박에 대하여 정박 장소 또는 방법을 변경할 것을 명할 수 있다.

(4) 제7조(선박의 계선 신고 등)

 ① 총톤수 20톤 이상의 선박을 무역항의 수상구역등에 계선하려는 자는 해양수산부령으로 정하는 바에 따라 해양수산부장관에게 신고하여야 한다.

 ② 제①항에 따라 선박을 계선하려는 자는 해양수산부장관이 지정한 장소에 그 선박을 계선하여야 한다.

 ③ 해양수산부장관은 계선 중인 선박의 안전을 위하여 필요하다고 인정하는 경우에는 그 선박의 소유자나 임차인에게 안전 유지에 필요한 인원의 선원을 승선시킬 것을 명할 수 있다.

(5) 제8조(선박의 이동명령)

해양수산부장관은 다음 각 호의 경우에는 무역항의 수상구역등에 있는 선박에 대하여 해양수산부장관이 정하는 장소로 이동할 것을 명할 수 있다.

 ① 무역항을 효율적으로 운영하기 위하여 필요하다고 판단되는 경우

 ② 전시·사변이나 그에 준하는 국가비상사태 또는 국가안전보장에 있어서 필요하다고 판단되는 경우

---

52 ( )에 적합한 것은?

> 선박의 입항 및 출항 등에 관한 법률상 총톤수 ( )톤 이상의 선박을 무역항의 수상구역등에 계선하려는 자는 해양수산부령으로 정하는 바에 따라 해양수산부장관에게 신고하여야 한다.

가. 10   나. 20

사. 30   아. 40

53 선박의 입항 및 출항 등에 관한 법률상 무역항의 수상구역 등에서 정박이 가능한 경우가 아닌 것은?

가. 해양사고를 피하기 위한 경우

나. 접안을 하기 위해 대기하는 경우

사. 선박의 고장으로 조종할 수 없는 경우

아. 인명을 구조하기 위한 경우

54 선박의 입항 및 출항 등에 관한 법률상 총톤수 5톤인 내항선이 무역항의 수상구역 등을 출입할 때, 출입 신고에 대한 설명으로 옳은 것은?

가. 내항선이므로 출입 신고를 하지 않아도 된다.

나. 무역항의 수상구역등의 안으로 입항하는 경우 통상적으로 입항하기 전에 입항신고를 하여야 한다.

사. 무역항의 수상구역등의 밖으로 출항하는 경우 통상적으로 출항 직후 즉시 출항신고를 하여야 한다.

아. 입항과 출항신고는 동시에 할 수 없다.

55 선박의 입항 및 출항 등에 관한 법률상 무역항의 수상구역 등에 출입하려고 할 때 선장이 반드시 출입신고를 하여야 하는 선박은?

가. 도선선

나. 총톤수 4톤인 어선

사. 해양사고 구조에 사용되는 선박

아. 부선을 선미에서 끌고 있는 예인선

56 선박의 입항 및 출항 등에 관한 법률상 무역항의 수상구역 등에서 정박지를 지정하는 기준이 아닌 것은?

가. 선박의 종류 　　　　　　나. 선박의 국적

사. 선박의 톤수 　　　　　　아. 적재물의 종류

57 무역항의 항로를 따라 항행 중인 선박이 고장으로 조종할 수 없어 항로에서 정박하였을 때 선장은 누구에게 이 사실을 신고하여야 하는가?

가. 지방자치단체장 　　　　나. 국민안전처장관

사. 해양경비안전서장 　　　아. 지방해양수산청장

(1) 제10조(항로 지정 및 준수)

① 해양수산부장관은 무역항의 수상구역등에서 선박교통의 안전을 위하여 필요한 경우에는 무역항과 무역항의 수상구역 밖의 수로를 항로로 지정·고시할 수 있다.

② 우선피항선 외의 선박은 무역항의 수상구역등에 출입하는 경우 또는 무역항의 수상구역등을 통과하는 경우에는 제①항에 따라 지정·고시된 항로를 따라 항행하여야 한다. 다만, 해양사고를 피하기 위한 경우 등 해양수산부령으로 정하는 사유가 있는 경우에는 그러하지 아니하다.

(2) 제11조(항로에서의 정박 등 금지)

① 선장은 항로에 선박을 정박 또는 정류시키거나 예인되는 선박 또는 부유물을 방치하여서는 아니 된다. 다만, 제6조제2항 각 호의 어느 하나에 해당하는 경우는 그러하지 아니하다.

② 예외조항의 사유로 선박을 항로에 정박시키거나 정류시키려는 자는 그 사실을 해양수산부장관에게 신고하여야 한다. 이 경우 제②호에 해당하는 선박의 선장은 「해사안전법」 제85조제1항에 따른 조종불능선 표시를 하여야 한다.

(3) 제12조(항로에서의 항법)

① 항로 밖에서 항로에 들어오거나 항로에서 항로 밖으로 나가는 선박은 항로를 항행하는 다른 선박의 진로를 피하여 항행할 것

② 항로에서 다른 선박과 나란히 항행하지 아니할 것

③ 항로에서 다른 선박과 마주칠 우려가 있는 경우에는 오른쪽으로 항행할 것

④ 항로에서 다른 선박을 추월하지 아니할 것. 다만, 추월하려는 선박을 눈으로 볼 수 있고 안전하게 추월할 수 있다고 판단되는 경우에는 「해사안전법」 제67조제5항 및 제71조에 따른 방법으로 추월할 것

⑤ 항로를 항행하는 위험물운송선박(선박 중 급유선은 제외) 또는 흘수제약선의 진로를 방해하지 아니할 것

⑥ 범선은 항로에서 지그재그(zigzag)로 항행하지 아니할 것

(4) 제13조(방파제 부근에서의 항법)

무역항의 수상구역등에 입항하는 선박이 방파제 입구 등에서 출항하는 선박과 마주칠 우려가 있는 경우에는 방파제 밖에서 출항하는 선박의 진로를 피하여야 한다.

(5) 제14조(부두 등 부근에서의 항법)

선박이 무역항의 수상구역등에서 해안으로 길게 뻗어 나온 육지 부분, 부두, 방파제 등 인공시설물의 튀어나온 부분 또는 정박 중인 선박(이하 이 조에서 "부두등"이라 한다)을 오른쪽 뱃전에 두고 항행할 때에는 부두등에 접근하여 항행하고, 부두등을 왼쪽 뱃전에 두고 항행할 때에는 멀리 떨어져서 항행하여야 한다.

(6) 제15조(예인선 등의 항법)

① 예인선이 무역항의 수상구역등에서 다른 선박을 끌고 항행할 때에는 해양수산부령으로 정하는 방법에 따라야 한다.

② 범선이 무역항의 수상구역등에서 항행할 때에는 돛을 줄이거나 예인선이 범선을 끌고 가게 하여야 한다.

> **시행규칙 제9조(예인선의 항법 등)** ① 예인선이 무역항의 수상구역 등에서 다른 선박을 끌고 항행하는 경우에는 다음 각 호에서 정하는 바에 따라야 한다.
> 1. 예인선의 선수로부터 피예인선의 선미까지의 길이는 200미터를 초과하지 아니할 것. 다만, 다른 선박의 출입을 보조하는 경우에는 그러하지 아니하다.
> 2. 예인선은 한꺼번에 3척 이상의 피예인선을 끌지 아니할 것
> ② 제1항에도 불구하고 지방해양수산청장 또는 시·도지사는 해당 무역항의 특수성을 고려하여 특히 필요한 경우에는 제1항에 따른 항법을 조정할 수 있다. 이 경우 지방해양수산청장 또는 시·도지사는 그 사실을 고시하여야 한다.

(7) 제16조(진로방해의 금지)

① 우선피항선은 무역항의 수상구역등이나 무역항의 수상구역 부근에서 다른 선박의 진로를 방해하여서는 아니 된다.

② 제41조제①항에 따라 공사 등의 허가를 받은 선박과 제42조제1항에 따라 선박경기 등의 행사를 허가받은 선박은 무역항의 수상구역등에서 다른 선박의 진로를 방해하여서는 아니 된다.

(8) 제17조(속력 등의 제한)

① 선박이 무역항의 수상구역등이나 무역항의 수상구역 부근을 항행할 때에는 다른 선박에 위험을 주지 아니할 정도의 속력으로 항행하여야 한다.

② 해양경찰청장은 선박이 빠른 속도로 항행하여 다른 선박의 안전 운항에 지장을 초래할 우려가 있다고 인정하는 무역항의 수상구역등에 대하여는 해양수산부장관에게 무역항의 수상구역등에서의 선박 항행 최고속력을 지정할 것을 요청할 수 있다.

③ 해양수산부장관은 제2항에 따른 요청을 받은 경우 특별한 사유가 없으면 무역항의 수상구역등에서 선박 항행 최고속력을 지정·고시하여야 한다. 이 경우 선박은 고시된 항행 최고속력의 범위에서 항행하여야 한다.

(9) 제18조(항행 선박 간의 거리)

무역항의 수상구역등에서 2척 이상의 선박이 항행할 때에는 서로 충돌을 예방할 수 있는 상당한 거리를 유지하여야 한다.

2018년 1차

58 선박의 입항 및 출항 등에 관한 법률상 무역항의 수상구역등에서 출입하는 경우에 항로를 따라 항행하지 않아도 되는 선박은?

가. 우선피항선
나. 총톤수 20톤 이상의 병원선
사. 총톤수 20톤 이상의 여객선
아. 총톤수 20톤 이상의 실습선

2018년 2차

59 선박의 입항 및 출항 등에 관한 법률상 항로에서의 항법에 대한 설명으로 옳지 않은 것은?

가. 항로에서 항로 밖으로 나가는 선박은 항로를 항행하는 선박보다 우선이다.
나. 항로에서 다른 선박을 원칙적으로 추월하지 못한다.
사. 선박은 항로에서 나란히 항행하지 못한다.
아. 선박이 항로에서 다른 선박과 마주칠 우려가 있는 경우에는 오른쪽으로 항행하여야 한다.

2018년 1차

60 선박의 입항 및 출항 등에 관한 법률상 항로에서의 항법에 대한 설명으로 옳은 것을 모두 고른 것은?

① 항로에서 다른 선박과 나란히 항행할 수 있다.
② 항로에서 다른 선박과 마주칠 경우에는 오른쪽으로 항행하여야 한다.
③ 항로에서는 언제든지 다른 선박을 추월할 수 있다.
④ 항로 밖에서 항로에 들어오는 선박은 항로를 항행하는 다른 선박의 진로를 피하여 항행하여야 한다.

가. ①, ③
나. ②, ④
사. ②, ③
아. ①, ②, ④

2018년 2차

61 선박의 입항 및 출항 등에 관한 법률상 방파제 부근에서 입·출항 선박이 마주칠 우려가 있는 경우 항법에 대한 설명으로 옳은 것은?

가. 소형선이 대형선의 진로를 피한다.
나. 방파제에 동시에 진입해도 상관없다.
사. 입항하는 선박이 방파제 밖에서 출항하는 선박의 진로를 피한다.
아. 선속이 빠른 선박이 선속이 느린 선박의 진로를 피한다.

---

62 선박의 입항 및 출항 등에 관한 법률에서 규정하는 내용으로 옳은 것은?

　가. 무역항의 수상구역등에서 운항선박간의 상호 거리는 1,000미터 이상 유지한다.

　나. 무역항의 수상구역등에서는 속력을 1~2노트 정도로 유지한다.

　사. 동력선과 범선은 우선피항선의 진로를 피한다.

　아. 범선은 무역항의 수상구역등에서는 돛을 줄이거나 예인선에 끌리어 항행해야 한다.

63 선박의 입항 및 출항 등에 관한 법률상 무역항의 수상구역 등에서 적용되는 항법으로 옳지 않은 것은?

　가. 우선피항선은 동력선의 진로를 방해하여서는 아니된다.

　나. 우선피항선은 범선의 진로를 방해하여서는 아니된다.

　사. 동력선은 예선의 진로를 방해하여서는 아닌된다.

　아. 총톤수 20톤 미만의 선박은 동력선의 진로를 방해하여서는 아니된다.

64 선박의 입항 및 출항 등에 관한 법률상 무역항의 수상구역 등이나 무역항의 수상구역 부근에서 선박의 속력 제한에 대한 설명으로 옳은 것은?

　가. 범선은 돛의 수를 늘려서 항행한다.

　나. 화물선은 최고 속력으로 항행해야 한다.

　사. 고속여객선은 최저 속력으로 항행해야 한다.

　아. 다른 선박에 위험을 주지 않을 정도의 속력으로 항행해야 한다.

2-4 　위험물의 관리

(1) 제32조(위험물의 반입)

① 위험물을 무역항의 수상구역등으로 들여오려는 자는 해양수산부령으로 정하는 바에 따라 해양수산부장관에게 신고하여야 한다.

② 해양수산부장관은 제①항에 따른 신고를 받았을 때에는 무역항 및 무역항의 수상구역 등의 안전, 오염방지 및 저장능력을 고려하여 해양수산부령으로 정하는 바에 따라 들여올 수 있는 위험물의 종류 및 수량을 제한하거나 안전에 필요한 조치를 할 것을 명할 수 있다.

(2) 제33조(위험물운송선박의 정박 등)

위험물운송선박은 해양수산부장관이 지정한 장소가 아닌 곳에 정박하거나 정류하여서는 아니 된다.

62 아　63 사　64 아

(3) **제34조(위험물의 하역)**

① 무역항의 수상구역등에서 위험물을 하역하려는 자는 대통령령으로 정하는 바에 따라 자체안전관리계획을 수립하여 해양수산부장관의 승인을 받아야 한다. 승인받은 사항 중 대통령령으로 정하는 사항을 변경하려는 경우에도 또한 같다.

② 해양수산부장관은 무역항의 안전을 위하여 필요하다고 인정할 때에는 제1항에 따른 자체안전관리계획을 변경할 것을 명할 수 있다.

③ 해양수산부장관은 기상 악화 등 불가피한 사유로 무역항의 수상구역등에서 위험물을 하역하는 것이 부적당하다고 인정하는 경우에는 제1항에 따른 승인을 받은 자에 대하여 해양수산부령으로 정하는 바에 따라 그 하역을 금지 또는 중지하게 하거나 무역항의 수상구역등 외의 장소를 지정하여 하역하게 할 수 있다.

④ 무역항의 수상구역등이 아닌 장소로서 해양수산부령으로 정하는 장소에서 위험물을 하역하려는 자는 무역항의 수상구역등에 있는 자로 본다.

(4) **제35조(위험물 취급 시의 안전조치 등) : 해양수산부령**

① 위험물 취급에 관한 안전관리자의 확보 및 배치. 다만, 해양수산부령으로 정하는 바에 따라 위험물 안전관리자를 보유한 안전관리 전문업체로 하여금 안전관리 업무를 대행하게 한 경우에는 그러하지 아니하다.

② 해양수산부령으로 정하는 위험물 운송선박의 부두 이안 · 접안 시 위험물 안전관리자의 현장 배치

③ 위험물의 특성에 맞는 소화장비의 비치

④ 위험표지 및 출입통제시설의 설치

⑤ 선박과 육상 간의 통신수단 확보

⑥ 작업자에 대한 안전교육과 그 밖에 해양수산부령으로 정하는 안전에 필요한 조치

(5) **제37조(선박수리의 허가 등)**

① 선장은 무역항의 수상구역등에서 다음 각 호의 선박을 불꽃이나 열이 발생하는 용접 등의 방법으로 수리하려는 경우 해양수산부령으로 정하는 바에 따라 해양수산부장관의 허가를 받아야 한다. 다만, 제2호의 선박은 기관실, 연료탱크, 그 밖에 해양수산부령으로 정하는 선박 내 위험구역에서 수리작업을 하는 경우에만 허가를 받아야 한다.

㉠ 위험물을 저장 · 운송하는 선박과 위험물을 하역한 후에도 인화성 물질 또는 폭발성 가스가 남아 있어 화재 또는 폭발의 위험이 있는 선박

㉡ 총톤수 20톤 이상의 선박(위험물운송선박은 제외)

② 선박수리의 허가 신청 예외

    ㉠ 화재 · 폭발 등을 일으킬 우려가 있는 방식으로 수리하려는 경우

    ㉡ 용접공 등 수리작업을 할 사람의 자격이 부적절한 경우

    ㉢ 화재 · 폭발 등의 사고 예방에 필요한 조치가 미흡한 것으로 판단되는 경우

    ㉣ 선박수리로 인하여 인근의 선박 및 항만시설의 안전에 지장을 초래할 우려가 있다고 판단되는 경우

    ㉤ 수리장소 및 수리시기 등이 항만운영에 지장을 줄 우려가 있다고 판단되는 경우

    ㉥ 위험물운송선박의 경우 수리하려는 구역에 인화성 물질 또는 폭발성 가스가 없다는 것을 증명하지 못하는 경우

③ 총톤수 20톤 이상의 선박을 제①항 단서에 따른 위험구역 밖에서 불꽃이나 열이 발생하는 용접 등의 방법으로 수리하려는 경우에 그 선박의 선장은 해양수산부령으로 정하는 바에 따라 해양수산부장관에게 신고

2017년 3차

65 선박의 입항 및 출항 등에 관한 법률상 무역항의 수상구역 등에서 위험물운송선박이 아닌 선박이 불꽃이나 열이 발생 하는 용접 등의 방법으로 수리하려고 하는 경우 해양수산부 장관의 허가를 받아야 하는 선박의 최저톤수는?

    가. 총톤수 20톤   나. 총톤수 30톤

    사. 총톤수 40톤   아. 총톤수 100톤

2-5 수로의 보전

(1) 제38조(폐기물의 투기 금지 등)

① <u>누구든지 무역항의 수상구역등이나 무역항의 수상구역 밖 10킬로미터 이내의 수면에 선박의 안전운항을 해칠 우려가 있는 흙 · 돌 · 나무 · 어구 등 폐기물을 버려서는 아니 된다.</u>

② 무역항의 수상구역등이나 무역항의 수상구역 부근에서 석탄 · 돌 · 벽돌 등 흩어지기 쉬운 물건을 하역하는 자는 그 물건이 수면에 떨어지는 것을 방지하기 위하여 대통령령으로 정하는 바에 따라 필요한 조치를 하여야 한다.

(2) 제39조(해양사고 등이 발생한 경우의 조치)

① 무역항의 수상구역등이나 무역항의 수상구역 부근에서 해양사고 · 화재 등의 재난으로 인하여 다른 선박의 항행이나 무역항의 안전을 해칠 우려가 있는 조난선의 선장은 즉시 「항로표지법」제2조제1호에 따른 항로표지를 설치하는 등 필요한 조치를 하여야 한다.

② 제①항에 따른 조난선의 선장이 같은 항에 따른 조치를 할 수 없을 때에는 해양수산부령으로 정하는 바에 따라 해양수산부장관에게 필요한 조치를 요청할 수 있다.

③ 해양수산부장관이 제②항에 따른 조치를 하였을 때에는 그 선박의 소유자 또는 임차인은 그 조치에 들어간 비용을 해양수산부장관에게 납부하여야 한다.

(3) 제44조(어로의 제한)

누구든지 무역항의 수상구역등에서 선박교통에 방해가 될 우려가 있는 장소 또는 항로에서는 어로를 하여서는 아니 된다.

2017년 2차

66 ( )에 적합한 것은?

> 선박의 입항 및 출항 등에 관한 법률상 무역항의 수상구역 등이나 무역항의 수상구역 밖 ( ) 이내의 수면에 선박의 안전운항을 해칠 우려가 있는 폐기물을 버려서는 아니된다.

가. 10킬로미터   나. 15킬로미터
사. 20킬로미터   아. 25킬로미터

2-6 등화 및 신호/화재 경보

(1) 제45조(등화의 제한)

① 누구든지 무역항의 수상구역등이나 무역항의 수상구역 부근에서 선박교통에 방해가 될 우려가 있는 강력한 불빛을 사용하여서는 아니 된다.

② 해양수산부장관은 제①항에 따른 불빛을 사용하고 있는 자에게 그 빛을 줄이거나 가리개를 씌우도록 명할 수 있다.

(2) 제46조(기적 등의 제한)

① 선박은 무역항의 수상구역등에서 특별한 사유 없이 기적이나 사이렌을 울려서는 아니 된다.

② 제①항에도 불구하고 무역항의 수상구역등에서 기적이나 사이렌을 갖춘 선박에 화재가 발생한 경우 그 선박은 해양수산부령으로 정하는 바에 따라 화재를 알리는 경보를 울려야 한다.

(3) 시행규칙 제29조(화재 시 경보방법)

① 무역항의 수상구역등에서 기적이나 사이렌을 갖춘 선박에 화재가 발생한 경우 그 선박은 해양수산부령으로 정하는 바에 따라 화재를 알리는 경보를 울려야 한다. 화재를 알리는 경보는 기적이나 사이렌을 장음(4초에서 6초까지의 시간 동안 계속되는 울림)으로 5회 울려야 한다.

② 제①항의 경보는 적당한 간격을 두고 반복하여야 한다.

2018년 2차

67 선박의 입항 및 출항 등에 관한 법률상 무역항의 수상구역 등에서 화재가 발생한 경우 울리는 기적 신호는?

가. 단음 5회 반복　　　　　　　　나. 장음 5회 반복

사. 장음, 단음 반복　　　　　　　아. 장음, 단음 2회 반복

67 나

03 해양환경관리법

3-1 법의 목적과 용어의 정의

(1) 제1조(목적)

① 선박, 해양시설, 해양공간 등 해양오염물질을 발생시키는 발생원을 관리

② 기름 및 유해액체물질 등 해양오염물질의 배출을 규제하는 등 해양오염을 예방, 개선, 대응, 복원하는 데 필요한 사항을 정함으로써 국민의 건강과 재산을 보호

(2) 제2조(정의) : 용어의 뜻

④ <u>폐기물</u> : 해양에 배출되는 경우 그 상태로는 쓸 수 없게 되는 물질로서 해양환경에 해로운 결과를 미치거나 미칠 우려가 있는 물질(기름·유해액체물질 및 포장유해물질은 제외)

⑤ 기름 : 원유 및 석유제품(석유가스를 제외한다)과 이들을 함유하고 있는 액체상태의 유성혼합물 및 폐유

⑥ 선박평형수 : 선박의 중심을 잡기 위하여 선박에 실려 있는 물

⑦ 유해액체물질 : 해양환경에 해로운 결과를 미치거나 미칠 우려가 있는 액체물질(기름을 제외한다)과 그 물질이 함유된 혼합 액체물질로서 해양수산부령이 정하는 것

⑧ 포장유해물질 : 포장된 형태로 선박에 의하여 운송되는 유해물질 중 해양에 배출되는 경우 해양환경에 해로운 결과를 미치거나 미칠 우려가 있는 물질로서 해양수산부령이 정하는 것

⑨ <u>유해방오도료</u> : 생물체의 부착을 제한·방지하기 위하여 선박 또는 해양시설 등에 사용하는 도료 중 유기주석 성분 등 생물체의 파괴작용을 하는 성분이 포함된 것으로서 해양수산부령이 정하는 것

⑩ 잔류성오염물질 : 해양에 유입되어 생물체에 농축되는 경우 장기간 지속적으로 급성·만성의 독성 또는 발암성을 야기하는 화학물질로서 해양수산부령으로 정하는 것

⑪ 오염물질 : 해양에 유입 또는 해양으로 배출되어 해양환경에 해로운 결과를 미치거나

미칠 우려가 있는 폐기물·기름·유해액체물질 및 포장유해물질

⑬ 대기오염물질 : 오존층 파괴 물질, 휘발성 유기 화합물 및 대기 오염의 원인이 되는 가스 입자상 물질로서 환경부령으로 정하는 것

⑱ <u>선저폐수</u> : 선박의 밑바닥에 고인 액상유성혼합물

㉑ 선박에너지효율 : 선박이 화물운송과 관련하여 사용한 에너지량을 이산화탄소 발생비율로 나타낸 것

㉒ 선박에너지효율설계지수 : 1톤의 화물을 1해리 운송할 때 배출되는 이산화탄소량을 해양수산부장관이 정하여 고시하는 방법에 따라 계산한 선박에너지효율을 나타내는 지표

2018년 2차

68 해양환경관리법이 적용되는 오염물질이 아닌 것은?

    가. 선저 폐수   나. 기름

    사. 방사성 물질   아. 음식쓰레기

2018년 1차

69 해양환경관리법상 선박의 밑바닥에 고인 액상유성혼합물은?

    가. 윤활유   나. 선저 폐수

    사. 선저 유류   아. 선저 세정수

2016년 2차

70 해양환경관리법상 해양환경의 보전·관리를 위하여 필요하다고 인정되는 경우에 지정.고시할 수 있는 해역의 명칭은?

    가. 환경관리해역   나. 해양환경 생태해역

    사. 오염물질 관리해역   아. 해양환경 조사해역

3-2 환경관리해역의 지정

(1) 제15조(환경관리해역의 지정·관리)

  ① 해양수산부장관은 해양환경의 보전·관리를 위하여 필요하다고 인정되는 경우에는 다음 각 호의 구분에 따라 환경보전해역 및 특별관리해역(환경관리해역)을 지정·관리할 수 있다.

    ㉠ 환경보전해역

 68 사 69 나 70 가

- 자연환경보전지역 중 수산자원의 보호·육성을 위하여 필요한 용도지역으로 지정된 해역
- 해양환경 및 생태계의 보존이 양호한 곳으로서 지속적인 보전이 필요한 해역
  ㉡ **특별관리해역** : 해양환경기준의 유지가 곤란한 해역 또는 해양환경 및 생태계의 보전에 현저한 장애가 있거나 장애가 발생할 우려가 있는 해역으로서 대통령령이 정하는 해역(해양오염에 직접 영향을 미치는 육지를 포함)
② 해양수산부장관은 환경보전해역의 해양환경 상태 및 오염원을 측정·조사한 결과 국민의 건강이나 생물의 생육에 심각한 피해를 가져올 우려가 있다고 인정되는 경우에는 그 환경보전해역 안에서 대통령령이 정하는 시설의 설치 또는 변경을 제한할 수 있다.

2017년 3차

71 해양환경관리법상 선박의 방제 의무자는?
가. 배출된 오염물질이 적재되었던 선박의 기관장
나. 배출을 발견한 자
사. 배출된 오염물질이 적재되었던 선박의 선장
아. 지방해양수산청장

2017년 3차

72 해양환경관리법상 유해액체물질기록부는 최종기재한 날로부터 몇 년간 보존해야 하는가?
가. 1년 　　　　　　　　　　　　나. 2년
사. 3년 　　　　　　　　　　　　아. 5년

3-3 해양오염방지를 위한 규제

(1) 제22조(오염물질의 배출금지 등)

① 누구든지 선박으로부터 오염물질을 해양에 배출하여서는 아니 된다.

> **적용 예외**
> ① 폐기물의 배출
>   ㉠ 선박의 항해 및 정박 중 발생하는 폐기물을 배출하고자 하는 경우에는 해양수산부령이 정하는 해역에서 해양수산부령이 정하는 처리기준 및 방법에 따라 배출할 것
>   ㉡ 해양수산부령이 정하는 폐기물을 해양수산부령이 정하는 처리기준 및 방법에 따라 배출할 것

71 사　72 사

② 기름의 배출
　㉠ 선박에서 기름을 배출하는 경우에는 해양수산부령이 정하는 해역에서 해양수산부령이 정하는 배출기준 및 방법에 따라 배출할 것
　㉡ 유조선에서 화물유가 섞인 선박평형수, 화물창의 세정수 및 선저폐수를 배출하는 경우에는 해양수산부령이 정하는 해역에서 해양수산부령이 정하는 배출기준 및 방법에 따라 배출할 것
　㉢ 유조선에서 화물창의 선박평형수를 배출하는 경우에는 해양수산부령이 정하는 세정도에 적합하게 배출할 것
③ 유해액체물질의 배출
　㉠ 유해액체물질을 배출하는 경우에는 해양수산부령이 정하는 해역에서 해양수산부령이 정하는 사전처리 및 배출방법에 따라 배출할 것
　㉡ 해양수산부령이 정하는 유해액체물질의 산적운반에 이용되는 화물창(선박평형수의 배출을 위한 설비를 포함)에서 세정된 선박평형수를 배출하는 경우에는 해양수산부령이 정하는 정화방법에 따라 배출할 것

② 누구든지 해양시설 또는 해수욕장·하구역 등 해양공간에서 발생하는 오염물질을 해양에 배출하여서는 아니 된다.

③ 예외 조항
　㉠ 선박 또는 해양시설등의 안전확보나 인명구조를 위하여 부득이하게 오염물질을 배출하는 경우
　㉡ 선박 또는 해양시설등의 손상 등으로 인하여 부득이하게 오염물질이 배출되는 경우
　㉢ 선박 또는 해양시설등의 오염사고에 있어 해양수산부령이 정하는 방법에 따라 오염피해를 최소화하는 과정에서 부득이하게 오염물질이 배출되는 경우

폐기물의 처리
① 선박 안에서 발생하는 폐기물의 처리
　㉠ 모든 플라스틱류는 해양에 배출 금지 : 합성로프 및 어망, 플라스틱제로 만들어진 쓰레기 봉지, 독성 또는 중금속 잔류물을 포함할 수 있는 플라스틱 제품의 소각재
　㉡ 폐기물의 배출을 허용하는 경우 : 화물창 안의 화물보호 재료로 부유성이 있는 것은 25해리, 음식 찌꺼기 및 모든 쓰레기, 화물잔류물, 폐사된 어획물, 분쇄 또는 연마하지 않은 음식찌꺼기 등
② 선박 또는 해양 시설·해양 공간에서의 배출 기준 및 방법 : 선박(시추선 및 플랫폼을 제외한다)의 항해 중에 배출할 것, 배출액 중의 기름 성분이 15ppm 이하일 것, 기름 오염 방지 설비의 작동 중에 배출할 것

③ 분뇨 오염 방지 설비의 대상 선박

   ㉠ 총톤수 400톤 이상의 선박(최대 승선 인원이 16인 미만인 부선은 제외)

   ㉡ 선박 검사 증서 또는 어선 검사 증서 상 최대 승선 인원이 16명 이상인 선박

   ㉢ 소속 부대의 장 또는 경찰관서의 장이 정한 승선 인원이 16명 이상인 군함과 경찰용 선박

④ 분뇨 오염 방지 설비의 설치 기준

   ㉠ 지방 해양 항만 청장이 형식 승인한 분뇨 처리 장치, 분뇨 마쇄 소독 장치 또는 분뇨 저장 탱크 중 어느 하나를 설치할 것

   ㉡ 분뇨를 수용 시설로 배출할 수 있도록 외부 배출관을 설치할 것(시추선 및 플랫폼의 경우와 선박의 길이가 24미터미만인 선박으로서 외부배출관을 사용하지 아니하고 수용시설로 배출할 수 있는 경우는 제외)

⑤ **시행규칙 별표 4(화물유가 섞인 선박평형수, 세정수, 선저폐수의 배출기준)**

   ㉠ 항해 중에 배출할 것

   ㉡ 기름의 순간 배출률이 1해리당 30l 이하일 것

   ㉢ 1회의 항해 중(선박평형수를 실은 후 그 배출을 완료할 때까지를 말한다)의 배출총량이 그 전에 실은 화물총량의 3만분의 1(1979년 12월 31일 이전에 인도된 선박으로서 유조선의 경우에는 1만5천분의 1)이하일 것

   ㉣ 기선으로부터 50해리 이상 떨어진 곳에서 배출할 것

   ㉤ 기름오염방지설비의 작동 중에 배출할 것

(2) 제30조(선박오염물질기록부의 관리)

① 선박의 선장(피예인선의 경우에는 선박의 소유자)은 그 선박에서 사용하거나 운반·처리하는 폐기물·기름 및 유해액체물질에 대한 선박오염물질기록부를 그 선박 안에 비치하고 그 사용량·운반량 및 처리량 등을 기록하여야 한다.

   ㉠ 폐기물기록부 : 해양수산부령이 정하는 일정 규모 이상의 선박에서 발생하는 폐기물의 총량·처리량 등을 기록하는 장부. 다만, 해양환경관리업자가 처리대장을 작성·비치하는 경우에는 동 처리대장으로 갈음한다.

   ㉡ 기름기록부 : 선박에서 사용하는 기름의 사용량·처리량을 기록하는 장부. 다만, 해양수산부령이 정하는 선박의 경우를 제외하며, 유조선의 경우에는 기름의 사용량·처리량 외에 운반량을 추가로 기록하여야 한다.

   ㉢ 유해액체물질기록부 : 선박에서 산적하여 운반하는 유해 액체물질의 운반량·처리량을 기록하는 장부

② 선박오염물질기록부의 보존기간은 최종기재를 한 날부터 3년으로 하며, 그 기재사항·보존방법 등에 관하여 필요한 사항은 해양수산부령으로 정한다.

폐기물 기록부의 기재 사항

① 폐기물을 해양에 배출할 때 : 배출 일시, 선박의 위치, 배출된 폐기물의 종류, 폐기물 종류별 배출량, 작업 책임자의 서명

② 폐기물을 소각할 때 : 소각의 시작 및 종료일시, 선박의 위치, 소각량, 작업 책임자의 서명

2017년 1차

73 유조선에서 기름이 섞인 물을 한 곳에 모으기 위한 탱크는?

가. 혼합물 탱크(슬롭 탱크)　　　나. 밸러스트 탱크

사. 화물창 탱크　　　　　　　　아. 분리 밸러스트 탱크

2017년 2차

74 해양환경관리법상 해양에서 배출할 수 있는 것은?

가. 합성로프　　　　　　　　　나. 어획한 물고기

사. 합성어망　　　　　　　　　아. 플라스틱 쓰레기봉투

2018년 2차

75 해양환경관리법상 기관실에서 발생한 선저 폐수의 관리와 처리에 대한 설명으로 옳지 않은 것은?

가. 어장으로부터 먼 바다에서 배출할 수 있다.

나. 선내 비치되어 있는 저장 용기에 저장한다.

사. 입항하여 육상에 양륙 처리한다.

아. 누수 및 누유가 발생하지 않도록 기관실 관리를 철저히 한다.

3-4 해양오염방지를 위한 선박의 검사 등

(1) 제49조(정기검사)

① 폐기물오염방지설비 · 기름오염방지설비 · 유해액체물질오염방지설비 및 대기오염방지설비(이하 "해양오염방지설비"라 한다)를 설치하거나 검사대상선박의 소유자가 해양오염방지설비 등을 선박에 최초로 설치하여 항해에 사용하려는 때 또는 유효기간이 만료한 때에는 해양수산부령이 정하는 바에 따라 해양수산부장관의 정기검사를 받아야 한다.

② 해양수산부장관은 정기검사에 합격한 선박에 대하여 해양수산부령이 정하는 해양오염방지검사증서를 교부하여야 한다.

73 가　74 나　75 가

(2) **제50조(중간검사)**

　　정기검사와 정기검사의 사이

(3) **제51조(임시검사)**

　　해양오염방지설비등을 교체 · 개조 또는 수리하고자 하는 때

(4) **제52조(임시항해검사)**

　　해양오염방지검사증서를 교부받기 전

(5) **제53조(방오시스템검사)**

　　방오시스템을 선박에 설치하여 항해에 사용하려는 때

(6) **제56조(해양오염방지검사증서 등의 유효기간)**

　　㉠ 해양오염방지검사증서 : 5년

　　㉡ 방오시스템검사증서 : 영구

　　㉢ 에너지효율검사증서 : 영구

　　㉣ 협약검사증서 : 5년

플러스학습　　선박 검사의 종류

- **정기검사** : 선박을 최초로 항해에 사용하는 때 또는 선박검사증서의 유효기간이 만료된 때에 실시하는 선박 시설과 만재 홀수선 검사로 5년마다 실시
- **중간 검사** : 정기 검사와 정기 검사의 중간에 매 1년 단위로 하는 비교적 간단한 검사
- **임시 검사** : 선박 시설에 대하여 해양수산부령이 정하는 개조 또는 수리를 행하고자 하는 경우, 선박의 용도를 변경하고자 하는 경우, 선박의 무선 설비를 새로이 설치하거나 이를 변경하고자 하는 경우, 만 재 홀수선의 변경, 선박검사증서에 기재된 내용을 변경하고자 할 때 행하는 검사

2018년 1차

76 해양환경관리법상 해양오염방지를 위한 선박검사의 종류가 아닌 것은?

　가. 정기검사　　　　　　　　나. 중간검사

　사. 특별검사　　　　　　　　아. 임시검사

3-5 **해양오염방제를 위한 조치**

(1) 제64조(오염물질이 배출된 경우의 방제조치)

① 방제의무자의 조치

ⓐ 오염물질의 배출방지

ⓑ 배출된 오염물질의 확산방지 및 제거

ⓒ 배출된 오염물질의 수거 및 처리

② 오염물질이 항만의 안 또는 항만의 부근 해역에 있는 선박으로부터 배출되는 경우 다음 각 호의 어느 하나에 해당하는 자는 방제의무자가 방제조치를 취하는데 적극 협조하여야 한다.

③ 해양경찰청장은 방제의무자가 자발적으로 방제조치를 행하지 아니하는 때에는 그 자에게 시한을 정하여 방제조치를 하도록 명령할 수 있다.

④ 해양경찰청장은 방제의무자가 제3항의 규정에 따른 방제조치명령에 따르지 아니하는 경우에는 직접 방제조치를 할 수 있다. 이 경우 방제조치에 소요된 비용은 대통령령이 정하는 바에 따라 방제의무자가 부담한다.

> **▣ 시행령 제48조(오염물질이 배출된 경우의 방제조치)**
>
> ① 응급조치
>
> 1. 오염물질의 확산방지울타리의 설치 및 그 밖에 확산방지를 위하여 필요한 조치
> 2. 선박 또는 시설의 손상부위의 긴급수리, 선체의 예인 · 인양조치 등 오염물질의 배출방지조치
> 3. 해당 선박 또는 시설에 적재된 오염물질을 다른 선박 · 시설 또는 화물창으로 옮겨 신는 조치
> 4. 배출된 오염물질의 회수조치
> 5. 해양오염방제를 위한 자재 및 약제의 사용에 따른 오염물질의 제거조치
> 6. 수거된 오염물질로 인한 2차오염 방지조치
> 7. 수거된 오염물질과 방제를 위하여 사용된 자재 및 약제 중 재사용이 불가능한 물질의 안전처리조치

(2) 제65조(오염물질이 배출될 우려가 있는 경우의 조치 등)

① 선박의 소유자 또는 선장, 해양시설의 소유자는 선박 또는 해양시설의 좌초 · 충돌 · 침몰 · 화재 등의 사고로 인하여 선박 또는 해양시설로부터 오염물질이 배출될 우려가 있는 경우에는 해양수산부령이 정하는 바에 따라 오염물질의 배출방지를 위한 조치를 하여야 한다.

② "방제의무자"는 "선박의 소유자 또는 선장, 해양시설의 소유자"로 본다.

(3) 제66조(자재 및 약제의 비치 등)

① 항만관리청 및 선박·해양시설의 소유자는 오염물질의 방제·방지에 사용되는 자재 및 약제를 보관시설 또는 해당 선박 및 해양시설에 비치·보관하여야 한다.

② 제①항에 따라 비치·보관하여야 하는 자재 및 약제는 형식승인·검정 및 인정을 받거나, 검정을 받은 것이어야 한다.

③ 제①항에 따라 비치·보관하여야 하는 자재 및 약제의 종류·수량·비치방법과 보관시설의 기준 등에 필요한 사항은 해양수산부령으로 정한다.

2017년 4차

77 해양환경관리법상 오염물질이 배출된 경우의 방제조치에 해당되지 않는 것은?

가. 오염물질의 배출방지

나. 배출된 오염물질의 확산방지 및 제거

사. 배출된 오염물질의 수거 및 처리

아. 기름오염방지설비의 가동

2017년 4차

78 해양환경관리법상 기름오염방제에 대한 설명으로 옳지 않은 것은?

가. 자재와 약제는 형식승인, 검정 및 인정을 받아야 한다.

나. 방제 자재 및 약제의 비치 방법은 선박소유자가 정한다.

사. 선박소유자와 선장은 방제조치의 의무가 있다.

아. 선박소유자와 선장은 정부의 명령에 따라서 방제조치를 취해야 한다.

2018년 3차 기출문제

제1과목 항해

01 선체가 수평일 때에는 자차가 없더라도 선체가 기울어지면 다시 자차가 생기는 수가 있는데 이 때 생기는 자차는?

가. 기차　　　　　　나. 편차

사. 경선차　　　　　아. 컴퍼스 오차

> **해설** 자차 계수의 크기를 결정하거나 수정하는 데는 선체가 수평 상태로 있어야 한다. 그런데 선체가 수평일 때는 자차가 0°라 하더라도 선체가 기울어지면 다시 자차가 생기는 수가 있는데, 이때 생기는 자차를 경선차(heeling error)라 한다. 경선차가 있을 때 선체가 동요하면 컴퍼스 카드가 심하게 진동한다.

02 다음 중 물표까지의 거리를 직접 측정할 수 있는 계기는?

가. 자기 컴퍼스　　　나. 방위환

사. 선속계　　　　　아. 레이더

> **해설** 레이더에서는 탐지 물표의 방위와 거리를 측정함으로써 물표의 위치나 이동 상태 등을 알아낼 수 있다.

03 자동 조타장치에서 선박이 설정 침로에서 벗어날 때 그 침로를 되돌리기 위하여 사용하는 타는?

가. 복원타　　　　　나. 제동타

사. 수동타　　　　　아. 평형타

> **해설**
> • 복원타(비레타) : 자동 조타장치에서 선박이 바람이나 파도 등의 영향으로 설정한 침로로부터 벗어난 각도인 편각을 없애기 위하여 사용하는 타
> • 제동타(미분타) : 복원타에 의해 선수가 회전할 때에 설정 침로를 넘어서 회전하는 것을 억제하기 위하여 사용하는 타
> • 수동 조타 : 조타수가 선장 또는 항해사의 지시에 따라 타를 잡는 것

04 （　　　）에 적합한 것은?

> "항주하는 선박에서 그 속력과 (　　　)을/를 측정하는 계기를 선속계라 한다."

가. 수심　　　　　　나. 높이

사. 방위　　　　　　아. 항행거리

> **해설** 선속계(측정의, log) : 선박에서 속력과 항주거리(항행거리) 등을 측정하는 계기

05 자이로 컴퍼스에서 선체의 동요, 충격 등의 영향이 거의 전달되지 않도록 짐벌구조로 되어 있고, 그 자체는 비너클에 연결되어 있는 부분은?

가. 주동부　　　　　나. 추종부

사. 지지부　　　　　아. 전원부

> **해설** 지지부 : 선체의 요동, 충격 등의 영향이 추동부에 거의 전달되지 않도록 짐벌즈 구조로 추종부를 지지하게 되며 그 자체는 비너클(받침대)에 의해 지지

06 천문항법으로 위치선을 구하거나, 무선통신에 의해 항행에 유익한 정보를 얻기 위하여 시각을 확인하는 계기는?

가. 육분의　　　　　나. 시진의

사. 경사계　　　　　아. 짐벌즈

> **해설** 선박에서 천문 항법으로 위치선을 구하거나, 무선 통신에 의해 항해에 유익한 정보를 얻기 위해서는 매우 정확한 시각이 필요하다. 이를 위해 선박에 비치한 정밀한 시계가 시진의(크로노미터, Chronometer)이다.

07 교차방위법의 위치선 작도방법과 주의사항으로 옳지 않은 것은?

가. 방위 측정은 신속, 정확해야 한다.

나. 방위 변화가 늦은 물표부터 빠른 물표 순으로 측정한다.

정답_ 01 사　02 아　03 가　04 아　05 사　06 나　07 사

사. 선수미방향의 물표보다 정횡방향의 물표를 먼저 측정한다.

아. 해도에 위치선을 기입한 뒤에는 관측시간을 같이 기입해 두어야 한다.

[해설] 방위 측정시 주의 사항
- 방위 변화가 빠른 물표는 나중에 측정
- 선수미 방향이나 먼 물표를 먼저 측정
- 방위 측정과 해도상의 작도 과정이 빠르고 정확해야 함
- 위치선을 기입한 뒤에는 전위할 때를 고려하여 관측 시간과 방위를 기입해 둠

08 다음 중 위치선을 해도에 작도할 때 오차삼각형이 생기는 경우가 아닌 것은?

가. 자차나 편차가 없을 경우

나. 방위측정이 부정확할 경우

사. 해도상 물표의 위치가 부정확할 경우

아. 방위측정 사이에 시간차가 많을 경우

[해설] 오차 삼각형이 생기는 원인 : 자차나 편차에 오차가 있을 때, 해도상의 물표의 위치가 실제와 다를 때, 방위 측정이 부정확할 때, 방위 측정 사이에 시간차가 많을 때, 해도상에 위치선 작도 시 오차가 개입되었을 때

09 용어에 대한 설명으로 옳은 것은?

가. 전위선은 추측위치와 추정위치의 교점이다.

나. 중시선은 두 물표의 교각이 90도일 때의 직선이다.

사. 추측위치란 선박의 침로, 속력 및 풍압차를 고려하여 예상한 위치이다.

아. 위치선은 관측을 실시한 시점에 선박이 그 자취 위에 있다고 생각되는 특정한 선을 말한다.

[해설] 위치선(Line of Position) : 선박이 그 자취위에 존재한다고 생각되는 특정한 선

10 ( )에 순서대로 적합한 것은?

> "우리나라는 동경 ( )를 표준 자오선으로 정하고 이를 기준으로 정한 평시를 사용하므로 세계시를 기준으로 9시간 ( )."

가. 120°, 빠르다   나. 120°, 느리다

사. 135°, 빠르다   라. 135°, 느리다.

[해설] 지구는 24시간 동안 360° 회전을 하므로 경도 15° 마다 1시간씩 차이가 난다. 본초 자오선에서 동쪽으로 갈수록 시간이 빠르고 서쪽으로 갈수록 시간이 늦다. 우리나라는 동경 135°를 표준 경선으로 사용하여 영국보다 9시간 빠르다.

11 해도의 관리에 대한 사항으로 옳지 않은 것은?

가. 해도를 서랍에 넣을 때는 구겨지지 않도록 주의한다.

나. 해도는 발행 기관별 번호 순서로 정리하고, 항해 중에는 사용할 것과 사용한 것을 분리하여 정리하면 편리하다.

사. 해도를 운반할 때는 구겨지지 않게 반드시 펴서 다닌다.

아. 해도에 사용하는 연필은 2B나 4B연필을 사용한다.

[해설] 해도 취급에 관한 주의 사항
- 해도를 해도대의 서랍에 넣을 때에는 반드시 펴서 넣어야 함
- 부득이 접어야 할 때에는 구김이 생기지 않도록 주의
- 해도는 발행 기관별 번호 순서로 정리
- 서랍의 앞면에 그 속에 들어있는 해도번호, 내용물을 표시
- 서랍마다 넣는 매수는 20매 정도를 기준으로 함
- 해도에는 필요한 선만 긋도록 함
- 해도용 연필(2B, 4B)은 너무 단단하지 않으며 질이 좋은 것으로 끝은 납작하게 깎아서 사용

12 해도상에서 개략적인 위치를 나타내는 해도도식은?

가. cov   나. uncov

사. Rep   아. PA

[해설] 해도도식 중 위치표시 : PA(개략적인 위치), PD(의심되는 위치), ED(존재의 추측위치), SD(의심되는 수심)

13 항만 내의 좁은 구역을 상세하게 표시하는 대축척 해도는?

가. 총도   나. 항양도

사. 항해도   아. 항박도

[해설] 항박도(1/5만 이상) : 항만, 정박지, 협수로 등 좁은 구역을 세부까지 상세히 그린 평면도임

---

08 가 09 아 10 사 11 사 12 아 13 아

14 해도상에 표시된 저질의 기호에 대한 의미로 옳지 않은 것은?

가. S-자갈   나. M-뻘

사. R-바위   아. Co-산호

해설 저질(Quality of the Bottom) : S(모래), Sn(조약돌), M(뻘), P(둥근자갈), G(자갈), Rk·rky(바위), Oz(연니), Co(산호), Cl(점토), Sh(조개껍질), Oys(굴), Wd(해초), WK(침선), Rk(바위), Wd(해초), gty(잔모래)

15 해도상에 표기되어 있는 ✳은?

가. 노출암

나. 항해에 위험한 암암

사. 난파물

아. 항해에 위험한 세암

해설 해저 위험물

✳	항해에 위험한 간출암
✳	항해에 위험한 세암
✛	항해에 위험한 암암
(3₃)ᵒ	노출암 : 저조시나 고조시에 항상 보이는 바위
⊞	항해에 위험한 침선

16 해도의 여러 곳에 표시되어 있는 것으로 방위를 읽을 수 있고, 편차가 표시되어 있는 해도도식은?

가. 경계도   나. 항해도

사. 나침도   아. 편차도

해설 나침도(Compass Rose) : 나침도의 바깥쪽은 진북(true north)을 가리키는 진방위권을, 안쪽은 자기 컴퍼스가 가리키는 나침 방위권을 각각 표시한 것으로, 지자기에 따른 자침 편차와 1년간의 변화량인 연차가 함께 기재되어 있다.

17 다음 중 해도에 표시되는 높이나 깊이의 기준면이 다른 것은?

가. 수심   나. 등대

사. 간출암   아. 세암

해설

[수심 및 높이의 기준]

18 다음 중 항로지에 대한 설명으로 옳지 않은 것은?

가. 해도에 표현할 수 없는 사항을 설명하는 안내서이다.

나. 항로의 상황, 연안의 지형, 항만의 시설 등이 기재되어 있다.

사. 국립해양조사원에서는 외국 항만에 대한 항로지는 발행하지 않는다.

아. 항로지는 총기, 연안기, 항만기로 크게 3편으로 나누어 기술되어 있다.

해설 항로지의 종류
- 근해항로지 : 한국 근해, 일본 및 동남아에 있어서의 항로 선정을 위한 자료 수록
- 대양항로지 : 대양에 있어서의 항로 선정을 위한 자료 수록
- 항로지정 : 세계 주요 항로 즉 연안, 해협, 진입로 등의 통항 분리 방식과 주의 사항 수록

19 항로, 암초, 항행금지구역 등을 표시하는 지점에 고정으로 설치하여 선박의 좌초를 예방하고 항로의 안내를 위해 설치하는 야간표지는?

가. 등대   나. 등선

사. 등주   아. 등표

해설 등입표(등표) : 암초나 수심이 얕은 곳, 항행 금지 구역 등을 표시하는 지점에 고정 설치하여 선박의 좌초를 예방하고, 항로의 안전을 위하여 설치되는 구조물

20 등대의 개축 공사 중에 임시로 가설하는 등은?

가. 도등   나. 가등

사. 임시등   아. 조사등

해설 가등 : 등대의 개축 공사 중에 임시로 가설하는 등

21 섭씨온도 0도는 화씨온도로 약 몇 도인가?

가. 0도   나. 5도

사. 10도   아. 32도

정답_ 14가 15나 16사 17나 18사 19아 20나 21아

해설 • 섭씨온도(℃) : 1기압에서 물의 어는점을 0℃, 끓는점을 100℃로 하여 그 사이를 100등분한 온도
• 화씨온도(℉) : 표준 대기압하에서 물의 어는점을 32℉, 끓는점을 212℉로 하여 그 사이를 180등분 한 것
• 기온 표시의 환산 : $t℃ = 5/9(℉-32)$, $t℉ = 9/5℃+32$

22 일기도의 날시 기호 중 '≡'가 의미하는 것은?

가. 눈　　　　　　나. 비

사. 안개　　　　　아. 우박

해설 지상 일기도의 기호와 의미

구름			일기				
맑음	갬	흐림	비	소나기	눈	안개	뇌우
○	◑	●	•	▽	✳	≡	⬈

23 태풍 중심 위치에 대한 기호의 의미를 연결한 것으로 옳지 않은 것은?

가. PSN GOOD : 위치는 정확

나. PSN FAIR : 위치는 거의 정확

사. PSN POOR : 위치는 아주 정확

아. PSN SUSPECTED : 위치에 의문이 있음

해설 요란의 위치와 신뢰도
• PSN GOOD(Position Good) : 위치가 거의 정확, 오차가 20해리 미만의 경우
• PSN POOR : 위치가 불확실, 오차가 40해리 이상인 경우
• PSN FAIR(Position Fair) : 위치가 근사, 오차가 20~40해리인 경우

24 통항계획의 수립에 관한 설명으로 옳지 않은 것은?

가. 통항계획은 항만간 한 선석에서 다른 선석까지에 대한 계획을 수립한다.

나. 통항계획은 항해 중 변경되어서는 안 된다.

사. 통항계획 수립의 목적은 안전 확보와 최적의 항로를 설정하는 것에 있다.

아. 통항계획에는 도선구역도 포함되어야 한다.

해설 통항계획을 수립 후 수립한 계획이 적절한가를 면밀히 검토하여 대축척 해도에 출·입항로, 연안항로를 그리고, 다시 정확한 항정을 구하여 예정 항행 계획표를 작성한다.

25 다음 중 항해계획 수립에 반드시 필요하지 않는 것은?

가. 수로서지　　　나. 자신의 경험

사. 해도　　　　　아. 자기 컴퍼스

해설 항해 계획은 각종 수로 도지에 의한 항행 해역의 조사 및 연구와 자신의 경험을 바탕으로 적합한 항로를 선정 해도에 선정한 항로를 기입하고 일단 대략적인 항정을 산출한다.

제 2 과목 운용

01 선박안전법에 의하여 선체 및 기관, 설비 및 속구, 만재흘수선, 무선설비 등에 대하여 5년마다 실행하는 정밀검사는?

가. 임시검사　　　나. 중간검사

사. 특수선검사　　아. 정기검사

해설 정기검사 : 선박을 최초로 항해에 사용하는 때 또는 선박검사증서의 유효기간이 만료된 때에 실시하는 선박 시설과 만재 홀수선 검사로 5년마다 실시

02 충분한 건현을 유지해야 하는 가장 큰 이유는?

가. 선속을 빠르게 하기 위해서

나. 선박의 부력을 줄이기 위해서

사. 예비 부력을 확보하기 위해서

아. 화물의 적재를 쉽게 하기 위해서

해설 건현을 관련 법규로 규정해 두는 이유 : 짐을 가득 실은 상태에서도 충분한 여유 부력이 확보되도록 함으로써 선박 안전도를 향상시키기 위함

03 선체의 최하부 중심선에 있는 종강력재로, 선체의 중심선을 따라 선수재에서 선미재까지의 종방향 힘을 구성하는 부분은?

가. 보　　　　　　나. 늑골

사. 용골　　　　　아. 브래킷

해설 용골(keel)
• 선박의 바닥 중심선을 따라 선박의 앞쪽 끝에서 뒤쪽 끝까지 부착되는 것
• 앞부분은 선수재에, 뒷부분은 선미재에 결합되어 선체 종구조의 기초를 이루는 부재

---

22 사　23 사　24 나　25 아 / 01 아　02 사　03 사

04 각 흘수선상의 물에 잠긴 선체의 선수재 전면에서는 선미 후단까지의 수평거리는?

가. 전장　　　　　나. 등록장

사. 수선장　　　　아. 수선간장

해설 수선장 : 만재 흘수선상의 선수재 전면에서 선미 후단까지의 수평 거리

05 선저판, 외판, 갑판 등에 둘러싸여 화물적재에 이용되는 공간은?

가. 격벽　　　　　나. 선창

사. 코퍼댐　　　　아. 밸러스트 탱크

해설 선창(Cargo Hold) : 화물 적재에 이용되는 공간

06 조타장치 취급 시 주의사항으로 옳지 않은 것은?

가. 조타기에 과부하가 걸리는지 점검한다.

나. 작동부에 그리스가 들어가지 않도록 점검한다.

사. 유압 계통은 유량이 적정한지 점검한다.

아. 작동중 이상한 소음이 발생하는지 점검한다.

해설 조타장치 취급시의 주의사항 : 조타기에 과부하가 걸리는지 점검, 유압 펌프 압력과 및 전동기의 소음을 확인, 유압 계통 유량을 확인, 작동부의 그리스 양을 확인

07 다음 중 페인트를 칠하는 용구는?

가. 스크레이퍼　　나. 스프레이 건

사. 철솔　　　　　아. 그리스 건

해설 페인트 관련 용구
- 칠 용구 : 브러시, 스프레이 건
- 녹제거 : 진공 분사기, 모래 분사기, 스케일링 머신, 스크레이퍼, 치핑해머, 와이어 브러시, 샌드 페이퍼

08 다음 중 조난신호가 아닌 것은?

가. 약 1분간을 넘지 아니하는 간격을 총포 신호

나. 발연부 신호

사. 로켓 낙하산 화염 신호

아. 지피에스 신호

해설 조난 통신
① 약 1 분간의 간격으로 행하는 1회의 발포, 기타의 폭발에 의한 신호
② 무중 신호 기구에 의한 음향의 계속
③ 낙하산 신호의 발사
④ 무선 전신 또는 기타의 신호방법에 의한 모스 신호(· · · ― ― ― · · · , SOS)
⑤ 무선 전화에 의한 "메이데이(MAYDAY)"라는 말의 신호
⑥ 국제 신호기 NC 기의 게양
⑦ 방형기와 그 위 또는 아래에 흑구나 이와 유사한 것 한 개를 붙여 이루어지는 신호
⑧ 타르, 기름통 등의 연소로 생기는 선상에서의 발연신호
⑨ 오렌지색 연기를 발하는 발연신호
⑩ 좌우로 벌린 팔을 반복하여 천천히 올렸다 내렸다 하는 신호

09 해상이동업무식별부호(MMSI)에 대한 설명으로 옳은 것은?

가. 5자리 숫자로 구성된다.

나. 9자리 숫자로 구성된다.

사. 국제항해 선박에만 사용된다.

아. 국내항해 선박에만 사용된다.

해설 MMSI(해상이동업무식별부호)
- 선박국, 해안국 및 집단호출을 유일하게 식별하기 위해 사용되는 부호로서, 9개의 숫자로 구성되어 있음(우리나라의 경우 440, 441로 지정)
- MMSI는 주로 디지털선택호출(DSC), 선박자동식별장치(AIS), 비상위치표시전파표지(EPIRB)에서 선박 식별부호로 사용됨

10 생존자의 위치식별을 돕기 위한 구명설비로서 9GHz 레이더의 펄스 신호를 수신하면 응답신호전파를 발사하여 수색팀에게 생존자의 위치를 알림과 동시에 가청 경보음을 울려서 생존자에게 수색구조선의 접근을 알리는 장비는?

가. Beacon

나. EPIRB

사. SART

아. 2-way VHF 무선전화

해설 양 방향 VHF 무선 전화 장치 : 조난 현장에서 생존정과 구조정 상호간 또는 생존정과 구조 항공기 상호간에 조난자의 구조에 관한 통신에 사용되는 휴대형 무선 전화기

11 다음 그림과 같이 표시되는 장치는?

가. 구명줄 발사기
나. 로켓 낙하산 화염 신호
사. 신호홍염
아. 발연부신호

해설 **구명줄 발사기** : 발사기의 손잡이를 잡고 방아
쇠를 당기면 발사체가 로프를 끌고 날아가게 하
는 장비로, 구명 부환에 부착

12 조난자를 해상에서 안전하게 뜰 수 있도록 도와
주고 저체온 현상으로 인한 익사를 방지하는 개
인 생존장비가 아닌 것은?

가. 방수복   나. 구명조끼
사. 보온복   아. 신호홍염

해설 **신호 홍염** : 손잡이를 잡고 불을 붙이면 붉은색
의 불꽃을 1분 이상 연속하여 발할 수 있는 것(야
간용)

13 우리나라 연해구역을 항해하는 총톤수 10톤인
소형선박에 반드시 설치해야 하는 무선통신 설
비는?

가. 초단파무선설비(VHF) 및 ERIRB
나. 중단파무선설비(MF/HF) 및 ERIRB
사. 초단파무선설비(VHF) 및 SART
아. 중단파무선설비(MF/HF) 및 SART

해설 **VHF 무선설비(초단파대 무선 전화)**
• 채널70(156.525 MHz)에 의한 DSC와 채널 6,
13, 16에 의한 무선전화 송수신을 하며 조난경
보신호를 발신할 수 있는 설비
• 평수구역을 항해하는 총톤수 2톤 이상의 소형
선박에 반드시 설치해야 하는 무선통신 설비

14 초단파무선설비(VHF)를 사용하는 방법으로 옳
지 않은 것은?

가. 볼륨을 적절히 조절한다.
나. 묘박중에는 필요할 때만 켜서 사용한다.
사. 항해 중에는 16번 채널을 청취한다.
아. 관제구역에서는 지정된 관제통신 채널을
청취한다.

해설 초단파무선설비(VHF)는 항행 중에는 무휴 청취
를 하여야 한다. VHF무선 전화 조난 통신 채널
이자 호출 응답 채널인 16에 대하여 선박이 항해
중일 경우에는 항상 채널 16에 대한 청취가 유지
되어야 하며, 항계 내에 들어올 경우에는 지정된
항무 통신 채널을 수신하여야 한다.

15 좁은 수로에서의 조선법으로 옳지 않은 것은?

가. 타효가 있는 안전한 속력을 유지하도록
한다.
나. 기관사용 및 투묘준비 상태를 계속 유지
하면서 항행한다.
사. 회두시는 소각도로 여러차례 변침한다.
아. 통항시기는 게류나 조류가 약한 때를 택하
고 만곡이 급한 수로는 순조시 통항한다.

해설 **협수로에서의 조종** : 통항 시기는 게류나 조류
가 약한 때를 택하고, 만곡이 급한 수로에서는
순조시 통항을 피한다.

16 선체 저항에 대한 설명으로 옳은 것은?

가. 선저 오손이 크면 조파저항이 감소한다.
나. 선속이 커지면 마찰저항이 작아진다.
사. 선체를 유선형으로 하면 조와저항이 작
아진다.
아. 공기저항은 상갑판 상부의 구조물만 적
용된다.

해설 **공기 저항** : 수면 상부의 선체 및 갑판 상부의
구조물이 공기의 흐름과 부딪쳐서 생기는 저항

17 운항중인 선박에서 나타나는 타력의 종류가 아
닌 것은?

가. 발동타력   나. 정지타력
사. 반전타력   아. 전속타력

해설 **타력의 종류** : 발동타력, 정지타력, 반전타력,
회두타력

18 접근하여 운항하는 두 선박의 상호 간섭작용에
대한 설명으로 옳지 않은 것은?

가. 선속을 감속하면 영향이 줄어든다.
나. 상대선과의 거리를 멀리하면 영향이 줄
어든다.

---

11 가 12 아 13 가 14 나 15 아 16 사 17 아 18 사

사. 소형선은 선체가 작아 영향을 거의 받지 않는다.

아. 마주칠 때 보다 추월할 때 상호간섭 작용이 오래 지속되어 위험하다.

해설 두 선박간의 상호작용(흡인 배척 작용)은 작은 선박이 훨씬 큰 영향을 받고, 소형 선박이 대형 선박 쪽으로 끌려 들어가는 경향이 크다.

19 접 · 이안시 닻을 사용하는 목적이 아닌 것은?

가. 전진속력의 제어

나. 후진시 선수의 회두 방지

사. 선회 보조 수단

아. 추진기관의 보조

해설 닻의 용도 : 선박을 임의의 수면에 정지 또는 정박, 좁은 수역에서 선수 부분을 선회시킬 때 사용, 선박 또는 다른 물체와의 충돌을 막기 위해 선박의 속도를 급히 감소시키는 경우, 풍랑 시 표류 상태에서 선박의 안정성을 유지할 때, 좌초된 선박을 고정시킬 때

20 선박에서 스크루 프로펠러가 1회전(360도)하면 전진하는 거리는?

가. 킥   나. 롤

사. 피치   아. 트림

해설 피치(pitch) : 스크루 프로펠러가 360° 회전하면서 선체가 전진하는 거리

21 배가 전진하면 선체 주위의 물은 그 진행방향으로 배와 함께 움직이게 되는데, 이 때 선미로 흘러 들어오는 물의 흐름은?

가. 반류   나. 흡입류

다. 배출류   아. 추진기류

해설 수류의 종류
• 흡입류 : 선박이 전진 혹은 후진하게 되면 스크루 프로펠러에 빨려드는 수류
• 배출류 : 프로펠러의 회전에 의해 흘러 나가는 수류
• 반류 : 선미로 흘러 들어오는 물의 흐름

22 황천 항해방법의 하나로서 선수를 풍랑쪽으로 향하게 하여 조타가 가능한 최소의 속력으로 전진하는 방법은?

가. 히브 투(Heave to)

나. 스커딩(Scudding)

사. 라이 투(Lie to)

아. 러칭(Lurching)

해설 거주(heave to, 히브 투) : 일반적으로 풍랑을 선수로부터 좌우현으로 25~35° 방향에서 받아 선수를 풍랑 쪽으로 향하게 하여 조타가 가능한 최소의 속력으로 전진하는 방법

23 화물선에서 복원성을 확보하기 위한 방법으로 옳지 않은 것은?

가. 선체의 길이 방향으로 갑판 화물을 배치한다.

나. 선저부의 탱크에 평형수를 적재한다.

사. 가능하면 높은 곳의 중량물을 아래쪽으로 옮긴다.

아. 연료유나 청수를 무게중심 아래에 위치한 탱크에 공급받는다.

해설 화물 무게의 종 방향(세로) 배치 : 선체 화물의 배치 계획을 세울 때 화물 중량 및 선체 중량의 세로 방향으로 선체의 부력과 비슷하도록 배분

24 해상에서 인명과 선박의 안전을 위해 널리 사용하는 신호서는?

가. 국제신호서   나. 선박신호서

사. 해상신호서   아. 항공신호서

해설 국제 신호서 : 선박의 항해와 인명의 안전에 위급한 상황이 생겼을 경우 상대방에게 도움을 요청할 수 있도록 국제적으로 약속한 부호와 그 부호의 의미를 상세하게 설명한 책

25 정박중 선내 순찰의 목적이 아닌 것은?

가. 선내 각부의 화기 여부 확인

나. 선내 불빛이 외부로 새어 나가는지의 여부 확인

사. 정박등을 포함한 각종 등화 및 형상물 확인

아. 각종 설비의 이상 유무 확인

해설 선내 순찰의 목적 : 부근의 선박유무 및 육상물표를 포함하여 현재의 상황을 충분히 파악, 등화 확인, 각종 설비의 이상 유무 확인, 선내 각부의 화기 여부 확인

정답_ **19** 아 **20** 사 **21** 가 **22** 가 **23** 가 **24** 가 **25** 나

제3과목 법규

01 해상전법상 '유지선이 충돌을 피하기 위한 협력 동작을 취해야 할 시기'로 가장 옳은 것은?

가. 먼 거리에서 충돌의 위험이 있다고 판단 되었을 때

나. 피항선의 적절한 동작을 취하고 있을 때

사. 자선의 조종만으로 조기의 피항동작을 취한 직후

아. 피항선의 동작만으로는 충돌을 피할 수 없다고 판단한 때

해설 제75조(유지선의 동작) ③ 유지선은 피항선과 매우 가깝게 접근하여 해당 피항선의 동작만으 로는 충돌을 피할 수 없다고 판단하는 경우에 는 충돌을 피하기 위하여 충분한 협력을 하여 야 한다.

02 해사안전법상 '조종불능선'인 선박은?

가. 조타기가 고장난 선박

나. 어구를 끌고 있는 선박

사. 선장이 질병으로 위독한 상태인 선박

아. 기적을 사용할 수 없는 선박

해설 제2조(정의) : 용어의 정의 ⑫ "조종불능선"(조 종부능선) : 선박의 조종성능을 제한하는 고장 이나 그 밖의 사유로 조종을 할 수 없게 되어 다른 선박의 진로를 피할 수 없는 선박

03 해사안전법상 통항분리수역에서의 항법으로 옳 지 않은 것은?

가. 통항로는 어떠한 경우에도 횡단할 수 없다.

나. 통항로 안에서는 정하여진 진행방향으로 항행하여야 한다.

사. 통항로의 출입구를 통하여 출입하는 것 을 원칙으로 한다.

아. 분리선이나 분리대에서 될 수 있으면 떨 어져서 항행하여야 한다.

해설 제68조(통항분리제도) ③ 부득이한 사유로 그 통항로를 횡단하여야 하는 경우에는 그 통항로 와 선수방향(선수방향)이 직각에 가까운 각도로 횡단

04 해사안전법상 선박이 '서로 시계 안'에 있는 상 태를 옳게 정의한 것은?

가. 선박에서 다른 선박과 마주치는 상태

나. 선박에서 다른 선박과 교신 중인 상태

사. 선박에서 다른 선박을 눈으로 볼 수 있 는 상태

아. 선박에서 다른 선박을 레이더로 확인할 수 있는 상태

해설 선박이 서로 시계 안에 있는 때의 항법 제69조(적용) 이 절은 선박에서 다른 선박을 눈 으로 볼 수 있는 상태에 있는 선박에 적용한다.

05 해사안전법상 2척의 범선이 서로 접근하여 충돌 할 위험이 있는 경우 항행방법으로 옳지 않은 것은?

가. 각 범선이 다른 쪽 현에 바람을 받고 있는 경우에는 좌현에 바람을 받고 있는 범선이 다른 범선의 진로를 피하여야 한다.

나. 두 범선이 서로 같은 현에 바람을 받고 있는 경우에는 바람이 불어오는 쪽의 범 선이 바람이 불어가는 쪽의 범선의 진로 를 피하여야 한다.

사. 좌현에 바람을 받고 있는 범선은 바람이 불 어오는 쪽에 있는 다른 범선이 바람을 좌우 어느 쪽에 받고 있는지 확인할 수 없을 때 에는 그 범선의 진로를 피하여야 한다.

아. 바람이 불어오는 쪽에 있는 범선은 다른 범선이 바람을 좌우 어느 쪽에 받고 있 는지 확인할 수 없을 때에는 조우자세에 따라 피항한다.

해설 제70조(범선) ① 2척의 범선이 서로 접근하여 충돌할 위험이 있는 경우

㉠ 각 범선이 다른 쪽 현(舷)에 바람을 받고 있는 경우에는 좌현(左舷)에 바람을 받고 있는 범선이 다른 범선의 진로를 피함

㉡ 두 범선이 서로 같은 현에 바람을 받고 있는 경우에는 바람이 불어오는 쪽의 범선이 바 람이 불어가는 쪽의 범선의 진로를 피함

㉢ 좌현에 바람을 받고 있는 범선은 바람이 불어오는 쪽에 있는 다른 범선을 본 경우 로서 그 범선이 바람을 좌우 어느 쪽에 받 고 있는지 확인할 수 없는 때에는 그 범선 의 진로를 피함

01 아 02 가 03 가 04 사 05 아

06 해사안전법상 제한된 시계 안에서 단음 4회의 식별신호를 올릴 수 있는 선박은?

가. 정박선

나. 얹혀 있는 선박

사. 어로에 종사하고 있는 선박

아. 도선업무를 하고 있는 도선선

해설 제93조(제한된 시계 안에서의 음향신호)
◎ 도선선이 도선업무를 하고 있는 경우에는 제1호, 제2호 또는 제5호에 따른 신호에 덧붙여 단음 4회로 식별신호를 할 수 있다.

07 (　　)에 적합한 것은?

> "해사안전법상 선수와 선미의 중심선상에 설치되어 225도에 걸치는 수평의 호를 비추되, 그 불빛이 정선수방향으로부터 양쪽 현의 정횡으로부터 뒤쪽 22.5도까지 비출 수 있는 흰색 등은 (　　)이다."

가. 현등　　　　나. 예선등

사. 선미등　　　아. 마스트등

해설 제79조(등화의 종류) ① 마스트등 : 선수와 선미의 중심선상에 설치되어 225도에 걸치는 수평의 호(호)를 비추되, 그 불빛이 정선수 방향으로부터 양쪽 현의 정횡으로부터 뒤쪽 22. 5도까지 비출 수 있는 흰색 등(등)

08 해사안전법상 길이 20미터 미만의 선박이 현등 1쌍을 대신하여 표시할 수 있는 것은?

가. 선미등　　　　나. 양색등

사. 호광등　　　　아. 예선등

해설 제81조(항행 중인 동력선) ① 항행 중인 동력선은 다음 각 호의 등화를 표시하여야 한다.
2. 현등 1쌍(길이 20미터 미만의 선박은 이를 대신하여 양색등을 표시할 수 있다)

09 해사안전법 기준으로 트롤망 어로에 종사하는 선박 외에 어로에 종사하는 선박이 수평거리로 몇 미터가 넘는 어구를 선박 밖으로 내고 있는 경우에 어구를 내고 있는 방향으로 흰색 전주등 1개를 표시하여야 하는가?

가. 50미터　　　　나. 75미터

사. 100미터　　　아. 150미터

해설 제84조(어선)
② 어로에 종사하는 선박
ⓛ 수평거리로 150미터가 넘는 어구를 선박 밖으로 내고 있는 경우에는 어구를 내고 있는 방향으로 흰색 전주등 1개 또는 꼭대기를 위로 한 원뿔꼴의 형상물 1개

10 해사안전법상 장음의 취명시간 기준은?

가. 1초　　　　　나. 2~3초

사. 3~4초　　　아. 4~6초

해설 제90조(기적의 종류) ② 장음 : 4초부터 6초까지의 시간 동안 계속되는 고동소리

11 해사안전법상 얹혀 있는 길이 12미터 이상의 선박이 낮게 표시하는 형상물은?

가. 둥근꼴 형상물 1개

나. 둥근꼴 형상물 2개

사. 둥근꼴 형상물 3개

아. 둥근꼴 형상물 4개

해설 제88조(정박선과 얹혀 있는 선박) ④ 얹혀 있는 선박
㉠ 수직으로 붉은색의 전주등 2개
ⓛ 수직으로 둥근꼴의 형상물 3개

12 해사안전법상 항행장애물의 처리에 관한 설명으로 옳지 않은 것은?

가. 항행장애물제거책임자는 항행장애물을 제거하여야 한다.

나. 항행장애물제거책임자는 항행장애물을 발생시킨 선박의 기관장이다.

사. 항행장애물제거책임자는 항행장애물이 다른 선박의 항행안전을 저해할 우려가 있을 경우 항행장애물에 위험성을 나타내는 표시를 하여야 한다.

아. 항행장애물제거책임자는 항행장애물이 외국의 배타적 경제수역에서 발생되었을 경우 그 해역을 관할하는 외국 정부에 지체 없이 보고하여야 한다.

해설 제25조(항행장애물의 보고 등) ① 항행장애물제거책임자 : 항행장애물을 발생시킨 선박의 선장, 선박소유자 또는 선박운항자

정답_ 06 아 **07** 아 **08** 나 **09** 아 **10** 아 **11** 사 **12** 나

13 해사안전법상 선박의 등화 및 형상물에 관한 규정에 대한 설명으로 옳지 않은 것은?

가. 형상물은 주간에 표시한다.

나. 낮이라도 제한된 시계에서는 등화를 표시할 수 있다.

사. 등화의 표시 시간은 일몰시부터 일출시까지이다.

아. 다른 선박이 주위에 없을 때에는 등화를 켜지 않아도 된다.

[해설] 제78조(적용) 등화의 점등 시기 : 모든 날씨에서 적용, 해뜨는 시각부터 해지는 시각까지도 제한된 시계에서는 등화를 표시, 제한시계 내

14 해사안전법상 해양사고가 일어난 경우의 조치에 대한 설명으로 옳지 않은 것은?

가. 해양사고의 발생 사실과 조치 사실을 지체 없이 해양경찰서장이나 지방해양수산청장에게 신고하여야 한다.

나. 해양경찰서장은 선박의 안전을 위해 취해진 조치가 적당하지 않다고 인정하는 경우에는 직접 조치할 수 있다.

사. 해양경찰서장은 해양사고가 일어난 선박이 위험하게 될 우려가 있는 경우 필요하면 구역을 정하여 다른 선박에 대하여 이동·항행제한 또는 조업정지를 명할 수 있다.

아. 선장이나 선박소유자는 해양사고가 일어난 선박이 위험하게 되거나 다른 선박의 항행안전에 위험을 줄 우려가 있는 경우에는 위험을 방지하기 위하여 신속하게 필요한 조치를 취하여야 한다.

[해설] 제43조(해양사고가 일어난 경우의 조치) ③ 해양경찰서장은 선장이나 선박소유자가 신고한 조치 사실을 적절한 수단을 사용하여 확인하고, 조치를 취하지 아니하였거나 취한 조치가 적당하지 아니하다고 인정하는 경우에는 그 선박의 선장이나 선박소유자에게 해양사고를 신속하게 수습하고 해상교통의 안전을 확보하기 위하여 필요한 조치를 취할 것을 명하여야 한다.

15 해사안전법상 충돌을 피하기 위한 동작에 대한 설명으로 옳지 않은 것은?

가. 침로나 속력을 소폭으로 연속적으로 변경하여야 한다.

나. 침로를 변경할 경우에는 통상적으로 적절한 시기에 큰 각도로 침로를 변경하여야 한다.

사. 피항동작을 취할 때에는 동작의 효과를 다른 선박이 완전히 통과할 때까지 주의 깊게 확인하여야 한다.

아. 필요하면 속력을 줄이거나 기관의 작동을 정지하거나 후진하여 선박의 진행을 완전히 멈추어야 한다.

[해설] 제66조(충돌을 피하기 위한 동작) ② 침로(針路)나 속력의 변경 : 다른 선박이 그 변경을 쉽게 알아볼 수 있도록 충분히 크게 변경, 침로나 속력을 소폭으로 연속적으로 변경하여서는 안됨

16 선박의 입항 및 출항 등에 관한 법률상 무역항의 수상구역 등에서 위험물을 적재한 총톤수 25톤의 선박이 수리를 할 경우, 반드시 허가를 받고 작업을 하여야 하는 작업은?

가. 갑판 청소   나. 평형수의 이동

사. 연료의 수급   아. 기관실 용접 작업

[해설] 제37조(선박수리의 허가 등) ① 선장은 무역항의 수상구역 등에서 다음 각 호의 선박을 불꽃이나 열이 발생하는 용접 등의 방법으로 수리하려는 경우 해양수산부령으로 정하는 바에 따라 해양수산부장관의 허가를 받아야 한다. 다만, 제2호의 선박은 기관실, 연료탱크, 그 밖에 해양수산부령으로 정하는 선박 내 위험구역에서 수리작업을 하는 경우에만 허가를 받아야 한다.
㉠ 위험물을 저장·운송하는 선박과 위험물을 하역한 후에도 인화성 물질 또는 폭발성 가스가 남아 있어 화재 또는 폭발의 위험이 있는 선박
㉡ 총톤수 20톤 이상의 선박(위험물운송선박은 제외)

17 ( )에 순서대로 적합한 것은?

"선박의 입항 및 출항 등에 관한 법률상 누구든지 무역항의 수상구역 등이나 무역항의 수상구역 밖 ( ) 이내의 수면에 선박의 안전운항을 해칠 우려가 있는 ( )을 버려서는 아니 된다."

가. 5킬로미터, 선박

나. 10킬로미터, 폐기물

사. 3킬로미터, 장애물

아. 15킬로미터, 폐기물

[해설] 제38조(폐기물의 투기 금지 등) ① 누구든지 무역항의 수상구역등이나 무역항의 수상구역 밖 10킬로미터 이내의 수면에 선박의 안전운항을 해칠 우려가 있는 흙·돌·나무·어구(어구) 등 폐기물을 버려서는 아니 된다.

18 선박의 입항 및 출항 등에 관한 법률상 항로에서의 항법에 대한 설명으로 옳지 않은 것은?

가. 항로 안에서 나란히 항행하지 못한다.

나. 항로 안에서 다른 선박의 우현 쪽으로 추월해야 한다.

사. 항로를 항행하는 급유선을 제외한 위험물운송선박의 진로를 방해하여서는 아니된다.

아. 항로 안에서 다른 선박과 마주칠 때에는 오른쪽으로 항행하여야 한다.

[해설] 제12조(항로에서의 항법) ④ 항로에서 다른 선박을 추월하지 아니할 것. 다만, 추월하려는 선박을 눈으로 볼 수 있고 안전하게 추월할 수 있다고 판단되는 경우에는 「해사안전법」 제67조 제5항 및 제71조에 따른 방법으로 추월할 것

19 선박의 입항 및 출항 등에 관한 법률상 무역항의 수상구역 등에 출입하려는 경우 출입신고를 해야 하는 선박은?

가. 예선

나. 총톤수 5톤인 선박

사. 도선선

아. 해양사고구조에 사용되는 선박

[해설] 출입 신고의 면제 선박
① 총톤수 5톤 미만의 선박
② 해양사고구조에 사용되는 선박
③ 「수상레저안전법」 제2조 제3호에 따른 수상레저기구 중 국내항 간을 운항하는 모터보트 및 동력요트
④ 그 밖에 공공목적이나 항만 운영의 효율성을 위하여 해양수산부령으로 정하는 선박

20 선박의 입항 및 출항 등에 관한 법률상 무역항의 수상구역 등에서 예인선의 항법으로 옳지 않은 것은?

가. 예인선은 한꺼번에 3척 이상의 피예인선을 끌지 아니하여야 한다.

나. 원칙적으로 예인선의 선미로부터 피예인선의 선미까지 길이는 200미터를 초과하지 못한다.

사. 다른 선박의 입항과 출항을 보조하는 경우 예인삭의 길이가 200미터를 초과해도 된다.

아. 지방해양수산청장은 무역항의 특수성 등을 고려하여 필요한 경우 예인선의 항법을 조정할 수 있다.

[해설] 시행규칙 제9조(예인선의 항법 등) ① 법 제15조 제1항에 따라 예인선이 무역항의 수상구역등에서 다른 선박을 끌고 항행하는 경우에는 다음 각 호에서 정하는 바에 따라야 한다.
1. 예인선의 선수(선수)로부터 피(피)예인선의 선미(선미)까지의 길이는 200미터를 초과하지 아니할 것. 다만, 다른 선박의 출입을 보조하는 경우에는 그러하지 아니하다.
2. 예인선은 한꺼번에 3척 이상의 피예인선을 끌지 아니할 것
② 제1항에도 불구하고 지방해양수산청장 또는 시·도지사는 해당 무역항의 특수성 등을 고려하여 특히 필요한 경우에는 제1항에 따른 항법을 조정할 수 있다. 이 경우 지방해양수산청장 또는 시·도지사는 그 사실을 고시하여야 한다.

21 선박의 입항 및 출항 등에 관한 법률상 주로 무역항의 수상구역에서 운항하는 선박으로서 다른 선박의 진로를 피하여야 하는 우선피항선이 아닌 것은?

가. 부선

나. 예선

사. 총톤수 20톤인 여객선

아. 주로 노와 삿대로 운전하는 선박

[해설] 제2조(정의) : 용어의 뜻
④ "우선피항선"(우선피항선) : 주로 무역항의 수상구역에서 운항하는 선박으로서 다른 선박의 진로를 피하여야 하는 선박
㉠ 「선박법」에 따른 부선(艀船)
㉡ 주로 노와 삿대로 운전하는 선박
㉢ 예선
㉣ 항만운송관련사업을 등록한 자가 소유한 선박
㉤ 해양환경관리업을 등록한 자가 소유한 선박 (폐기물해양배출업으로 등록한 선박은 제외)
㉥ 위 규정에 해당하지 아니하는 총톤수 20톤 미만의 선박

22 선박의 입항 및 출항 등에 관한 법률상 무역항의 항로에서 정박이나 정류가 허용되는 경우는?

가. 어선이 조업 중일 경우

나. 선박 조종이 불가능한 경우

사. 실습선이 해양훈련 중일 경우

아. 여객선이 입항시간을 맞추려 할 경우

해설 제6조(정박의 제한 및 방법 등) ② 정박·정류 등의 제한 예외
ⓐ 해양사고를 피하기 위한 경우
ⓑ 선박의 고장이나 그 밖의 사유로 선박을 조종할 수 없는 경우
ⓒ 인명을 구조하거나 급박한 위험이 있는 선박을 구조하는 경우
ⓓ 제41조에 따른 허가를 받은 공사 또는 작업에 사용하는 경우

23 해양환경관리법상 해양오염방지설비 등을 교체·개조 또는 수리를 하였을 때 행하는 검사는?

가. 특별검사　　　　나. 임시검사

사. 중간검사　　　　아. 임시항행검사

해설 제51조(임시검사) : 해양오염방지설비등을 교체·개조 또는 수리하고자 하는 때

24 해양환경관리법상 해양에 기름 등 폐기물이 배출되는 경우 방제를 위한 응급조치 사항으로 옳지 않은 것은?

가. 배출된 기름 등의 회수조치

나. 선박 손상부위의 긴급수리

사. 기름 등이 빨리 희석되도록 고압의 물 분사

아. 기름 등 폐기물의 확산을 방지하는 울타리(Fence) 설치

해설 시행령 제48조(오염물질이 배출된 경우의 방제조치) ① 응급조치
1. 오염물질의 확산방지울타리의 설치 및 그 밖에 확산방지를 위하여 필요한 조치
2. 선박 또는 시설의 손상부위의 긴급수리, 선체의 예인·인양조치 등 오염물질의 배출 방지조치
3. 해당 선박 또는 시설에 적재된 오염물질을 다른 선박·시설 또는 화물창으로 옮겨 싣는 조치
4. 배출된 오염물질의 회수조치
5. 해양오염방제를 위한 자재 및 약제의 사용에 따른 오염물질의 제거조치
6. 수거된 오염물질로 인한 2차오염 방지조치

7. 수거된 오염물질과 방제를 위하여 사용된 자재 및 약제 중 재사용이 불가능한 물질의 안전처리조치

25 해양환경관리법상 해양오염방지검사증서의 유효기간은?

가. 1년　　　　　　나. 3년

사. 5년　　　　　　아. 7년

해설 제56조(해양오염방지검사증서 등의 유효기간)
ⓐ 해양오염방지검사증서 : 5년
ⓑ 방오시스템검사증서 : 영구
ⓒ 에너지효율검사증서 : 영구
ⓓ 협약검사증서 : 5년

제4과목 기관

01 디젤기관의 운전 중 배기색이 검은색으로 되는 경우의 원인으로 옳지 않은 것은?

가. 공기량이 충분하지 않을 때

나. 기관이 과부하로 운전될 때

사. 연료에 수분이 혼입되었을 때

아. 연료분사상태가 불량할 때

해설 흑색(검은색)의 배기 가스 : 흡입 공기 압력의 부족, 연료 분사 상태 불량, 배기관이 막혔거나 과부하 운전, 피스톤 링이나 실린더 라이너의 마모

02 4행정 사이클 기관에서 어느 한 실린더에 대한 설명으로 옳은 것은?

가. 크랭크 축이 1회 회전할 때 1번 연소한다.

나. 크랭크 축이 2회 회전할 때 1번 연소한다.

사. 캠축이 4회 회전할 때 1번 연소한다.

아. 캠축이 8회 회전할 때 1번 연소한다.

해설 4행정 사이클 기관 : 흡입, 압축, 작동(폭발), 배기의 4행정으로 한 사이클을 완료하는 기관(피스톤이 4행정 왕복하는 동안 크랭크축이 2회전함으로써 사이클을 완료)

03 디젤기관을 시동한 후에 점검해야 할 사항이 아닌 것은?

가. 윤활유의 압력

나. 각 운동부의 이상 여부

---

22 나　23 나　24 사　25 사 / 01 사　02 나　03 사

사. 배전반 전압계의 정상 여부

아. 냉각수의 원활한 공급 여부

[해설] 시동 후 점검 사항
- 각 작동부의 음향과 진동, 압력계, 온도계, 회전계 등을 살펴보고, 이상발열이나 소리가 없는지 확인
- 배기밸브의 누설이나 온도 상승, 작동 상태를 확인
- 모든 실린더에서 연소가 이루어지고 있는지 확인하고, 실린더 주유기의 작동 상태를 확인
- 실린더 헤드의 시동 밸브가 누설되어 연소가스가 새고 있는지 확인

04 해수 윤활식 선미관의 베어링 재료로 많이 사용되는 것은?

가. 청동　　　　　나. 황동

사. 리그넘바이트　　아. 백색합금

[해설] 해수 윤활식 선미관 베어링의 재료 : 열대 지방에서 나는 목재의 일종인 리그넘 바이트와 합성 고무

05 디젤기관의 연료분사조건 중 분사되는 연료유가 극히 미세화되는 것을 무엇이라 하는가?

가. 무화　　　　　나. 관통

사. 분산　　　　　아. 분포

[해설] 무화 : 분사되는 연료유의 미립화

06 선박용 윤활유의 종류에 해당되지 않는 것은?

가. 경유　　　　　나. 시스템유

다. 터빈유　　　　라. 기어유

[해설] 윤활유의 종류
- 용도에 따라 : 내연 기관용 윤활유, 베어링용 윤활유, 터빈유, 기계유, 기어유, 냉동기유, 압축기유, 유압 작동유, 그리스 등
- 그리스(grease) : 반고체 상태의 윤활제로서 충격 하중이나 고하중을 받는 기어나 급유가 곤란한 장소에 사용

07 소형기관에서 윤활유를 오래 사용했을 경우에 나타나는 현상으로 옳지 않은 것은?

가. 색상이 검게 변한다.

나. 점도가 증가한다.

사. 침전물이 증가한다.

아. 혼입수분이 감소한다.

[해설] 고려해야 할 윤활유의 성질로는 점도(viscosity), 점도 지수(viscosity index), 유성(oiliness), 항유화성, 기름의 부식성(산화 안정도) 등이 있다.

08 스크루 프로펠러의 추력을 받는 것은?

가. 메인 베어링

나. 스러스트 베어링

사. 중간축 베어링

아. 크랭크핀 베어링

[해설] 추력 베어링(스러스트 베어링, thrust bearing)
- 추력칼라의 앞과 뒤에 설치되어 추력축을 받치고 있는 베어링(메인베어링보다 선미쪽)
- 프로펠러로 부터 전달되어 오는 추력을 추력칼라에서 받아 선체에 전달하여 선박을 추진

09 추진축이 한 방향으로만 회전하여도 전·후진이 가능한 프로펠러는?

가. 고정피치 프로펠러

나. 가변피치 프로펠러

사. 날개가 3개인 프로펠러

아. 날개가 4개인 프로펠러

[해설] 프로펠러의 종류 : 고정 피치 프로펠러(날개를 움직여 피치를 조절할 수 없는 프로펠러), 가변 피치 프로펠러(날개를 움직여 피치를 조절할 수 있는 프로펠러, 프로펠러 피치의 방향을 바꾸어서 선박을 전진, 후진·정지속도 증감이 가능)

10 디젤기관에서 크랭크축의 구성부분이 아닌 것은?

가. 크랭크 핀　　　나. 크랭크핀 베어링

사. 크랭크 암　　　아. 크랭크 저널

[해설] 크랭크 축의 구성 : 메인 베어링으로 지지되어 회전하는 크랭크 저널과 크랭크 핀, 그리고 이들을 연결하는 크랭크 암으로 구성

11 기관의 부속품 중 연소실의 일부를 형성하고 피스톤의 안내역할을 하는 것은?

가. 실린더 헤드　　나. 피스톤

사. 실린더 라이너　아. 크랭크축

[해설] 실린더 라이너는 고온 고압의 연소 가스와 직접 접촉하며, 내부에는 피스톤이 왕복 운동을 하므로 마멸하기 쉬운 부분이다.

12 소형 디젤기관의 시동직후 운전상태를 파악하기 위해 점검해야 할 사항이 아닌 것은?

가. 계기류의 지침

나. 배기색

사. 진동의 발생 여부

아. 윤활유의 점도

해설 시동 후 점검 사항
- 각 작동부의 음향과 진동, 압력계, 온도계, 회전계 등을 살펴보고, 이상발열이나 소리가 없는지 확인
- 배기밸브의 누설이나 온도 상승, 작동 상태를 확인
- 모든 실린더에서 연소가 이루어지고 있는지 확인하고, 실린더 주유기의 작동 상태를 확인
- 실린더 해드의 시동 밸브가 누설되어 연소가스가 새고 있는지 확인

13 디젤기관의 실린더 내 압력을 표시하는 단위는?

가. MPa   나. kcal

사. kg/cm   아. J

해설 압력 : 단위 면적에 수직으로 작용하는 힘의 크기로 주로 N/m^2로 나타내며 파스칼(Pa)이라고 부름, bar, kg/cm^2, psi, atm 등도 사용

14 다음 그림에서 디젤기관의 흡·배기밸브의 틈새를 조정하는 기구 A의 명칭은?

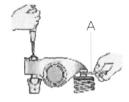

가. 필러 게이지   나. 다이얼 게이지

사. 실린더 게이지   아. 버니어 캘리퍼스

해설 필러 게이지(feeler gauge, 틈새 게이지) : 정확한 두께의 철편이 단계별로 되어 있는 측정용 게이지로 두 부품 사이의 좁은 거리(틈) 및 간극을 측정하기 위한 것

15 납축전지의 전해액 구성 성분으로 옳은 것은?

가. 진한 황산 + 증류수

나. 묽은 염산 + 증류수

사. 진한 질산 + 증류수

아. 묽은 초산 + 증류수

해설 전해액 : 묽은 황산(진한 황산과 증류수를 혼합, 비중은 1.2 내외)

16 전동유압식 조타장치의 유압펌프로 이용될 수 있는 펌프는?

가. 원심펌프   나. 축류펌프

사. 제트펌프   아. 기어펌프

해설 기어 펌프(gear pump) : 2개의 기어가 서로 물려 있으며, 기어가 서로 안쪽 방향으로 회전하여 액체를 흡입, 배출하는 펌프

17 디젤기관의 냉각수 펌프로 적절한 것은?

가. 원심펌프   나. 왕복펌프

사. 회전펌프   아. 제트펌프

해설 원심 펌프의 용도 : 밸러스트 펌프, 잡용 펌프, 소화 펌프, 위생 펌프, 청수 펌프, 해수 펌프(냉각수 펌프) 등

18 해수펌프의 구성품이 아닌 것은?

가. 축봉장치   나. 임펠러

사. 케이싱   아. 제동장치

해설 원심 펌프(해수 펌프로 이용)의 구성 요소 : 회전차(임펠러, impeller), 마우스 링(mouth ring), 케이싱(casing), 와류실(spiral casing), 안내 날개(안내깃), 주축(shaft), 베어링, 축봉 장치, 글랜드 패킹(gland packing), 체크 밸브

19 기관실의 연료유 펌프로 적합한 것은?

가. 기어펌프   나. 왕복펌프

사. 축류펌프   아. 원심펌프

해설 기어 펌프(gear pump) : 흡입 양정이 크고, 점도가 높은 유체를 이송하는데 적합해 디젤 유활유 펌프, 연료유 펌프 등으로 이용

20 3상 유도전동기의 구성요소로만 짝지어진 것은?

가. 회전자와 정류자

나. 전기자와 브러시

사. 고정자와 회전자

아. 전기자와 정류자

해설 3상 유도 전동기 : 교류 전동기의 한 종류로 3상(aa.bb.cc) 코일을 한 고정자 안쪽에 회전자를 둔 다음 전기를 보내 주연 고정자에 회전 자기장이 발생하고 회전자는 고정자의 회전 자기장 속도로 시계 방향으로 회전

21 연료의 온도를 인화점보다 높게하면 외부에서 불을 붙여 주지 않아도 자연 발화되는 최저 온도를 무엇이라 하는가?

가. 진화점 나. 발화점

사. 유동점 아. 소기점

해설 발화점(ignition point, 착화점) : 연료의 온도를 인화점보다 높게 하면 외부에서 불을 붙여주지 않아도 자연 발화하게 되는데, 이처럼 자연 발화하는 온도

22 운전중인 디젤기관이 갑자기 정지되는 경우가 아닌 것은?

가. 윤활유의 압력이 너무 낮아졌을 경우

나. 기관의 회전수가 규정치보다 너무 높아졌을 경우

사. 연료유가 공급되지 않았을 경우

아. 냉각수 온도가 너무 낮아졌을 경우

해설 기관이 자연적으로 정지할 때의 원인
① 조속기의 고장으로 연료 공급이 차단되었을 때
② 연료유 계통 문제
③ 주 운동 부분 고착 : 피스톤이나 크랭크 핀 베어링, 메인 베어링, 윤활유 압력 저하 등
④ 프로펠러에 부유물이 걸렸을 때
⑤ 분사펌프 플런저의 고착

23 운전중인 디젤기관의 메인 베어링이 발열되는 경우의 원인으로 옳지 않은 것은?

가. 윤활유가 부족하다.

나. 과부하로 운전된다.

사. 연료유의 압력이 너무 높다.

아. 베어링 간극이 적절하지 않다.

해설 메인 베어링의 발열 원인 : 베어링의 틈새 불량, 윤활유 부족 및 불량, 크랭크 축의 중심선 불일치

24 선박용 연료유에 대한 일반적인 설명으로 옳지 않은 것은?

가. 경유가 중유보다 비중이 낮다.

나. 경유가 중유보다 점도가 낮다.

사. 경유가 중유보다 유동점이 낮다.

아. 경유가 중유보다 발열량이 높다.

해설 • 발열량 : 연료가 완전연소했을 때 내는 열량 (수소＞탄소＞유황)
• 경유와 중유의 발열량은 대체로 비슷하다.

25 연료유 탱크에 들어 있는 기름보다 비중이 더 큰 기름을 동일한 양으로 혼합한 경우 비중은 어떻게 변하는가?

가. 혼합비중은 비중이 더 큰 기름보다 비중이 더 커진다.

나. 혼합비중은 비중이 더 큰 기름의 비중과 동일하게 된다.

사. 혼합비중은 비중이 더 작은 기름보다 비중이 더 작아진다.

아. 혼합비중은 비중이 작은 기름과 비중이 큰 기름의 중간 정도로 된다.

해설 비중(specific gravity) : 부피가 같은 기름의 무게와 물의 무게의 비(비중(밀도) = $\frac{질량}{부피}$ 즉, 질량[무게] = 비중×부피)

2018년 4차 기출문제

제1과목 항해

01 자기 컴퍼스 볼의 구조에 대한 아래 그림에서 ㉠은?

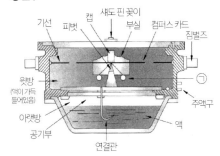

가. 피벗 　　　　나. 캡
사. 컴퍼스 카드 　라. 자침

해설 자침 : 자석으로 놋쇠로 된 관속에 밀봉

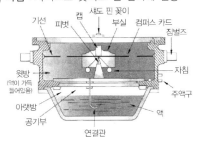

[마그네틱 컴퍼스의 볼 구조]

02 자기 컴퍼스가 선체나 선내 철기류 등의 영향을 받아 생기는 오차는?

가. 기차 　　　　나. 자차
사. 편차 　　　　아. 수직차

해설 자차 : 자기자오선(자북)과 자기 컴퍼스의 남북선(나북)이 이루는 교각으로 선수 방위에 따라 변함(선내 철기류 및 선체자기의 영향 때문에 발생)

03 음파의 속력이 1,500미터/초 일 때 음향측심기의 음파가 반사되어 수신한 시간이 0.4초라면 수심은?

가. 75미터 　　　나. 150미터
사. 300미터 　　아. 450미터

해설 • 음향측심기 수심 계산 : Ds(선저에서 해저까지의 수심) = 1500(수중에서 음파의 속도)× 1/2t(음파가 진행한 시간)
• 수심(D) = 1,500m/s × 0.2sec = 300m

04 북(N)을 0도로 하였을 때 서(W)의 방위는

가. 90도 　　　　나. 180도
사. 270도 　　　아. 360도

해설 • 방위 : 어느 기준선과 관측자 및 물표를 지나는 대권이 이루는 교각(서쪽이므로 270도)
• 방위각 : 북 또는 남을 0°로 하여 동 또는 서쪽으로 180°이내의 각으로 표시한 것

05 수심을 측정할 뿐만 아니라 개략적인 해저의 형상이나 어군의 존재를 파악하기 위한 계기는?

가. 나침의 　　　나. 선속계
사. 음향측심기 　아. 핸드레드

해설 • 측심기(sounding machine, 측심의)
① 수심을 측정하고 해저의 저질 상태 등을 파악하기 위한 장비
② 어군의 존재 파악, 해저의 저질 상태 파악, 수로 측량이 부정확한 곳의 수심 측정(안전 항해를 위해 사용)용도로 쓰임

06 조류가 정선미 쪽에서 정선수 쪽으로 2노트로 흘러갈 때 대지속력이 10노트이면 대수속력은?

가. 6노트 　　　나. 8노트
사. 10노트 　　아. 12노트

해설 • 대지속력 : 선박이 항주 중 지면과 이루는 속력(절대속력, 외력의 영향을 가감한 속력)
• 대수속력 : 선박이 항주 중 수면과 이루는 속력(일반적인 선박의 속력, 상대속력)

01 라 02 나 03 사 04 사 05 사 06 나

07 국제해상부표식에서 방위표지의 두표(Top mark)로 사용하는 것은?

가. 흑색 원추형 2개

나. 흑색 원통형 2개

사. 흑색 구형 2개

아. 적색 구형 2개

해설 방위표지 : 두표는 반드시 원추형 2개를 사용하며, 색상은 흑색과 황색, 등화는 백색

08 선박이 지향등을 보면서 좁은 수로를 안전하게 통과하려고 할 때 선박이 위치하여야 할 등의 색깔은?

가. 녹색　　　　나. 홍색

사. 백색　　　　아. 청색

해설 지향등 : 선박의 통항이 곤란한 좁은 수로, 항구, 만 입구에서 안전 항로를 알려 주기 위하여 항로 연장선상의 육지에 설치한 분호등(녹색, 적색, 백색의 3가지 등질이 있으며 백색광이 안전구역)

09 지피에스(GPS)와 디지피에스(DGPS)에 대한 설명으로 옳지 않은 것은?

가. 디지피에스(DGPS)는 지피에스(GPS)의 위치 오차를 줄이기 위해서 위치보정 기준국을 이용한다.

나. 지피에스(GPS)는 24개의 위성으로부터 오는 전파를 사용하여 위치를 계산한다.

사. 지피에스(GPS)와 디지피에스(DGPS)는 서로 다른 위성을 사용한다.

아. 대표적인 위성항법장치이다.

해설 DGPS : 위치를 알고 있는 기준국에서 GPS 위치를 구하여 보정량을 결정한 다음, 이 보정량을 규정된 포맷에 따라 방송하면, 기준국으로부터 일정한 범위 내의 DGPS 수신기가 자신이 측정한 GPS 신호에 그 보정량을 가감하여 정확한 위치를 구하는 방식

10 주로 하나의 항만, 어항, 좁은 수로 등 좁은 구역을 표시하는 해도에 많이 이용되는 도법은?

가. 평면도법　　　나. 점장도법

사. 대권도법　　　아. 다원추도법

해설 평면도법 : 지구 표면의 좁은 한 구역을 평면으로 가정하고 그린 축척이 큰 해도로 주로 항박도에 많이 이용

11 상대운동 표시방식의 레이더 화면에 'A'선박의 예상 움직임이 다음 그림과 같이 표시되었을 때 이에 대한 설명으로 옳은 것은?

가. 본선과 침로가 비슷하다.

나. 본선과 속력이 비슷하다.

사. 본선의 크기와 비슷하다.

아. 본선과 충돌의 위험이 있다.

해설 • 상대 동작 레이더(relative motion radar) : 자선의 위치가 PPI(Plan Position Indicator) 상의 어느 한 점(주로 PPI의 중심)에 고정되어 있기 때문에, 모든 물체는 자선의 움직임에 대하여 상대적인 움직임으로 표시

• 상대방위가 변하지 않고 접근하는 선박이 충돌의 위험성이 크다.

12 전자해도를 종이해도와 비교했을 때 전자해도의 장점이 아닌 것은?

가. 초기 설치비용이 저렴하다.

나. 레이더 영상을 해도 화면상에 중첩시킬 수 있다.

사. 축척을 변경하여 화상의 표시범위를 임의로 바꿀 수 있다.

아. 얕은 수심 등의 위험해역에 가까웠을 때 경보를 표시할 수 있다.

해설 • 전자 해도(ENC) : 선박의 항해와 관련된 모든 해도 정보를 국제 수로 기구의 표준 규격(S-57)에 따라 제작된 디지털 해도이다. 전자 해도는 전자 해도 표시 장치(ECDIS)가 있어야 사용할 수 있어 초기 설치비용이 비싸다.

• ECDIS(전자 해도 표시 장치) : 전자 해도 및 각종 항해 정보를 표시하는 장치

13 해도상에 표시된 등대의 등질 'F1.2s10m20M'에 대한 설명으로 옳지 않은 것은?

가. 섬광등이다.

나. 주기는 2초이다.

사. 등고는 10미터이다.

아. 광달거리는 20킬로미터이다.

해설 해도상의 등질 표시 : 섬광 등으로, 주기는 2초, 등대높이는 10미터이고 광달거리는 20마일

14 항로표지 중 2개의 흑구를 수직으로 부착하며 색상은 검은색 바탕에 적색띠를 둘러 표시하는 것은?

　가. 특수표지　　　　나. 방위표지

　사. 안전수역표지　　아. 고립장해표지

해설 고립 장애 표지 : 암초나 침선 등의 고립된 장애물 위에 설치 또는 계류하는 표지로 두표(top mark)는 두 개의 흑구를 수직으로 부착, 표지의 색상은 검은색 바탕에 적색 띠

15 모든 주위가 가항 수역임을 알려주는 표지로서 중앙선이 수로의 중앙을 나타내는 항로표지는?

　가. 방위표지　　　　나. 측방표지

　사. 안전수역표지　　아. 고립장해표지

해설 안전 수역 표지 : 설치 위치 주변의 모든 주위가 가항수역임을 알려주는 표지로서 중앙선이나 수로의 중앙을 나타냄, 두표(top mark)는 적색의 구 1개

16 국제해상부표식에서 지역에 따라 입항시 좌·우현의 색상이 달라지는 표지는?

　가. 측방표지　　　　나. 방위표지

　사. 특수표지　　　　아. 안전수역표지

해설 측방 표지 : 선박이 항행하는 수로의 좌우측 한계를 표시하기 위해 설치된 표지, B 지역(우리나라)의 좌현표지의 색깔과 등화의 색상은 녹색, 우현표지는 적색

17 레이더에서 발사된 전파를 받을 때에만 응답하며, 일정한 형태의 신호가 나타날 수 있도록 전파를 발사하는 전파표지는?

　가. 레이콘(Racon)

　나. 레이마크(Ramark)

　사. 코스 비컨(Course beacon)

　아. 레이더 리플렉터(Radar reflector)

해설 레이콘(Racon) : 선박 레이더에서 발사된 전파를 받은 때에만 응답하며, 레이더 화면상에서 일정한 형태의 신호가 나타날 수 있도록 전파를 발사

18 조석표에 대한 설명으로 옳지 않은 것은?

　가. 조석 용어의 해설도 포함하고 있다.

　나. 각 지역의 조석 및 조류에 대해 상세히 기술하고 있다.

　사. 표준항 이외에 항구에 대한 조시, 조고를 구할 수 있다.

　아. 국립해양조사원은 외국항 조석표는 발행하지 않는다.

해설 국립해양조사원에서 한국연안조석표는 1년마다 간행하며, 태평양 및 인도양 연안의 조석표는 격년 간격으로 간행한다.

19 등대의 개축 공사 중에 임시로 가설하는 등은?

　가. 도등　　　　　　나. 가등

　사. 임시등　　　　　아. 조사등

해설 가등(temporary light) : 등대의 개축 공사 중에 임시로 가설하는 등

20 특수표지에 대한 설명으로 옳지 않은 것은?

　가. 두표는 1개의 황색구를 수직으로 부착한다.

　나. 등화는 황색을 사용한다.

　사. 표지의 색상은 황색이다.

　아. 해당하는 수로도지에 기재되어 있는 공사구역, 토사채취장 등이 있음을 표시한다.

해설 특수 표지
　• 공사구역 등 특별한 시설이 있음을 나타내는 표지
　• 두표(top mark) : 황색으로 된 ×자 모양의 형상물
　• 등화의 색상 : 백색

21 선박에서 주로 사용하는 습도계는?

　가. 건습구 온도계

　나. 모발 습도계

　사. 모발 자기 습도계

　아. 자기 습도계

해설 건습구 습도계 : 물이 증발할 때 냉각에 의한 온도차를 이용하는 습도계로 선박에서 주로 사용

14 아　**15** 사　**16** 가　**17** 가　**18** 아　**19** 나　**20** 가　**21** 가

22 태풍의 접근 징후를 설명한 것으로 옳지 않은 것은?

가. 아침, 저녁 노을의 색깔이 변한다.

나. 털구름이 나타나 온 하늘로 퍼진다.

사. 기압이 급격히 높아지며 폭풍우가 온다.

아. 구름이 빨리 흐르며 습기가 많고 무덥다.

해설 태풍의 발생 징조
- 해명(바다울림)이 나타남
- 기압 : 일교차가 없어지고 기압이 하강
- 바람 : 바람이 갑자기 멈추고, 해륙풍이 없어짐
- 너울 : 보통 때와 다른 파장, 주기 및 방향의 너울이 관측됨
- 구름 : 상층운의 이동이 빠르고 구름이 점차로 낮아짐

23 (　　)에 순서대로 적합한 것은?

> "기상도에서 등압선의 간격이 (　　) 기압경도가 커져서 바람이 (　　)."

가. 넓을수록, 강하다

나. 넓을수록, 약하다

사. 좁을수록, 강하다

아. 좁을수록, 약하다

해설 등압선
- 등압선은 기압이 같은 지점을 연결한 곡선
- 정해진 두 곳에 대한 등압선의 간격이 좁을수록 기압 경도가 큼
- 기압 경도가 큰 곳은 바람이 강하게 분다.

24 선박교통관제업무(VTS)에 관한 설명으로 옳은 것은?

가. 연안 수역 국가의 영해 내에서만 강제적으로 집행할 수 있다.

나. 선박교통관제업무에서 요구하는 사항은 반드시 항해계획에 포함하지 않아도 된다.

사. 선박교통관제업무와 항해계획은 무관하다.

아. 항해계획에 선박교통관제업무의 권고사항들은 포함하지 않아도 된다.

해설 선박교통관리제도(VTS)
- 해상 교통량이 많은 항만 입구 부근이나 좁은 수로 등에 해상교통의 안전과 효율을 향상시켜 선박 운항의 경제성을 높이기 위한 목적으로 설치
- 특정 해역 안에서 교통의 이동을 직접 규제하는 것으로, 항만 당국의 권한에 의하여 실시
- VTS의 기능 : 데이터의 수집, 데이터의 평가, 정보 제공, 항행 원조, 통항관리, 연관활동 지원 등

25 물표를 정횡으로 보았을 때 변침하는 경우 현재의 본선위치가 계획된 침로에서 육지쪽으로 가까이 있다면 변침 후 예정 침로 상에 올려놓기 위한 변침시기는?

가. 물표가 정횡으로 보일 때 변침한다.

나. 물표가 정횡 통과 후에 변침한다.

사. 물표가 정횡이 되기 전에 변침한다.

아. 변침하여야 할 각도의 절반만큼 정횡이 되기 전에 변침한다.

해설 선박이 예정 항로보다 육지 쪽에 접근하여 항해할 경우 정횡 통과 후에 변침을 실시하고 예정 항로보다 바다 쪽으로 벗어난 때에는 정횡 통과 전에 변침을 실시하여 변침 후에 선박이 계획된 침로에 오를 수 있도록 한다.

※ 정횡의 물표를 이용한 변침 : 변침각이 작을 때 사용하는 방법

제2과목 운용

01 갑판의 하면에 배치되고 양현의 늑골과 빔 브래킷으로 결합되어 있는 보강재로서 갑판 위의 무게를 지탱하고 횡방향의 수압을 감당하는 선체 구조물은?

가. 기둥　　　　　나. 갑판개구

사. 외판　　　　　아. 갑판보

해설 갑판보(deck beam) : 갑판의 강도를 더하기 위해 붙이는 횡방향 골재 부재를 말한다.

02 평판용골인 선박에서 선박의 횡동요를 경감시키기 위하여 외판의 바깥쪽에 종방향으로 붙인 것은?

가. 늑판　　　　　나. 후판

사. 내저판　　　　아. 빌지 용골

해설 빌지 용골(bilge keel, 만곡부 용골) : 빌지 외판의 바깥쪽에 종방향으로 붙이는 판(횡요 경감 목적으로 설치)

03 선저에서 갑판까지 가로나 세로로 선체를 구획하는 것은?

가. 갑판　　　　　나. 격벽
사. 이중저　　　　아. 외판

> 해설　격벽(bulkhead) : 선박의 내부를 세로 또는 가로로 칸막이하는 구조를 말한다. 종격벽, 횡격벽, 수밀 격벽, 부분 격벽 등 위치와 기능에 따라 여러 가지 종류가 있다.

04 선박의 선수미선과 직각을 이루는 방향은?

가. 선수　　　　　나. 선미
사. 정횡　　　　　아. 수선

> 해설　선체 길이의 중앙부를 선체 중앙이라고 하며, 선수미선과 직각을 이루는 방향을 정횡이라고 한다.

05 선체의 외형에 따른 명칭 그림에서 ①은?

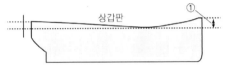

상갑판

가. 캠버　　　　　나. 플레어
사. 텀블 홈　　　　아. 선수현호

> 해설　현호(sheer) : 현측선의 선체 중앙부 최저점을 통과하면서 설계 기준선에 평행한 선과 현측선 사이의 수직 거리를 뜻한다.

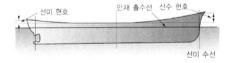

선미 현호　　만재 흘수선　선수 현호

선미 수선

06 로켓 낙하산 화염 신호에 대한 설명으로 옳은 것은?

가. 연소시간은 30초 이하여야 한다.
나. 화염 신호는 초당 5미터 이상의 속도로 낙하하여야 한다.
사. 공중에 발사되면 낙하산이 퍼져 천천히 떨어지면서 불꽃을 낸다.
아. 로켓은 수직으로 쏘아 올릴 때 고도 500미터 이상 올라가야 한다.

> 해설　로켓 낙하산 신호
> ① 공중에 발사되면 낙하산이 퍼져 천천히 떨어지면서 불꽃을 내며, 높이 300m 이상의 장소에서 펴짐
> ② 화염 신호는 초당 5m 이하의 속도로 낙하하며 화염으로서 위치를 알림
> ③ 야간용으로 연소 시간은 40초 이상

07 동력 조타장치의 제어장치 중 주로 소형선에 사용되는 방식은?

가. 기계식　　　　나. 유압식
사. 전기식　　　　아. 전동 유압식

> 해설　기계식 조종 장치는 조타륜의 운동을 축, 기어 등을 통해 선체 후부의 조타기까지 전달하는 방식이다. 기계식 조종 장치는 소형 선박이나 대형선의 예비용으로 사용된다.

08 선체에 페인트칠을 하기에 가장 좋은 때는?

가. 따뜻하고 습도가 낮을 때
나. 서늘하고 습도가 낮을 때
사. 따뜻하고 습도가 높을 때
아. 서늘하고 습도가 높을 때

> 해설　도장 시기는 기후가 온화하고 고온 건조하여 페인트가 잘 퍼지고 건조가 빠른 계절이 좋다.

09 406MHz의 조난주파수에 부호화된 메시지의 전송 이외에 121.5MHz의 홈잉 주파수의 발신으로 구조선박 또는 항공기가 무선방향탐지기에 의하여 위치 탐색이 가능하여 수색과 구조 활동에 이용되는 설비는?

가. Beacon
나. EPIRB
사. SART
아. 2-way VHF 무선전화

> 해설　비상 위치 지시용 무선 표지 설비(EPIRB)
> ① 수색과 구조 작업시 생존자의 위치 결정을 쉽게 하도록 무선 표지 신호를 발신하는 무선 설비
> ② 선박이나 항공기가 조난 상태에 있고 수신 시설도 이용할 수 없음을 표시

10 가까운 거리의 선박이나 연안국에 조난통신을 송신할 경우 가장 유용한 통신장비는?

가. MF　　　　　나. HF
사. VHF　　　　아. Inmarsat

---

03 나　04 사　05 아　06 사　07 가　08 가　09 나　10 사

[해설] VHF 무선설비(초단파대 무선 전화)
① 채널70(156.525 MHz)에 의한 DSC와 채널 6, 13, 16에 의한 무선전화 송수신을하며 조난경보신호를 발신할 수 있는 설비
② 선박과 선박, 선박과 육상국 사이의 통신에 주로 사용(항행 중에는 무휴청취)

11 구명뗏목 본체와 적재대의 링에 고정되어 구명뗏목과 본선의 연결 상태를 유지하는 것은?

가. 연결줄(Painter)

나. 자동줄(Release cord)

사. 자동이탈장치(Hydraulic release unit)

아. 위크링크(Weak link)

[해설] 구명 뗏목의 주요 구성부
① 고박줄(연결줄) : 구명 뗏목과 선박을 연결하는 줄
② 작동줄 : 팽창용 가스 용기의 절단 장치를 작동시키는 줄
③ 위크링크 : 구명 뗏목 컨테이너가 자동으로 부상하고, 그 부력에 의해 인장력이 걸리면 작동줄을 당겨 구명 뗏목을 팽창시키는 역할
④ 자동 이탈 장치(HRU) : 선박이 침몰하여 수면 아래 3미터 정도에 이르면 수압에 의해 작동하여 구명 뗏목을 부상시킴

12 자기 점화등과 같은 목적으로 구명부환과 함께 수면에 투하되면 자동으로 오렌지색 연기를 내는 것은?

가. 신호홍염

나. EPIRB

사. 자기발연신호

아. 로켓 낙하산 화염 신호

[해설] 자기발연신호 : 자기 점화등과 같은 목적의 주간 신호이며, 물 위에 부유할 경우 주황색(오렌지색) 연기를 15분 이상 연속 발생

13 초단파무선설비(VHF)의 조난경보 버튼을 어떻게 누르면 조난신호가 발신되는가?

가. 뚜껑을 열면 발신된다.

나. 가청음과 불빛 신호가 안정될 때까지 누른다.

사. 한 번만 살짝 누른다.

아. 눌렀다 뗐다를 반복한다.

[해설] 초단파무선설비(VHF)의 조난신호 발신법
① 커버를 열고 DISTRESS 키를 3~4초 누른다.
② 계속해서 DISTRESS 키를 3~4초 연속적으로 누르고 있으면 간헐적 발신음이 울리고 조난통신이 발신된다.
③ 간헐적 발신음이 울리는 동안 조난호출 지시 LCD 창이 번쩍거리는데 계속하여 3~4초 연속적으로 누르고 있으면 조난호출 LCD 창은 바짝임에서 연속등으로 바뀌고 조난통신이 발신된다.
④ 조난호출은 연속적으로 5번 발신된다.

14 선박 상호간의 흡인 배척 작용에 대한 설명으로 옳지 않은 것은?

가. 두 선박간의 거리가 가까울수록 크게 나타난다.

나. 고속으로 항과할수록 크게 나타난다.

사. 선박이 추월할 때보다는 마주칠 때 영향이 크게 나타난다.

아. 선박의 크기가 다를 때에는 소형선박이 영향을 크게 받는다.

[해설] 두 선박간의 상호작용(흡인 배척 작용)
① 두 선박이 서로 가깝게 마주치거나, 한 선박이 추월하는 경우에는 선박 주위의 압력 변화로 인하여 두 선박 사이에 당김, 밀어냄 그리고 회두 작용이 일어난다.
② 추월할 때에는 마주칠 때보다도 상호 간섭작용이 오래 지속되므로 더 위험하고, 소형선은 선체가 작아서 쉽게 끌려들 수 있으므로 주의해야 한다.

15 선박의 조종성에 대한 설명으로 옳지 않은 것은?

가. 군함이나 어선들은 일반화물선에 비하여 빠른 선회성이 요구된다.

나. 일반화물선은 군함에 비하여 선회성을 더 중요시 한다.

사. 타가 설치된 선박의 조종성은 프로펠러 뒤에 설치된 타의 성능에 따라 주로 결정된다.

아. 선박의 침로안정성은 항행거리에 영향을 주며, 선박의 경제적인 운용을 위하여 필요한 요소 중 하나이다.

[해설] 어선이나 군함은 빠른 기동성이 필요하므로 큰 선회성이 요구된다.

정답_ 11 가 12 사 13 나 14 사 15 나

16 초단파무선설비(VHF)에서 쒸~하는 잡음이 계속해서 들리고 있을 때 잡음이 들리지 않고 교신이 원활하도록 하는 방법은?

가. 전원을 껐다가 켠다.

나. 볼륨(Volume)을 줄인다.

사. 스켈치(Squelch)를 조절한다.

아. 마이크를 걸어 놓는다.

해설 스켈치(Squelch) 볼륨을 반시계 방향으로 돌리면서 잡음이 들리기 직전 위치에 설정한다.

17 선박의 좌초시 취해야 할 조치사항으로 옳지 않은 것은?

가. 즉시 기관을 정지하고 침수, 선박의 손상 여부, 수심, 저질 등을 확인한다.

나. 자력으로 재부양하는 것이 불가능할 경우 추가 원조를 요청한다.

사. 해수면 상승 시에는 재부양을 위하여 어떠한 조치도 취하지 않는다.

아. 기관 사용시 좌초된 부분의 손상이 커지지 않도록 한다.

해설 좌초 시의 조치
① 즉시 기관을 정지한다.
② 손상 부위와 그 정도를 파악한다.
③ 선저부의 손상 정도는 확인하기 어려우므로 빌지와 탱크를 측심하여 추정한다.
④ 후진 기관의 사용은 손상 부위가 확대될 수 있으므로 신중을 기해야 한다.
⑤ 본선의 기관을 사용하여 이초가 가능한지를 파악한다.
⑥ 자력 이초가 불가능하면 가까운 육지에 협조를 요청한다.

18 선박이 직진 중에 타각을 주어서 선회를 하게 되면 속력이 떨어지는데 그 원인이 되는 주된 힘은?

가. 양력   나. 항력

사. 마찰력   아. 직압력

해설 항력
① 타판에 작용하는 힘 중에서 그 방향이 선수 미선인 분력
② 힘의 방향은 선체 후방이므로 전진 속력을 감소시키는 저항력으로 작용
③ 선박이 직진 중에 타각을 주어서 선회를 하게 되면 속력이 떨어지는데 그 원인 중의 하나임

19 ( )에 순서대로 적합한 것은?

"일반적으로 배수량을 가진 직진중인 선박에 전타를 하고, 선회를 계속하면 선체는 일정한 각속도로 정상선회를 한다. 이러한 정상 원운동시에는 원심력이 바깥쪽으로 작용하여, 수면상부의 선체는 타각을 준 반대 쪽의 선회권의 ( )으로 경사하는데 이것을 ( )라고 한다."

가. 안쪽, 내방경사

나. 바깥쪽, 내방경사

사. 안쪽, 외방경사

아. 바깥쪽, 외방경사

해설 외방 경사(바깥쪽경사) : 정상 원운동시에 원심력이 바깥쪽으로 작용하여, 수면 상부의 선체가 타각을 준 반대쪽인 선회권의 바깥쪽으로 경사하는 것

20 ( )에 적합한 것은?

"선체는 선회 초기에 원침로로부터 타각을 준 반대쪽으로 약간 벗어나는데, 이러한 원침로 상에서 횡방향으로 벗어난 거리를 ( )(이)라고 한다."

가. 횡거   나. 종거

사. 킥(Kick)   아. 신침로거리

해설 편출 선미(kick) : 선체는 선회 초기에 원침로로부터 타각을 준 반대쪽으로 약간 벗어나는데, 이러한 원침로에서 횡방향으로 무게중심이 이동한 거리

21 선체운동을 나타낸 그림에서 ①은?

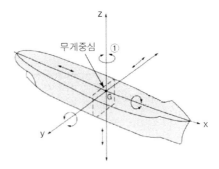

가. 종동요   나. 횡동요

사. 선수동요   아. 전후동요

해설 선수 동요(yawing, 요윙) : 선수가 좌우 교대로 선회하려는 왕복 운동으로 선박의 보침성과 깊은 관계가 있음

22 선체의 종동요(Pitching) 운동으로 인해 발생하는 현상이 아닌 것은?

가. 러칭(Lurching)

나. 슬래밍(Slamming)

사. 스크루 프로펠러의 공회전(Racing)

아. 서징(Surging)

해설 종동요는 선체중앙을 기준으로 하여 선수 및 선미가 상하 교대로 회전하려는 종경사 운동이다.
※ 러칭 : 선체가 횡동요 중에 옆에서 돌풍을 받는 경우, 또는 파랑 중에서 대각도 조타를 실행하면 선체가 갑자기 큰 각도로 경사하는 현상이다.

23 브로칭 현상에 대한 설명으로 옳지 않은 것은?

가. 선체의 횡동요 주기가 파도의 주기와 일치할 때 생긴다.

나. 가능한 한 선미에서 파도를 받지 않도록 하여야 한다.

사. 파도가 갑판을 덮치고 선체의 대각도 횡경사가 유발되어 전복할 위험이 있다.

아. 가능한 한 침로를 유지하고, 속력을 감소시켜 조종해야 한다.

해설 브로칭(broaching) : 선박이 파도를 선미로부터 받으면서 항주할 때에 선체 중앙이 파도의 파정이나 파저에 위치하면 급격한 선수 동요에 의해 선체가 파도와 평행하게 놓이는 현상

24 담뱃불에 의한 화재의 예방조치가 아닌 것은?

가. 가연성 재떨이 사용

나. 침실에서의 흡연금지

사. 흡연과 금연구역의 지정

아. 외부인에게 흡연규정 고지 및 준수 철저

해설 담배불로 인한 화재를 예방하기 위해서는 흡연과 금연 구역 지정, 불연성 재떨이 사용, 침실에서의 흡연 금지, 외부인이 승선하면 반드시 흡연 규정을 알려 준수하게 하는 등의 조치가 취해져야 한다.

25 항해 중 당직항해사가 선장에게 즉시 보고하여야 하는 경우가 아닌 것은?

가. 시계가 제한되거나 제한될 것으로 예상될 경우

나. 침로의 유지가 어려울 경우

사. 예정된 변침지점에서 침로를 변경한 경우

아. 예기치 않은 항로표지를 발견한 경우

해설 변침점은 선박이 계획된 대로 운항하고 있는 지를 알려주는 좋은 지시자이다. 만약 예정된 위치에 변침점이 존재하지 않는다면 항로에 영향을 끼치는 무언가 일어났거나, 일어나고 있다는 것이므로 당직사관은 이를 수정 조치해야 한다.

제 3 과목 법규

01 해사안전법상 '경계'의 방법으로 옳지 않은 것은?

가. 다른 선박의 기적소리에 귀를 기울인다.

나. 다른 선박의 등화를 보고 그 선박의 운항 상태를 확인한다.

사. 레이더 장거리 주사를 통하여 다른 선박을 식별한다.

아. 시정이 좋을 때는 갑판에서 일을 하면서 경계를 한다.

해설 제63조(경계) 선박은 주위의 상황 및 다른 선박과 충돌할 수 있는 위험성을 충분히 파악할 수 있도록 시각·청각 및 당시의 상황에 맞게 이용할 수 있는 모든 수단을 이용하여 항상 적절한 경계를 하여야 한다.

02 해사안전법상 '얹혀 있는 선박'의 주간 형상물은?

가. 가장 잘 보이는 곳에 수직으로 원통형 형상물 2개

나. 가장 잘 보이는 곳에 수직으로 원통형 형상물 3개

사. 가장 잘 보이는 곳에 수직으로 둥근꼴 형상물 2개

아. 가장 잘 보이는 곳에 수직으로 둥근꼴 형상물 3개

해설 제88조(정박선과 얹혀 있는 선박) ④ 얹혀 있는 선박
㉠ 수직으로 붉은색의 전주등 2개
㉡ 수직으로 둥근꼴의 형상물 3개

03 해사안전법상 '조종제한선'이 아닌 선박은?

가. 주기관이 고장나 움직일 수 없는 선박

나. 항로표지를 부설하고 있는 선박

사. 준설 작업을 하고 있는 선박

아. 항행 중 어획물을 옮겨 싣고 있는 어선

[해설] 제2조(정의) 조종제한선 : 다음 각 목의 작업과 그 밖에 선박의 조종성능을 제한하는 작업에 종사하고 있어 다른 선박의 진로를 피할 수 없는 선박
① 항로표지, 해저전선 또는 해저파이프라인의 부설 · 보수 · 인양 작업
② 준설(준설) · 측량 또는 수중 작업
③ 항행 중 보급, 사람 또는 화물의 이송 작업
④ 항공기의 발착(발착)작업
⑤ 기뢰(기뢰)제거작업
⑥ 진로에서 벗어날 수 있는 능력에 제한을 많이 받는 예인(예인)작업

04 (   )에 적합한 것은?

"해사안전법상 (   )은 될 수 있으면 미리 동작을 크게 취하여 다른 선박으로부터 충분히 멀리 떨어져야 한다."

가. 제한선   나. 유지선

사. 불능선   아. 피항선

[해설] 제74조(피항선의 동작) : 미리 동작을 크게 취하여 다른 선박으로부터 충분히 멀리 떨어져야 한다.

05 (   )에 순서대로 적합한 것은?

"해사안전법상 제한된 시계 안에서 항행 중인 동력선은 대수속력이 있는 경우에는 (   )을 넘지 아니하는 간격으로 장음을 (   )울려야 한다."

가. 1분, 1회   나. 2분, 1회

사. 1분, 2회   아. 2분, 2회

[해설] 제93조(제한된 시계 안에서의 음향신호) : 시계가 제한된 수역이나 그 부근에 있는 모든 선박
① 항행 중인 동력선 : 대수속력이 있는 경우 2분을 넘지 아니하는 간격으로 장음 1회
② 항행 중인 동력선 : 정지하여 대수속력이 없는 경우에는 장음 사이의 간격을 2초 정도로 연속하여 장음을 2회 울리되, 2분을 넘지 아니하는 간격으로 울려야 한다.

06 (   )에 적합한 것은?

"해사안전법상 정선수 방향에서 양쪽 현으로 각각 112.5도에 걸치는 수평의 호를 비추는 등화로서 그 불빛이 정선수 방향에서 좌현 정횡으로부터 뒤쪽 22.5도까지 비출 수 있도록 좌현에 설치된 붉은색 등과 그 불빛이 정선수 방향에서 우현정횡으로부터 뒤쪽 22.5도까지 비출 수 있도록 우현에 설치된 녹색 등은 (   )이다."

가. 현등   나. 전주등

사. 선미등   아. 마스트등

[해설] 제79조(등화의 종류) ② 현등 : 정선수 방향에서 양쪽 현으로 각각 112.5도에 걸치는 수평의 호를 비추는 등화로서 그 불빛이 정선수 방향에서 좌현 정횡으로부터 뒤쪽 22.5도까지 비출 수 있도록 좌현에 설치된 붉은색 등과 그 불빛이 정선수 방향에서 우현 정횡으로부터 뒤쪽 22.5도까지 비출 수 있도록 우현에 설치된 녹색 등

07 (   )에 적합한 것은?

"해사안전법상 길이 12미터 미만의 동력선은 항행 중인 동력선에 따른 등화를 대신하여 (   ) 1개와 현등 1쌍을 표시할 수 있다."

가. 황색 전주등   나. 흰색 전주등

사. 붉은색 전주등   아. 녹색 전주등

[해설] 제81조(항행 중인 동력선) ④ 길이 12미터 미만의 동력선 : 흰색 전주등 1개와 현등 1쌍

08 해사안전법상 '유지선의 동작'이 아닌 것은?

가. 침로 유지   나. 좌현 변침

사. 속력 유지   아. 충분한 협력 동작

[해설] 제75조(유지선의 동작) ② 유지선은 피항선이 이 법에 따른 적절한 조치를 취하고 있지 아니하다고 판단하면 스스로의 조종만으로 피항선과 충돌하지 아니하도록 조치를 취할 수 있다. 이 경우 유지선은 부득이하다고 판단하는 경우 외에는 자기 선박의 좌현 쪽에 있는 선박을 향하여 침로를 왼쪽으로 변경하여서는 아니 된다.

09 해사안전법상 '단음'은 몇 초 동안 울리는 기적 신호인가?

가. 1초   나. 2초

사. 3초   아. 4초

해설 제90조(기적의 종류)
① 단음 : 1초 정도 계속되는 고동소리
② 장음 : 4초부터 6초까지의 시간 동안 계속되는 고동소리

10 해사안전법상 형상물의 색깔은?

가. 붉은색　　　　　나. 흰색

사. 황색　　　　　　아. 흑색

해설 부속서 I : 등화 및 형상물의 배치와 기술상의 명세
① 형상물은 흑색 이여야 한다.
② 형상물 사이의 수직거리는 적어도 1.5미터 있어야 한다.
③ 길이가 20미터 미만인 선박에 있어서는 선박의 크기에 상응하는 보다 작은 크기를 가진 형상물이 사용될 수도 있으며 그들의 간격도 이에 따라 축소시킬 수 있다.

11 선박 'A'는 좁은 수로 항행 중 수로의 굽은 부분으로 인하여 다른 선박을 볼 수 없는 수역에 접근하여 장음 1회의 기적 신호를 울렸다면 해사안전법상 선박 'A'가 울린 음향신호의 종류는?

가. 조종신호　　　　나. 경고신호

사. 조난신호　　　　아. 주의환기신호

해설 제92조(조종신호와 경고신호) : 좁은 수로등의 굽은 부분이나 장애물 때문에 다른 선박을 볼 수 없는 수역에 접근하는 선박
① 장음으로 1회의 기적신호
② 선박에 접근하고 있는 다른 선박이 굽은 부분의 부근이나 장애물의 뒤쪽에서 그 기적신호를 들은 경우에는 장음 1회의 기적신호를 울려 이에 응답

12 해사안전법상 '안전한 속력'을 결정하는데 고려해야 할 요소가 아닌 것은?

가. 선박의 흘수와 수심과의 관계

나. 본선의 조종 성능

사. 해상 교통량의 밀도

아. 활용 가능한 경계원의 수

해설 제64조(안전한 속력)
안전한 속력을 결정할 때 고려 사항 : 시계의 상태, 해상교통량의 밀도, 선박의 정지거리 · 선회성능, 항해에 지장을 주는 불빛의 유무, 바람 · 해면 및 조류의 상태와 항행장애물의 근접 상태, 선박의 흘수와 수심과의 관계, 레이더의 특성 및 성능, 해면상태 · 기상 등

13 해사안전법상 '동력선'의 정의는?

가. 항행 중인 모든 선박

나. 기관을 사용하여 추진하는 선박

사. 표면효과 작용을 이용하여 수면 가까이 비행하는 선박

아. 기관을 설치한 선박으로서 주로 돛을 사용하여 촉진하는 선박

해설 제2조(정의)
동력선 : 기관을 사용하여 추진하는 선박

14 해사안전법 기준으로 트롤망 어로에 종사하는 선박 외에 어로에 종사하는 선박이 수평거리로 몇 미터가 넘는 어구를 선박 밖으로 내고 있는 경우에 어구를 내고 있는 방향으로 흰색 전주등 1개를 표시하여야 하는가?

가. 50미터　　　　　나. 75미터

사. 100미터　　　　아. 150미터

해설 제84조(어선) : 어로에 종사하는 선박
① 수직선 위쪽에는 붉은색, 아래쪽에는 흰색 전주등 각 1개 또는 수직선 위에 두 개의 원뿔을 그 꼭대기에서 위아래로 결합한 형상물 1개
② 수평거리로 150미터가 넘는 어구를 선박 밖으로 내고 있는 경우에는 어구를 내고 있는 방향으로 흰색 전주등 1개 또는 꼭대기를 위로 한 원뿔꼴의 형상물 1개
③ 대수속력이 있는 경우 : 현등 1쌍과 선미등 1개 추가

15 해사안전법상 통항분리수역의 육지 쪽 경계선과 해안사이의 수역은?

가. 통항로　　　　　나. 분리대

사. 선회 해역　　　　아. 연안통항대

해설 제2조(정의) 연안통항대 : 통항분리수역의 육지 쪽 경계선과 해안 사이의 수역

16 선박의 입항 및 출항 등에 관한 법률상 무역항의 수상구역 등에서 출입하는 선박 중 출입 신고를 해야 하는 선박은?

가. 총톤수 10톤인 내항선박

나. 총톤수 5톤 미만인 선박

사. 해양사고구조에 종사하는 선박

아. 관공선

해설 출입 신고의 면제 선박
① 총톤수 5톤 미만의 선박
② 해양사고구조에 사용되는 선박
③ 「수상레저안전법」 제2조 제3호에 따른 수상레저기구 중 국내항 간을 운항하는 모터보트 및 동력요트
④ 그 밖에 공공목적이나 항만 운영의 효율성을 위하여 해양수산부령으로 정하는 선박

17 선박의 입항 및 출항 등에 관한 법률상 '우선피항선'이 아닌 선박은?

가. 부선

나. 노와 삿대로 운전하는 선박

사. 예선

아. 예인선과 결합된 압항부선

해설 제2조(정의) : 우선피항선
① 「선박법」에 따른 부선(艀船)[예인선이 부선을 끌거나 밀고 있는 경우의 예인선 및 부선을 포함하되, 예인선에 결합되어 운항하는 압항부선은 제외한다]
② 주로 노와 삿대로 운전하는 선박
③ 예선
④ 항만운송관련사업을 등록한 자가 소유한 선박
⑤ 해양환경관리업을 등록한 자가 소유한 선박(폐기물해양배출업으로 등록한 선박은 제외)
⑥ 위 규정에 해당하지 아니하는 총톤수 20톤 미만의 선박

18 선박의 입항 및 출항 등에 관한 법률의 목적은?

가. 기본적인 감항능력을 유지하게 한다.

나. 선박의 안전운항을 위한 항행상의 모든 위험을 방지한다.

사. 무역항의 수상구역 등에서 선박의 입항 및 출항에 대한 지원과 선박운항의 안전 및 질서 유지에 필요한 사항을 규정하기 위함이다.

아. 항만의 지정 및 개발 등에 관한 사항을 정함으로써 항만과 그 주변지역개발을 촉진하고 관리하기 위함이다.

해설 제1조(목적) : 선박의 입항·출항에 대한 지원, 선박운항의 안전 및 질서 유지

19 (   )에 순서대로 적합한 것은?

"선박의 입항 및 출항 등에 관한 법률상 항로상의 모든 선박은 항로를 항행하는 (   ) 또는 (   )의 진로를 방해하지 아니하여야 한다."

가. 위험물운반선, 대형선

나. 흘수제약선, 범선

사. 어선, 범선

아. 위험물운반선, 흘수제약선

해설 제12조(항로에서의 항법) : 항로를 항행하는 위험물운송선박(선박 중 급유선은 제외) 또는 흘수제약선의 진로를 방해하지 아니할 것

20 선박의 입항 및 출항 등에 관한 법률상 무역항의 수상구역 등에서 그림과 같이 항로 밖에 있던 선박이 항로 안으로 들어오려고 할 때, 항로를 따라 항행하고 있는 선박과의 관계에 대하여 옳게 설명한 것은?

가. A선은 항로의 우측으로 진로를 피하여야 한다.

나. A선은 B선이 항로에 안전하게 진입할 수 있게 대기하여야 한다.

사. B선은 A선의 진로를 피하여 항행하여야 한다.

아. B선은 A선과 우현 대 우현으로 통과하여야 한다.

해설 제12조(항로에서의 항법) : 항로 밖에서 항로에 들어오거나 항로에서 항로 밖으로 나가는 선박은 항로를 항행하는 다른 선박의 진로를 피하여 항행할 것

21 해양환경관리법에 의해 규제되는 해양오염물질이 아닌 것은?

가. 기름   나. 쓰레기

사. 분뇨   아. 방사성 물질

해설 제2조(정의) 오염물질 : 해양에 유입 또는 해양으로 배출되어 해양환경에 해로운 결과를 미치거나 미칠 우려가 있는 폐기물·기름·유해액체물질 및 포장유해물질

17 아 18 사 19 아 20 사 21 아

22 선박의 입항 및 출항 등에 관한 법률상 항로에서의 항법으로 옳은 것은?

가. 항로에서 다른 선박과 나란히 항행할 수 있다.

나. 항로에서 다른 선박과 마주칠 때는 오른쪽으로 항행해야 한다.

사. 항로에서 선박의 속력에 따라 항상 다른 선박을 추월할 수 있다.

아. 항로에서 다른 선박을 추월할 때는 장음 7회를 울려야 된다.

해설 제12조(항로에서의 항법) : 항로에서 다른 선박과 마주칠 우려가 있는 경우에는 오른쪽으로 항행할 것

23 선박의 입항 및 출항 등에 관한 법률상 무역항의 수상구역 등에서 예인선이 다른 선박을 끌고 항행하는 경우, 예인선 선수로부터 피예인선 선미까지의 길이는 원칙적으로 몇미터를 초과하지 않아야 하는가?

가. 50미터   나. 100미터

사. 150미터   아. 200미터

해설 시행규칙 제9조(예인선의 항법 등) : 예인선의 선수(선수)로부터 피(피)예인선의 선미(선미)까지의 길이는 200미터를 초과하지 아니할 것. 다만, 다른 선박의 출입을 보조하는 경우에는 그러하지 아니하다.

24 해양환경관리법상 기름오염방제 방법으로서 옳지 않은 것은?

가. 확산 방지 오일펜스를 설치한다.

나. 선박의 손상 부위를 긴급 수리한다.

사. 회수한 기름은 현장에서 즉각 소각한다.

아. 오염물질의 배출을 방지한다.

해설 시행령 제48조(오염물질이 배출된 경우의 방제조치) ① 응급조치
1. 오염물질의 확산방지울타리의 설치 및 그 밖에 확산방지를 위하여 필요한 조치
2. 선박 또는 시설의 손상부위의 긴급수리, 선체의 예인·인양조치 등 오염물질의 배출 방지조치
3. 해당 선박 또는 시설에 적재된 오염물질을 다른 선박·시설 또는 화물창으로 옮겨 싣는 조치
4. 배출된 오염물질의 회수조치

5. 해양오염방제를 위한 자재 및 약제의 사용에 따른 오염물질의 제거조치
6. 수거된 오염물질로 인한 2차오염 방지조치
7. 수거된 오염물질과 방제를 위하여 사용된 자재 및 약제 중 재사용이 불가능한 물질의 안전처리조치

25 해양환경관리법상 총톤수 25톤 미만의 선박에서 기름의 배출을 방지하기 위한 설비로 폐유저장을 위한 용기를 비치하지 아니한 경우 과태료 기준은?

가. 100만원 이하   나. 300만원 이하

사. 500만원 이하   아. 1,000만원 이하

해설 제26조(기름오염방지설비의 설치 등) ① 선박의 소유자는 선박 안에서 발생하는 기름의 배출을 방지하기 위한 설비(이하 "기름오염방지설비"라 한다)를 당해 선박에 설치하거나 폐유저장을 위한 용기를 비치하여야 한다.
제132조(과태료) : 제26조제1항의 규정에 따른 폐유저장을 위한 용기를 비치하지 아니한 자 100만원 이하의 과태료를 부과

제4과목 기관

01 디젤기관에 대한 설명으로 옳은 것은?

가. 공기와 연료를 혼합하여 점화 플러그에 의해 점화시킨다.

나. 디젤기관은 모두 2행정 사이클 기관이다.

사. 고온·고압으로 압축된 공기에 연료를 분사하여 자연발화 연소시킨다.

아. 디젤기관은 모두 휘발유를 연료로 사용한다.

해설 디젤 기관은 실린더 안에 공기만을 흡입, 압축하여 공기의 온도가 높아졌을 때 연료를 안개모양의 입자로 고압 분사하여 연료가 공기의 압축열에 의해 자연 착화 연소하여 동력을 얻게 하는 기관이다.

02 디젤기관에서 연소실의 구성 부품이 아닌 것은?

가. 피스톤   나. 실린더 헤드

사. 실린더 라이너   아. 커넥팅 로드

해설 연소실은 실린더 헤드와 피스톤 헤드 상부가 형성하는 공간이다. 피스톤, 피스톤 헤드, 실린더 상부의 실린더 헤드, 실린더 라이너 등으로 구성된다.

03 트렁크형 피스톤 디젤기관에서 피스톤링이 심하게 마멸되었을 경우의 영향으로 옳지 않은 것은?

가. 시동이 쉬워진다.

나. 열효율이 낮아진다.

사. 윤활유가 오손된다.

아. 압축압력이 낮아진다.

해설 실린더 마모의 영향
① 출력 저하
② 압축 압력의 저하
③ 유증기 배출관으로부터 가스의 대량 배출
④ 연료 소비량 증가
⑤ 윤활유 소비량 증가
⑥ 기관의 시동성 저하
⑦ 피스톤 슬랩(piston slap) 현상 발생

04 디젤기관에서 윤활유가 열화 변질되는 경우의 원인으로 옳지 않은 것은?

가. 윤활유 온도가 너무 높은 경우

나. 연소가스가 혼입된 경우

사. 윤활유 냉각기로부터 해수가 혼입된 경우

아. 냉각기의 냉각수 온도가 너무 낮은 경우

해설 윤활유의 열화 원인
① 원인 : 공기 중의 산소에 의한 산화 작용, 윤활유량 부족이나 불량, 주유 부분의 고착
② 내연기관에서 윤활유의 열화 원인 : 첨가물의 혼입, 연소생성물의 혼입, 새로운 윤활유의 혼입

05 내연기관의 압축비에 대한 설명으로 옳지 않은 것은?

가. 실린더부피를 압축부피로 나눈 값이다.

나. 압축비가 클수록 압축압력이 높아진다.

사. 디젤기관의 압축비는 일반적으로 10이상이다.

아. 압축부피를 크게 할수록 압축비가 커진다.

해설 압축비 : 실린더 부피/압축 부피=(압축 부피 + 행정 부피)/압축 부피
※ 압축비가 클수록 압축 압력은 높아지는데, 압축비를 크게 하려면 압축 부피를 작게 하든지 또는 피스톤의 행정을 길게 해야 한다. 디젤 기관의 압축비는 11~25 정도이다.

06 4행정 사이클 디젤기관의 행정 구분에 포함되지 않는 것은?

가. 흡입행정　　　나. 분사행정

사. 작동행정　　　아. 배기행정

해설 4행정 사이클 기관 : 흡입, 압축, 작동(폭발), 배기의 4행정으로 한 사이클을 완료하는 기관(피스톤이 4행정 왕복하는 동안 크랭크축이 2회전함으로써 사이클을 완료)

07 1[kW]는 약 몇 [kgf · m/s]인가?

가. 75[kgf · m/s]　　　나. 76[kgf · m/s]

사. 102[kgf · m/s]　　　아. 735[kgf · m/s]

해설 1kW = 101.97kg · m/s ≒ 102kg · m/s
1kg · m/s = 9.80665W
1PS = 75kg · m/s = 735.5W

08 프로펠러축의 균열을 조사하기 위해 행하는 컬러체크(침투탐상법)의 순서로 옳은 것은?

가. 세척액 → 침투액 → 세척액 → 현상액

나. 침투액 → 세척액 → 현상액 → 세척액

사. 세척액 → 현상액 → 침투액 → 세척액

아. 현상액 → 세척액 → 침투액 → 세척액

해설 프로펠러축의 내부 결함 또는 반복되는 비틀림에 의하여 표면에 생긴 작은 균열은 점점 발전하여 축의 절손 사고를 초래하게 된다. 탐상법이란, 이러한 미세한 균열을 미리 발견하여 사고를 예방할 수 있게 하는 방법이다. 침투 탐상법은 선박에서 쉽게 사용할 수 있는 방법으로 컬러체크라고도 한다. 균열이 의심되는 표면에 적색의 침투액을 칠한 다음 잠시 기다린 후 솔벤트로 깨끗이 닦아내고, 백색의 현상액을 분무하면 침투액이 도로 번져 나와서 백색의 현상액에 적색의 균열선을 나타낸다.

09 디젤기관의 피스톤에서 오일링의 주된 역할은?

가. 윤활유를 실린더 내벽에서 밑으로 긁어내린다.

나. 피스톤의 열을 실린더에 전달한다.

사. 피스톤의 회전운동을 원활하게 한다.

아. 연소가스의 누설을 방지한다.

해설 피스톤링에는 피스톤과 실린더 라이너 사이의 기밀을 유지하며, 피스톤에서 받은 열을 실린더 벽으로 방출하는 압축링과 실린더 라이너 내벽의 윤활유가 연소실로 들어가지 못하도록 긁어내리고, 윤활유를 라이너 내벽에 고르게 분포시키는 오일 링이 있다.

10 디젤기관에 사용되는 연료유의 성질 중 분사특성에 가장 큰 영향을 주는 것은?

가. 점도　　　　　나. 비중

사. 발화점　　　　아. 인화점

> **해설** 점도가 너무 높으면 연료의 유동이 어려워 펌프 동력 손실이 커지고, 점도가 너무 낮으면 연소 상태가 좋지 않다. 디젤기관에서 연료분사밸브의 연료분사 상태에 가장 영향을 많이 주는 요소이다.

11 디젤기관이 설치된 선박에서 추력축의 설치 위치는?

가. 크랭크축의 앞축

나. 프로펠러축의 뒤쪽

사. 중간축과 프로펠러축 사이

아. 크랭크축과 프로펠러축 사이

> **해설** 추력축
> ① 크랭크축의 전후 또는 감속장치의 저속 주기어축의 전후에 설치하며 추력 칼라(thrust collar)를 가짐
> ② 주기관과 중간축 사이에서 주기관의 회전 운동을 중간축에 전해 주며, 추진기에서 중간축을 거쳐 오는 추력이 주기관에 미치지 않게 막고, 추력 베어링을 통하여 선체에 전달

12 디젤기관의 윤활유 계통에 포함되지 않는 장치는?

가. 윤활유 펌프　　나. 윤활유 냉각기

사. 윤활유 여과기　아. 윤활유 가열기

> **해설** 윤활 장치는 엔진의 구동부에 오일을 공급하고 유막(oil film)을 형성시켜 기계적 마찰을 감소시킴으로써 엔진 부품의 마모와 동력 손실을 줄여준다. 오일 팬, 오일 펌프, 오일 여과기로 구성된다.

13 선체 저항의 종류가 아닌 것은?

가. 마찰저항　　　나. 전기저항

사. 조파저항　　　아. 공기저항

> **해설** 선체 저항의 종류 : 마찰 저항, 조파 저항, 조와 저항, 공기 저항

14 트렁크형 피스톤 디젤기관의 구성 부품이 아닌 것은?

가. 피스톤핀　　　나. 피스톤 로드

사. 커넥팅 로드　　아. 크랭크핀

> **해설** 피스톤 로드는 크로스헤드형(crosshead type) 기관에만 있다.

15 우리나라에서 납축전지가 완전 충전 상태일 때 20[℃]에서 전해액의 표준 비중값은?

가. 1.24　　　　　나. 1.26

사. 1.28　　　　　아. 1.30

> **해설** 전해액 : 묽은 황산(진한 황산과 증류수를 혼합), 완전 충전상태 일 때 섭씨 20도에서 전해액의 표준 비중값은 1.28

16 전기용어와 그 단위가 잘못 짝지어진 것은?

가. 전류–암페어　나. 저항–옴

사. 전력–헤르츠　아. 전압–볼트

> **해설** 전력은 전기회로에 의해 단위 시간당 전달되는 전기에너지이다. 단위는 주울/초(Joule/second, J/s))이며 이를 다시 와트(watt, W)로 표시한다.

17 선박의 전등 및 동력 회로에 사용하는 교류 전원의 우리나라 표준 주파수는?

가. 50[Hz]　　　　나. 60[Hz]

사. 80[Hz]　　　　아. 120[Hz]

> **해설** 선박용 발전기에서 발전 전압은 고전압 발전을 하지 않을 경우 일반적으로 3상 440[V], 60[Hz]를 사용

18 선박에서 가장 선수 쪽에 설치하는 갑판보기는?

가. 양묘기　　　　나. 양화기

사. 조수기　　　　아. 조타기

> **해설** 양묘기(windlass) : 앵커 체인을 감아올리고 내리는 데 쓰이는 갑판 기계를 말한다.

19 기관의 축에 의해 구동되는 연료유펌프에 대한 설명으로 옳은 것은?

가. 기어가 있고 축봉장치도 있다.

나. 기어가 있고 축봉장치는 없다.

사. 임펠러가 있고 축봉장치도 있다.

아. 임펠러가 있고 축봉장치는 없다.

> **해설** 2개의 기어가 서로 물려 있으며, 기어가 서로 안쪽 방향으로 회전하여 액체를 흡입, 배출하는 펌프를 기어펌프(gear pump, 연료유펌프로 사용)라 한다. 축봉 장치는 압력이 있는 유체가 외부로부터 공기가 누입되는 것을 방지하는 장치이다.

20 원심펌프의 기동 전 점검사항이 아닌 것은?

가. 회전차와 케이싱 사이의 간극을 확인한다.

나. 흡입밸브의 개폐 상태를 확인한다.

사. 송출밸브의 개폐 상태를 확인한다.

아. 펌프의 축을 손으로 돌려서 회전하는지를 확인한다.

해설 원심펌프 운전 전의 점검 사항
① 각 베어링의 주유상태를 확인
② 공기 빼기(venting)와 프라이밍(priming)을 실시
③ 펌프를 수동으로 터닝(turning)하여 이상유무를 점검
④ 원동기와 펌프 사이의 축심이 일직선에 있는지 확인
⑤ 유체가 케이싱 내에 있는지를 확인

21 유체를 어느 한 방향으로만 흐르게 하고 역류하는 것을 방지하는 밸브는?

가. 스톱밸브   나. 슬루스밸브

사. 체크밸브   아. 나비밸브

해설 체크 밸브 : 정전 등으로 펌프가 급정지할 때 발생하는 유체과도현상이 나타날 때 유체를 한 방향으로만 흐리고 역류를 방지

22 디젤기관으로 들어가는 시동공기 파이프가 과열되는 경우의 주된 원인은?

가. 시동밸브의 누설

나. 흡기밸브의 누설

사. 배기밸브의 누설

아. 시동공기분배밸브의 누설

해설 시동 밸브는 실린더헤드에 설치되어 기관을 시동할 때만 열려서 압축공기를 실린더로 보내어 기관을 시동하는 밸브이다.

23 항해 중 디젤기관이 급정지된 경우의 원인이 될 수 없는 것은?

가. 조속기의 고장

나. 배기밸브의 누설

사. 과속도 방지 장치의 작동

아. 다량의 물이 혼입된 연료유의 사용

해설 기관이 자연적으로 정지할 때의 원인
① 조속기의 고장으로 연료 공급이 차단되었을 때
② 연료유 계통 문제 : 연료탱크에 기름이 없을 경우, 연료 여과기가 막혀 있을 때, 연료유 수분 과다 혼입 등
③ 주 운동 부분 고착 : 피스톤이나 크랭크 핀 베어링, 메인 베어링 등
④ 프로펠러에 부유물이 걸렸을 때
⑤ 분사펌프 플런저의 고착

24 비중이 0.85인 경유 100[l]와 비중이 0.8인 경유 100[l]를 혼합하였을 경우의 혼합비중은?

가. 0.8   나. 0.825

사. 0.835   아. 0.85

해설 $\dfrac{0.85\times100+0.80\times100}{100+100}=\dfrac{165}{200}=0.825$

25 연료유 탱크를 계측하여 연료유의 양을 계산할 경우에 고려해야 할 사항이 아닌 것은?

가. 연료유의 온도

나. 연료유의 점도

사. 선박의 트림 정도

아. 선박의 힐링 정도

해설 점도(viscosity) : 유체의 흐름에서 분자간 마찰로 인해 유체가 이동하기 어려움의 정도이다.

2021년 3차 기출문제

제1과목 항해

01 자기 컴퍼스 볼의 구조에 대한 아래 그림에서 ㉠은?

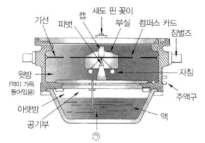

가. 짐벌즈   나. 섀도 핀 꽂이
사. 연결관   아. 컴퍼스 카드

[해설] 위, 아래의 방은 연결관으로 서로 통하고 있어 온도 변화에 따라 윗방의 액이 팽창, 수축하여도 아랫방의 공기부에서 자동적으로 조절한다.

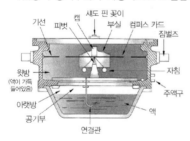

[마그네틱 컴퍼스의 볼 구조]

02 경사제진식 자이로 컴퍼스에만 있는 오차는?

가. 위도오차   나. 속도오차
사. 동요오차   아. 가속도오차

[해설] 위도오차(제진오차)는 제진장치(Damping device)로서 편심접촉을 시키는 경사제진식 제품에만 생기는 오차이다.

03 수심을 측정할 뿐만 아니라 개략적인 해저의 형상이나 어군의 존재를 파악하기 위한 계기는?

가. 나침의   나. 선속계
사. 음향측심기   아. 핸드 레드

[해설] 측심기(sounding machine)는 수심을 측정하고 해저의 저질 상태, 어군의 존재와 그 양을 파악하기 위한 장비로서, 수심이 얕은 연안 항해나 출·입항 시 또는 수로 측량이 부정확한 곳을 항해할 때 안전 항해를 위하여 많이 사용하고 있다.

04 자북이 진북의 왼쪽에 있을 때의 오차는?

가. 편서편차   나. 편동자차
사. 편동편차   아. 편서자차

[해설] 편차(variation, 偏差)
- 편차의 뜻 : 진자오선(진북)과 자기자오선(자북)이 이루는 교각으로 장소와 시간의 경과에 따라 변함
- 편동 편차(부호 E) : 자북이 진북의 오른쪽에 있을 때
- 편서 편차(부호 W) : 자북이 진북의 왼쪽에 있을 때

05 지구자기장의 복각이 0°가 되는 지점을 연결한 선은?

가. 지자극   나. 자기적도
사. 지방자기   아. 북회귀선

[해설] 자기적도는 지구자기장의 복각이 0이 되는 지점을 연결한 선이다. 세계복각자기도에서는 자기적도가 지리상의 적도에 비해 남아메리카대륙에서는 약 10° 남쪽에, 아프리카대륙과 아시아대륙에서는 약 10° 북쪽에 나타난다.

06 선박자동식별장치(AIS)에서 확인할 수 없는 정보는?

가. 선명   나. 선박의 흘수
사. 선박의 목적지   아. 선원의 국적

해설 선박 자동 식별 장치(AIS)는 선박 상호 간, 선박과 AIS 육상국 간에 자동으로 정보(선박의 명세, 침로, 속력 등)를 교환하여 항행 안전을 도모하고 통항 관제 자료를 제공한다. 흘수, 선박의 선명, 목적지 및 도착예정시각, 항해계획, 충돌예방을 위한 간단한 단문의 통신기능 등이 포함된다.

07 항해 중에 산봉우리, 섬 등 해도상에 기재되어 있는 2개 이상의 고정된 뚜렷한 물표를 선정하여 거의 동시에 각각의 방위를 측정하여 선위를 구하는 방법은?

가. 수평협각법 　 나. 교차방위법

사. 추정위치법 　 아 고도측정법

해설 교차 방위법
- 2개 이상의 고정된 뚜렷한 물표를 선정하고 거의 동시에 각각의 방위를 측정하여, 해도상에서 방위에 의한 위치선을 그어 위치선들의 교점을 선위로 정하는 방법
- 연안 항해 중 가장 많이 사용되는 방법으로 측정법이 쉽고, 위치의 정밀도가 높음

08 실제의 태양을 기준으로 측정하는 시간은?

가. 시태양시 　 나. 항성시

사. 평시 　 아. 태음시

해설 태양시는 태양을 기준 전체로 정한 시간을 말하며 우리들이 흔히 사용하는 시간이다. 시태양시는 실제의 태양, 즉 시태양을 기준으로 하여 측정하는 시간을 말한다.

09 레이더의 수신장치 구성요소가 아닌 것은?

가. 증폭장치 　 나. 펄스변조기

사. 국부발진기 　 아. 주파수변환기

해설 레이더 송신장치는 일정 반복주기를 가진 짧고 강력한 펄스파를 만들어서 안테나에 공급하는 역할을 하는 곳으로 펄스 전압을 일정 주기로 반복 발생시키는 트리거 전압발생기, 펄스 변조기, 마이크로파를 만드는 마그네트론 등으로 구성된다. 수신장치는 국부발진기, 주파수혼합기(변환기), 증폭 및 검파장치 등으로 구성되어 있다.

10 종이해도에 사용되는 특수한 기호와 약어는?

가. 해도목록 　 나. 해도 제목

사. 수로도지 　 아. 해도도식

해설 해도도식 : 해도상 여러 가지 사항들을 표시하기 위하여 사용되는 특수한 기호와 양식, 약어 등의 총칭

11 해도상에 표시된 저질의 기호에 대한 의미로 옳지 않은 것은?

가. S - 자갈 　 나. M - 뻘

사. R - 암반 　 아. Co - 산호

해설 저질(Quality of the Bottom) 기호 : S(모래), Sn(조약돌), M(펄), P(둥근자갈), G(자갈), Rk · rky(바위), Oz(연니), Co(산호), Cl(점토) Sh(조개껍질), Oys(굴), Wd(해초), WK(침선)

12 작동 중인 레이더 화면에서 'A'점은 무엇인가?

가. 섬 　 나. 육지

사. 본선 　 아. 다른 선박

해설 상대 동작 레이더(relative motion radar)는 선박에서 일반적으로 가장 많이 사용되는 방식으로 자선의 위치가 PPI(Plan Position Indicator) 상의 어느 한 점(주로 PPI의 중심)에 고정되어 있기 때문에, 모든 물체는 자선(본선, 문항 화면에서 'A'점)의 움직임에 대하여 상대적인 움직임으로 표시된다.

13 조석표와 관련된 용어의 설명으로 옳지 않은 것은?

가. 조석은 해면의 주기적 승강 운동을 말한다.

나. 고조는 조석으로 인하여 해면이 높아진 상태를 말한다.

사. 게류는 저조시에서 고조시까지 흐르는 조류를 말한다.

아. 대조승은 대조에 있어서의 고조의 평균 조고를 말한다.

해설 전류와 게류 : 창조류(낙조류)에서 낙조류(창조류)로 흐름 방향이 변하는 것을 전류라고 하며, 이때 흐름이 잠시 정지하는 현상을 게류[쉰물, slack water]라 한다.

14 등대의 등색으로 사용하지 않는 색은?

가. 백색 　 나. 적색

사. 녹색 　 아. 자색

해설 등화에 이용되는 등색 : 백색(W), 적색(R), 녹색(G), 황색(Y) 등

15 항로표지의 일반적인 분류로 옳은 것은?

가. 광파(야간)표지, 물표표지, 음파(음향)표지, 안개표지, 특수신호표지

나. 광파(야간)표지, 안개표지, 전파표지, 음파(음향)표지, 특수신호표지

사. 광파(야간)표지, 형상(주간)표지, 전파표지, 음파(음향)표지, 특수신호표지

아. 광파(야간)표지, 형상(주간)표지, 물표표지, 음파(음향)표지, 특수신호표지

해설 항로표지란 선박 통항량이 많은 항로, 항만, 항구, 협수도 및 암초가 많은 곳에서 등광, 형상, 색깔, 음향, 전파 등의 수단에 의하여 선박의 항해 안전을 돕기 위하여 인위적으로 설치한 모든 시설을 말한다. 항로표지에는 주간(형상)표지, 야간(광파)표지, 음향(음파)표지, 무선(전파표지), 특수신호표지, 국제해상부표 방식이 있다.

16 부표의 꼭대기에 종을 달아 파랑에 의한 흔들림을 이용하여 종을 울리게 한 부표는?

가. 취명 부표　　　　나. 타종 부표

사. 다이어폰　　　　아. 에어 사이렌

해설 음향 표지의 종류
- 에어사이렌 : 공기 압축기로 만든 공기에 의해 사이렌을 울리는 장치
- 다이어폰 : 압축 공기에 의해서 발음체인 피스톤을 왕복시켜서 소리를 내는 장치로 에어사이렌보다 맑은 음향이 남
- 취명 부표 : 파랑에 의한 부표의 진동을 이용하여 공기를 압축하여 소리를 내는 장치
- 타종부표 : 부표의 꼭대기에 종을 달아 파랑에 의한 흔들림을 이용하여 종을 울리는 장치

17 용도에 따른 종이해도의 종류가 아닌 것은?

가. 총도　　　　나. 항양도

사. 항해도　　　　아. 평면도

해설 해도의 사용 목적에 의한 분류
- 총도(1/400만 이하) : 세계 전도와 같이 넓은 구역을 나타낸 것으로 장거리 항해와 항해 계획 수립에 이용됨
- 항양도(1/100만 이하) : 원거리 항해에 사용되며, 해안에서 떨어진 먼 바다의 수심, 주요 등대, 원거리 육상 물표 등이 표시되어 있음
- 항해도(1/30만 이하) : 육지를 바라보면서 항행할 때 사용하는 해도로서, 선위를 직접 해도상에서 구할 수 있도록 육상의 물표, 등대, 등표, 수심 등이 비교적 상세히 그려져 있음
- 항박도(1/5만 이상) : 항만, 정박지, 협수로 등 좁은 구역을 세부까지 상세히 그린 평면도임
- 해안도(1/5만 이하) : 연안항해에 사용하는 해도로서 연안의 상황이 상세히 표시되어 있음

18 종이해도에서 찾을 수 없는 정보는?

가. 해도의 축척　　　　나. 간행연월일

사. 나침도　　　　아. 일출 시간

해설 모든 해도는 분류 번호와 그 해도의 내용을 단적으로 표시한 표제가 기록되어 있으며, 임의로 변경할 수 없다. 종이해도에는 해도의 명칭, 축척, 측량년도 및 자료의 출처, 수심 및 높이의 단위와 기준면 조석에 관한 사항, 나침도(Compass Rose), 바다 부분 표시 등의 정보가 등재된다.

19 일기도의 날씨 기호 중 '≡'가 의미하는 것은?

가. 눈　　　　나. 비

사. 안개　　　　아. 우박

해설 지상 일기도의 기호

구름			일기				
맑음	갬	흐림	비	소나기	눈	안개	뇌우
○	◑	●	•	▽	✳	≡	╭

20 등질에 대한 설명으로 옳지 않은 것은?

가. 섬광등은 빛을 비추는 시간이 꺼져있는 시간보다 짧은 등이다.

나. 호광등은 색깔이 다른 종류의 빛을 교대로 내며, 그 사이에 등광은 꺼지는 일이 없는 등이다.

사. 분호등은 3가지 등색을 바꾸어가며 계속 빛을 내는 등이다.

아. 모스 부호등은 모스 부호를 빛으로 발하는 등이다.

해설 등질 : 일반 등화와 혼동되지 않고 부근에 있는 다른 야간 표지와도 구별될 수 있도록 등광의 발사 상태를 달리하는 것
- 섬광등(Fl) : 빛을 비추는 시간(명간)이 꺼져있는 시간(암간)보다 짧은 것으로, 일정한 간격으로 섬광을 내는 등
- 호광등(Alt) : 색깔이 다른 종류의 빛을 교대로 내며, 그 사이에 등광은 꺼지는 일이 없는 등
- 분호등 : 서로 다른 지역을 다른 색상으로 비추는 등화, 위험 구역만을 주로 홍색광으로 비추는 등화
- 모스부호등(Mo) : 모스 부호를 빛으로 발하는 것으로 어떤 부호를 발하느냐에 따라 등질이 달라지는 등

정답_ 15 사　16 나　17 아　18 아　19 사　20 사

21 국제해상부표시스템(IALA maritime buoyage system)에서 A방식과 B방식을 이용하는 지역에서 서로 다르게 사용되는 항로표지는?

가. 측방표지　　　　나. 방위표지

사. 안전수역표지　　아. 고립장해표지

해설 측방표지(국제해상부표시스템의 B지역) : 선박이 항행하는 수로의 좌우측 한계를 표시하기 위해 설치된 표지

22 태풍의 진로에 대한 설명으로 옳지 않은 것은?

가. 다양한 요인에 의해 태풍의 진로가 결정된다.

나. 한랭고기압을 왼쪽으로 보고 그 가장자리를 따라 진행한다.

사. 보통 열대해역에서 발생하여 북서로 진행하며, 북위 20~25도에서 북동으로 방향을 바꾼다.

아. 북태평양에서 7월에서 9월 사이에 발생한 태풍은 우리나라와 일본 부근을 지나가는 경우가 많다.

해설 태풍은 일반적으로 아열대 고기압의 외측을 따라 발생지로부터 포물선상으로 고위도로 이동해 온다.

23 시베리아기단에 대한 설명으로 옳지 않은 것은?

가. 바이칼호를 중심으로 하는 시베리아 대륙 일대를 발원지로 한다.

나. 한랭건조한 것이 특징인 대륙성 한대기단이다.

사. 겨울철 우리나라의 날씨를 지배하는 대표적 기단이기도 하다.

아. 시베리아기단의 영향을 받으면 일반적으로 날씨는 흐리다.

해설 시베리아기단은 시베리아 대륙이 발원지인 대륙성 한대기단으로 겨울철 일기를 지배한다. 한랭건조하므로 기온이 낮고 건조한 기후가 나타난다.

24 항해계획을 수립할 때 구별하는 지역별 항로의 종류가 아닌 것은?

가. 원양항로　　　　나. 왕복항로

사. 근해항로　　　　아. 연안항로

해설 항로의 지리적 분류 : 연안항로 · 근해항로 · 원양항로 등

25 항해계획 수립시 종이해도의 준비와 관련된 내용으로 옳지 않은 것은?

가. 항해하고자 하는 지역의 해도를 함께 모아서 사용하는 순서대로 정확히 정리한다.

나. 항해하는 지역에 인접한 곳에 해당하는 대축척 해도와 중축척 해도를 준비한다.

사. 가장 최근에 간행된 해도를 항행통보로 소개하여 준비한다.

아. 항해에 반드시 필요하지 않더라도 국립해양조사원에서 발간된 모든 해도를 구입하여 소개정하여 언제라도 사용할 수 있도록 준비한다.

해설 각 국가의 수로국에서는 제공되는 정보가 정확할 수 있도록 많은 노력을 하고 있으나, 정보가 완벽하지 못하다. 따라서 항로를 선택함에 있어 해도 소개정 등을 이용하여 좀 더 정확한 정보를 확보하여야 하므로 모든 해도를 구입할 필요는 없다.

제 2 과목 운용

01 전진 또는 후진시에 배를 임의의 방향으로 회두시키고 일정한 침로를 유지하는 역할을 하는 설비는?

가. 키　　　　　　　나. 닻

사. 양묘기　　　　　아. 주기관

해설 타(rudder, 키) : 전진 또는 후진할 때 배를 원하는 방향으로 회전시키고, 침로를 일정하게 유지하는 장치(선미에 설치되는 선미타가 대부분)

02 선체의 좌우 선측을 구성하는 뼈대로서 용골에 직각으로 배치되고, 갑판보와 늑판에 양 끝이 연결되어 선체 횡강도의 주체가 되는 것은?

가. 늑골　　　　　　나. 기둥

사. 거더　　　　　　아. 브래킷

해설 늑골(Frame)
• 선측 외판을 보강하는 구조 부재
• 선체의 갑판에서 선저 만곡부까지 용골에 대해 직각으로 설치하는 강재

---

21 가　22 나　23 아　24 나　25 아　/　01 가　02 가

03 선체의 명칭을 나타낸 아래 그림에서 ㉠은?

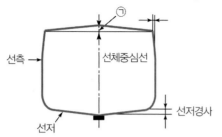

가. 용골　　　　　나. 빌지

사. 캠버　　　　　아. 텀블 홈

[해설] 선체 외형의 명칭 : 캠버(Camber)는 횡단면상에서 갑판보가 선체 중심선에서 양현으로 휘어진 것으로 갑판 중앙부는 양현의 현측보다 높게 되어 있는데 이 높이의 차

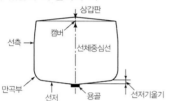

04 타주를 가진 선박에서 계획만재흘수선상의 선수재 전면으로부터 타주 후면까지의 수평거리는?

가. 전장　　　　　나. 등록장

사. 수선장　　　　아. 수선간장

[해설] 수선간장
• 계획 만재 흘수선상의 선수재의 전면으로부터 타주 후면까지의 수평 거리
• 전장에는 고정된 돌출부가 포함되는 반면 수선간장에는 이를 제외함으로써 실질적인 선박의 길이를 나타냄
• 만재 흘수선 규정이나 선박의 구조 및 구획 관련 규정에 사용

05 나일론 로프의 장점이 아닌 것은?

가. 열에 강하다.

나. 흡습성이 낮다.

사. 파단력이 크다.

아. 충격에 대한 흡수율이 좋다.

[해설] 나일론 로프(nylon rope)는 합성 섬유 로프 중 가장 강도가 강하나 습한 환경일 경우 강도가 약해지는 성질이 있다. 또 늘어난 후 원상 복귀되지 않을 수 있으며 열에 약해 마찰에 의해 로프가 손상될 수 있다.

06 키의 구조와 각부 명칭을 나타낸 아래 그림에서 ㉠은 무엇인가?

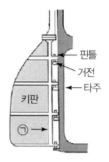

가. 타두재　　　　나. 러더암

사. 타심재　　　　아. 러더 커플링

[해설] 타(rudder, 키)의 구조

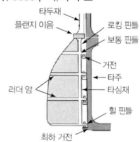

07 희석재(Thinner)에 대한 설명으로 옳지 않은 것은?

가. 많은 양을 희석하면 도료의 점도가 높아진다.

나. 인화성이 강하므로 화기에 유의해야 한다.

사. 도료에 첨가하는 양은 최대 10% 이하가 좋다.

아. 도료의 성분을 균질하게 하여 도막을 매끄럽게 한다.

[해설] 희석재를 많이 넣으면 도료의 점도는 낮아진다. 시간이 지나면서 희석제가 휘발하여 농도가 진해지면 시너로 적당히 희석시킨 다음 사용한다.

08 체온을 유지할 수 있도록 열전도율이 작은 방수 물질로 만들어진 포대기 또는 옷을 의미하는 구명 설비는?

가. 구명동의　　　나. 구명부기

사. 방수복　　　　아. 보온복

[해설] 보온복 : 물이 스며들지 않아 수온이 낮은 물속에서 체온을 보호할 수 있는 옷으로 방수복과 달리 구명동의의 기능이 없음

09 선박용 초단파(VHF) 무선설비의 최대 출력은?

가. 10W 나. 15W

사. 20W 아. 25W

해설 VHF 무선설비(초단파대 무선 전화) : 채널70 (156.525 MHz)에 의한 DSC와 채널 6, 13, 16에 의한 무선전화 송수신을 하며 조난경보신호를 발신할 수 있는 설비로 통신 거리는 최대 8마일 이내에서 사용 가능하며, 최대 출력은 25W이다.

10 해상에서 사용되는 신호 중 시각에 의한 통신이 아닌 것은?

가. 수기 신호 나. 기류 신호

사. 기적 신호 아. 발광 신호

해설 전파를 이용한 통신 설비로는 중파와 단파를 사용하는 MF/HF 송수신기, 초단파를 사용하는 VHF 무선 전화기, 인공위성을 사용하는 위성통신설비(전화 등) 등이 있다. 그리고 근거리에서는 전파 통신 이외에 시각 또는 음향을 이용한 기류 신호, 발광 신호, 음향 신호, 수기 신호를 이용한 통신이 있다.

11 구명정에 비하여 항해능력은 떨어지지만 손쉽게 강하시킬 수 있고 선박의 침몰시 자동으로 이탈되어 조난자가 탈 수 있는 장점이 있는 구명설비는?

가. 구조정 나. 구명부기

사. 구명뗏목 아. 구명부환

해설 구명부환(Life buoy)
• 물에 빠진 사람에게 던져서 붙잡게 하여 구조하는 1인용의 둥근 형태로 된 부기
• 구명 부환에는 일정한 길이의 구명줄 및 야간에 빛을 반사할 수 있는 역반사재가 부착되어 있음

12 선박의 비상위치지시용 무선표지(EPIRB)에서 발사된 조난신호가 위성을 거쳐서 전달되는 곳은?

가. 해경 함정 나. 조난선박 소유회사

사. 주변 선박 아. 수색구조조정본부

해설 비상 위치 지시용 무선 표지 설비(EPIRB)는 수색과 구조 작업시 생존자의 위치 결정을 쉽게 하도록 무선 표지 신호를 발신하는 무선 설비이다. 해안국, 해안 지구국 또는 구조 조정 본부에 의한 수신 및 확인 응답 조난 경보를 수신한 해안국 및 해안 지구국은 신속히 조난 경보 또는 조난 호출 내용을 구조 조정 본부에 전달해야 한다.

13 자기 점화등과 같은 목적으로 구명부환과 함께 수면에 투하되면 자동으로 오렌지색 연기를 내는 것은?

가. 신호 홍염

나. 자기 발연 신호

사. 신호 거울

아. 로켓 낙하산 화염 신호

해설 자기 발연 신호 : 자기 점화등과 같은 목적의 주간 신호이며, 물 위에 부유할 경우 주황색(오렌지색) 연기를 15분 이상 연속 발생

14 소형 선박에서 선장이 직접 조타를 하고 있을 때, '우현 쪽으로 사람이 떨어졌다.'라는 외침을 들은 경우 선장이 즉시 취하여야 할 조치로 옳은 것은?

가. 우현 전타 나. 엔진 후진

사. 좌현 전타 아. 타 중앙

해설 항해중 사람이 현외로 떨어졌을 때 낙하현쪽으로 전타하면 선미를 물에 빠진 사람으로부터 옆으로 멀어지게 할 수 있다.

15 지엠(GM)이 작은 선박이 선회 중 나타나는 현상과 그 조치사항으로 옳지 않은 것은?

가. 선속이 빠를수록 경사가 커진다.

나. 타각을 크게 할수록 경사가 커진다.

사. 내방경사보다 외방경사가 크게 나타난다.

아. 경사가 커지면 즉시 타를 반대로 돌린다.

해설 지엠(GM) 값이 작아지면 하부는 가볍고, 상부는 무거운 상태가 된다. 무게 중심(G)이 메타센터(M)보다 위쪽에 위치하는 상태로 선박이 기울어지면 기울어진 방향으로 더욱 더 기울어지는 방향으로 힘이 작용한다. 지엠(GM)이 작으면 경사각이 커지는데 경사각은 선회반경에 반비례하므로, 지엠(GM)이 작은 배는 타각을 많이 주어서는 안되며, 경사가 커지더라도 즉시 타를 반대로 돌려서도 안된다.

16 선박 조종에 영향을 주는 요소가 아닌 것은?

가. 바람 나. 파도

사. 조류 아. 기온

해설 선박 조종에 영향을 주는 요소 : 흘수, 트림, 속력, 방형비척 계수, 바람 및 조류, 수심, 파도의 영향 등

17 접·이안시 계선줄을 이용하는 목적이 아닌 것은?

가. 선박의 전진속력 제어

나. 접안시 선용품 선적

사. 이안시 선미가 떨어지도록 작용

아. 선박이 부두에 가까워지도록 작용

해설 계선줄 : 선박을 부두에 고정하기 위하여 사용되는 줄로 일반 선박에서는 철재와이어 보다는 합성섬유 재질의 로프를 많이 사용

18 물에 빠진 사람을 구조하는 조선법이 아닌 것은?

가. 표준 턴   나. 샤르노브 턴

사. 싱글 턴   아. 윌리암슨 턴

해설 사람이 물에 빠진 경우 구조를 위한 기본적인 조선법으로는 윌리암슨 턴(Williamson turn), 원 턴(싱글 턴 또는 앤더슨 턴, Single turn or Anderson turn), 샤르노브 턴(Scharnow turn) 등이 있다. 여러 사람의 익수자를 구조하기 위해서 구명정과 부표를 이용하면 편리하다.

19 접·이안 조종에 대한 설명으로 옳은 것은?

가. 닻은 사용하지 않으므로 단단히 고박한다.

나. 이안시는 일반적으로 선미를 먼저 뗀다.

사. 부두 접근 속력은 고속의 전진 타력이 필요하다.

아. 하역작업을 위하여 최소한의 인원만을 입·출항 부서에 배치한다.

해설 이안시는 가능하면 선미를 먼저 부두에서 떼어낸다.

20 닻의 역할이 아닌 것은?

가. 침로 유지에 사용된다.

나. 좁은 수역에서 선회하는 경우에 이용된다.

사. 선박을 임의의 수면에 정지 또는 정박시킨다.

아. 선박의 속력을 급히 감소시키는 경우에 사용된다.

해설 닻의 용도

• 선박을 임의의 수면에 정지 또는 정박

• 좁은 수역에서 선수 부분을 선회시킬 때 사용

• 선박 또는 다른 물체와의 충돌을 막기 위해 선박의 속도를 급히 감소시키는 경우

• 풍랑 시 표류 상태에서 선박의 안정성을 유지할 때

• 좌초된 선박을 고정시킬 때

21 선체 횡동요(Rolling) 운동으로 발생하는 위험이 아닌 것은?

가. 선체 전복이 발생할 수 있다.

나. 화물의 이동을 가져올 수 있다.

사. 슬래밍(Slamming)의 원인이 된다.

아. 유동수가 있는 경우 복원력 감소를 가져온다.

해설 슬래밍(slamming) : 선체와 파의 상대 운동으로 선수부 바닥이나 선측에 심한 충격이 생기는 현상

22 황천항해에 대비하여 선창에 화물을 실을 때 주의사항으로 옳지 않은 것은?

가. 먼저 양하할 화물부터 싣는다.

나. 갑판 개구부의 폐쇄를 확인한다.

사. 화물의 이동에 대한 방지책을 세워야 한다.

아. 무거운 것은 밑에 실어 무게중심을 낮춘다.

해설 항해 중의 황천 준비

• 화물의 고박 상태를 확인하고, 선내의 이동물, 구명정 등을 단단히 고정시켜 둔다.

• 탱크 내의 기름이나 물은 채우거나 비워서 이동에 의한 선체 손상과 복원력 감소를 방지한다.

• 선체의 개구부를 밀폐하고 현측 사다리를 고정하고 배수구를 청소해 둔다.

• 어선 등에서는 갑판 상에 구명줄을 매어서 횡동요가 심해졌을 때의 보행이 가능하도록 대비 한다.

• 중량물은 최대한 낮은 위치로 이동 적재한다.

23 황천항해 조선법의 하나인 스커딩(Scudding)에 대한 설명으로 옳지 않은 것은?

가. 파에 의한 선수부의 충격작용이 가장 심하다.

나. 브로칭(Broaching) 현상이 일어날 수 있다.

사. 선미추파에 의하여 해수가 선미 갑판을 덮칠 수 있다.

아. 침로 유지가 어려워진다.

해설 순주(scudding, 스커딩)

• 풍랑을 선미 사면(quarter)에서 받으며, 파에 쫓기는 자세로 항주하는 방법으로 선체가 받는 파의 충격작용이 현저히 감소

• 장점 : 태풍의 가항반원 내에서는 적극적으로 태풍권으로부터 탈출하는 데 유리

• 단점 : 선미 추파에 의하여 해수가 선미 갑판을 덮칠 수 있으며, 보침성이 저하되어 브로칭(broaching) 현상이 일어나기도 함

정답_ 17 나 18 가 19 나 20 가 21 사 22 가 23 가

24 초기에 화재진압을 하지 못하면 화재현장 진입이 어렵고 화재진압이 가장 어려운 곳은?

가. 갑판 창고 나. 기관실
사. 선미 창고 아. 조타실

해설 기관실 화재는 배기관의 고온 노출부, 전선의 단락, 접속 단지부 이완, 새어 나온 기름, 기름걸레, 빌지 등에 의해 일어난다. 기관실은 일단 화재가 발생하면 전체로 확대될 가능성이 매우 높기 때문에 각별한 주의가 필요하다.

25 기관손상 사고의 원인 중 인적과실이 아닌 것은?

가. 기관의 노후
나. 기기조작 미숙
사. 부적절한 취급
아. 일상적인 점검 소홀

해설 기관손상 사고의 원인은 냉각수, 윤활유 및 연료유 계통의 관리 소홀이 가장 많으며, 다음으로 시동장치 및 흡·배기계통의 정비점검 소홀이다. 따라서 기관 당직자는 출항 전 주기관의 정비·점검을 철저히 하고, 당직 중 연료유 계통의 이상 유무를 잘 파악하면 기관손상 사고를 많이 줄일 수 있다. 기관의 노후화는 인적과실이 아니다.

제 3 과목 법규

01 해사안전법상 '조종제한선'이 아닌 것은?

가. 주기관이 고장나 움직일 수 없는 선박
나. 항로표지를 부설하고 있는 선박
사. 준설 작업을 하고 있는 선박
아. 항행 중 어획물을 옮겨 싣고 있는 어선

해설 조종제한선 : 다음 각 목의 작업과 그 밖에 선박의 조종성능을 제한하는 작업에 종사하고 있어 다른 선박의 진로를 피할 수 없는 선박(해사안전법 제2조).
　㉠ 항로표지, 해저전선 또는 해저파이프라인의 부설·보수·인양 작업
　㉡ 준설·측량 또는 수중 작업
　㉢ 항행 중 보급, 사람 또는 화물의 이송 작업
　㉣ 항공기의 발착작업
　㉤ 기뢰제거작업
　㉥ 진로에서 벗어날 수 있는 능력에 제한을 많이 받는 예인작업

02 해사안전법상 항로표지가 설치되는 수역은?

가. 항행상 위험한 수역
나. 수심이 매우 깊은 수역
사. 어장이 형성되어 있는 수역
아. 선박의 교통량이 아주 적은 수역

해설 해양경찰청장, 지방자치단체의 장 또는 운항자는 항로표지를 설치할 필요가 있다고 인정하면 해양수산부장관에게 그 설치를 요청할 수 있다(해사안전법 제44조 제2항).
　• 선박교통량이 아주 많은 수역
　• 항행상 위험한 수역

03 ( )에 적합한 것은?

> "해사안전법상 선박은 주위의 상황 및 다른 선박과 충돌할 수 있는 위험성을 충분히 파악할 수 있도록 ( ) 및 당시의 상황에 맞게 이용할 수 있는 모든 수단을 이용하여 항상 적절한 경계를 하여야 한다."

가. 시각·청각 나. 청각·후각
사. 후각·미각 아. 미각·촉각

해설 해사안전법 제63조(경계) : 선박은 주위의 상황 및 다른 선박과 충돌할 수 있는 위험성을 충분히 파악할 수 있도록 시각·청각 및 당시의 상황에 맞게 이용할 수 있는 모든 수단을 이용하여 항상 적절한 경계를 하여야 한다.

04 해사안전법상 다른 선박과 충돌을 피하기 위한 선박의 동작에 대한 설명으로 옳지 않은 것은?

가. 침로나 속력을 변경할 때에는 소폭으로 연속적으로 변경하여야 한다.
나. 피항동작을 취할 때에는 동작의 효과를 다른 선박이 완전히 통과할 때까지 주의 깊게 확인하여야 한다.
사. 필요하면 속력을 줄이거나 기관의 작동을 정지하거나 후진하여 선박의 진행을 완전히 멈추어야 한다.
아. 침로를 변경할 경우에는 될 수 있으면 충분한 시간적 여유를 두고 다른 선박이 그 변경을 쉽게 알아볼 수 있도록 충분히 크게 변경하여야 한다.

해설 해사안전법 제66조 2항(충돌을 피하기 위한 동작) : 침로(針路)나 속력의 변경 시 다른 선박이 그 변경을 쉽게 알아볼 수 있도록 충분히 크게 변경, 침로나 속력을 소폭으로 연속적으로 변경하여서는 안됨

05 해사안전법상 선박이 다른 선박을 선수 방향에서 볼 수 있는 경우로서 밤에는 양쪽의 현등을 볼 수 있는 경우의 상태는?

가. 추월　　　　　　나. 안전한 상태
사. 마주치는 상태　　아. 횡단하는 상태

해설 해사안전법 제72조 2항(마주치는 상태)
• 밤에는 2개의 마스트등을 일직선으로 또는 거의 일직선으로 볼 수 있거나 양쪽의 현등을 볼 수 있는 경우
• 낮에는 2척의 선박의 마스트가 선수에서 선미까지 일직선이 되거나 거의 일직선이 되는 경우

06 (　　)에 순서대로 적합한 것은?

> "해사안전법상 횡단하는 상태에서 충돌의 위험이 있을 때 유지선은 피항선이 적절한 조치를 취하고 있지 아니하다고 판단하면 침로와 속력을 유지하여야 함에도 불구하고 스스로의 조종만으로 피항선과 충돌하지 아니하도록 조치를 취할 수 있다. 이 경우 (　　　)은 부득이하다고 판단하는 경우 외에는 (　　　　　)쪽에 있는 선박을 향하여 침로를 (　　　)으로 변경하여서는 아니 된다."

가. 피항선, 다른 선박의 좌현, 오른쪽
나. 피항선, 자기 선박의 우현, 왼쪽
사. 유지선, 다른 선박의 좌현, 왼쪽
아. 유지선, 다른 선박의 좌현, 오른쪽

해설 해사안전법 제75조 2항(유지선의 동작) : 유지선은 피항선이 이 법에 따른 적절한 조치를 취하고 있지 아니하다고 판단하면 스스로의 조종만으로 피항선과 충돌하지 아니하도록 조치를 취할 수 있다. 이 경우 유지선은 부득이하다고 판단하는 경우 외에는 자기 선박의 좌현 쪽에 있는 선박을 향하여 침로를 왼쪽으로 변경하여서는 아니 된다.

07 해사안전법상 길이 12미터 이상인 '얹혀 있는 선박이 가장 잘 보이는 곳에 표시하여야 하는 형상물은?

가. 수직으로 원통형 형상물 2개
나. 수직으로 원통형 형상물 3개
사. 수직으로 둥근꼴 형상물 2개
아. 수직으로 둥근꼴 형상물 3개

해설 해사안전법 제88조 4항(정박선과 얹혀 있는 선박) : 얹혀 있는 선박은 수직으로 붉은색의 전주등 2개, 수직으로 둥근꼴의 형상물 3개

08 해사안전법상 제한된 시계에서 길이 12미터 이상인 선박이 레이더만으로 자선의 양쪽 현의 정횡 앞쪽에 충돌할 위험이 있는 다른 선박을 발견하였을 때 취할 수 있는 조치로 옳지 않은 것은? (단, 추월당하고 있는 선박에 대한 경우는 제외한다)

가. 무중신호의 취명 유지
나. 안전한 속력의 유지
사. 동력선은 기관을 즉시 조작할 수 있도록 준비
아. 침로 변경만으로 피항동작을 할 경우 좌현 변침

해설 해사안전법 제77조 5항(제한된 시계에서 선박의 항법) ⑤ 피항동작이 침로를 변경하는 것만으로 이루어질 경우에는 될 수 있으면 다음의 동작은 피하여야 한다.
• 다른 선박이 자기 선박의 양쪽 현의 정횡 앞쪽에 있는 경우 좌현 쪽으로 침로를 변경하는 행위(추월당하고 있는 선박에 대한 경우는 제외)
• 자기 선박의 양쪽 현의 정횡 또는 그곳으로부터 뒤쪽에 있는 선박의 방향으로 침로를 변경하는 행위

09 해사안전법상 제한된 시계에서 충돌할 위험성이 없다고 판단한 경우 외에 자기 선박의 양쪽 현의 정횡 앞쪽에 있는 다른 선박의 무중신호를 들었을 경우의 조치로 옳은 것을 다음에서 모두 고른 것은?

> ㄱ. 최대 속력으로 항행하면서 경계를 한다.
> ㄴ. 우현 쪽으로 침로를 변경시키지 않는다.
> ㄷ. 필요시 자기 선박의 진행을 완전히 멈춘다.
> ㄹ. 충돌할 위험성이 사라질 때까지 주의하여 항행하여야 한다.

가. ㄴ, ㄷ　　　　　나. ㄷ, ㄹ
사. ㄱ, ㄴ, ㄹ　　　아. ㄴ, ㄷ, ㄹ

해설 해사안전법 제77조 6항

충돌할 위험성이 없다고 판단한 경우 외에는 다음 내용의 어느 하나에 해당하는 경우 모든 선박은 자기 배의 침로를 유지하는 데에 필요한 최소한으로 속력을 줄여야 한다. 이 경우 필요하다고 인정되면 자기 선박의 진행을 완전히 멈추어야 하며, 어떠한 경우에도 충돌할 위험성이 사라질 때까지 주의하여 항행하여야 한다.
- 자기 선박의 양쪽 현의 정횡 앞쪽에 있는 다른 선박에서 무중신호를 듣는 경우
- 자기 선박의 양쪽 현의 정횡으로부터 앞쪽에 있는 다른 선박과 매우 근접한 것을 피할 수 없는 경우

10 해사안전법상 '삼색등'을 구성하는 색이 아닌 것은?

가. 흰색   나. 황색
사. 녹색   아. 붉은색

해설 삼색등 : 선수와 선미의 중심선상에 설치된 붉은색·녹색·흰색으로 구성된 등으로서 그 붉은색·녹색·흰색의 부분이 각각 현등의 붉은색 등과 녹색 등 및 선미등과 같은 특성을 가진 등

11 해사안전법상 형상물의 색깔은?

가. 흑색   나. 흰색
사. 황색   아. 붉은색

해설 해사안전법 제80조(등화 및 형상물의 기준) : 등화의 가시거리·광도 등 기술적 기준, 등화·형상물의 구조와 설치할 위치 등에 관하여 필요한 사항은 해양수산부장관이 정하여 고시하는데 형상물은 흑색

12 해사안전법상 도선업무에 종사하고 있는 선박이 항행 중 표시하여야 하는 등화로 옳은 것은?

가. 마스트의 꼭대기나 그 부근에 수직선 위쪽에는 붉은색 전주등, 아래쪽에는 흰색 전주등 각 1개

나. 마스트의 꼭대기나 그 부근에 수직선 위쪽에는 흰색 전주등, 아래쪽에는 붉은색 전주등 각 1개

사. 현등 1쌍과 선미등 1개, 마스트의 꼭대기나 그 부근에 수직선 위쪽에는 흰색 전주등, 아래쪽에는 붉은색 전주등 각 1개

아. 현등 1쌍과 선미등 1개, 마스트의 꼭대기나 그 부근에 수직선 위쪽에는 붉은색 전주등, 아래쪽에는 흰색 전주등 각 1개

해설 해사안전법 제87조(도선선) ① 도선업무에 종사하고 있는 선박
- 마스트의 꼭대기나 그 부근에 수직선 위쪽에는 흰색 전주등, 아래쪽에는 붉은색 전주등 각 1개
- 항행 중에는 제1호에 따른 등화에 덧붙여 현등 1쌍과 선미등 1개
- 정박 중에는 제1호에 따른 등화에 덧붙여 제88조에 따른 정박하고 있는 선박의 등화나 형상물
② 도선선이 도선업무에 종사하지 아니할 때 : 그 선박과 같은 길이의 선박이 표시하여야 할 등화나 형상물을 표시

13 해사안전법상 장음의 취명시간 기준은?

가. 약 1초   나. 2초
사. 2~3초   아. 4~6초

해설 해사안전법 제90조(기적의 종류)
① 단음 : 1초 정도 계속되는 고동소리
② 장음 : 4초부터 6초까지의 시간 동안 계속되는 고동소리

14 해사안전법상 제한된 시계 안에서 어로 작업을 하고 있는 길이 12미터 이상인 선박이 2분을 넘지 아니하는 간격으로 연속하여 울려야 하는 기적은?

가. 장음 1회, 단음 1회
나. 장음 2회, 단음 1회
사. 장음 1회, 단음 2회
아. 장음 3회

해설 해사안전법 제93조 1항 3호(제한된 시계 안에서의 음향신호) : 조종불능선, 조종제한선, 흘수제약선, 범선, 어로 작업을 하고 있는 선박 또는 다른 선박을 끌고 있거나 밀고 있는 선박은 제1호와 제2호에 따른 신호를 대신하여 2분을 넘지 아니하는 간격으로 연속하여 3회의 기적(장음 1회에 이어 단음 2회)

15 해사안전법상 항행 중인 길이 12미터 이상인 동력선이 서로 상대의 시계 안에 있고 침로를 왼쪽으로 변경하고 있는 경우 행하여야 하는 기적신호는?

가. 단음 1회   나. 단음 2회
사. 장음 1회   아. 장음 2회

10 나 11 가 12 사 13 아 14 사 15 나

해설 해사안전법 제92조 1항(조종신호와 경고신호) : 항행 중인 동력선의 기적신호
- 침로를 오른쪽으로 변경하고 있는 경우 : 단음 1회
- 침로를 왼쪽으로 변경하고 있는 경우 : 단음 2회
- 기관을 후진하고 있는 경우 : 단음 3회

16 선박의 입항 및 출항 등에 관한 법률상 정박의 제한 및 방법에 대한 규정으로 옳지 않은 것은?

가. 안벽 부근 수역에 인명을 구조하는 경우 정박할 수 있다.

나. 좁은 수로 입구의 부근 수역에서 허가받은 공사를 하는 경우 정박할 수 있다.

사. 정박하는 선박은 안전에 필요한 조치를 취한 후에는 예비용 닻을 고정할 수 있다.

아. 선박의 고장으로 선박을 조종할 수 없는 경우 부두 부근 수역에서 정박할 수 있다.

해설 선박의 입항 및 출항 등에 관한 법률 제6조 4항(정박의 제한 및 방법 등) : 무역항의 수상구역 등에 정박하는 선박은 지체 없이 예비용 닻을 내릴 수 있도록 닻 고정장치를 해제하고, 동력선은 즉시 운항할 수 있도록 기관의 상태를 유지하는 등 안전에 필요한 조치를 하여야 한다.

17 선박의 입항 및 출항 등에 관한 법률상 무역항의 수상구역 등에 출입하는 선박 중 출입 신고 면제 대상 선박이 아닌 것은?

가. 해양사고의 구조에 사용되는 선박

나. 총톤수 10톤인 선박

사. 도선선, 예선 등 선박의 출입을 지원하는 선박

아. 국내항 간을 운항하는 동력보트

해설 출입 신고의 면제 선박
① 총톤수 5톤 미만의 선박
② 해양사고구조에 사용되는 선박
③ 「수상레저안전법」 제2조 제3호에 따른 수상레저기구 중 국내항 간을 운항하는 모터보트 및 동력요트
④ 그밖에 공공목적이나 항만 운영의 효율성을 위하여 해양수산부령으로 정하는 선박

18 ( )에 적합한 것은?

> 선박의 입항 및 출항 등에 관한 법률상 무역항의 수상구역 등에서 해양사고를 피하기 위한 경우 등 해양수산부령으로 정하는 사유로 선박을 정박지가 아닌 곳에 정박한 선장은 즉시 그 사실을 ( )에/에게 신고하여야 한다.

가. 환경부장관　　　나. 해양수산부장관

사. 관리청　　　　　아. 해양경찰청

해설 선박의 입항 및 출항 등에 관한 법률 제5조 1항(정박지의 사용 등) : 해양수산부장관은 무역항의 수상구역등에 정박하는 선박의 종류·톤수·흘수 또는 적재물의 종류에 따른 정박구역 또는 정박지를 지정·고시할 수 있다.

19 선박의 입항 및 출항 등에 관한 법률상 무역항의 수상구역 등에서 예인선의 항법으로 옳지 않은 것은?

가. 예인선은 한꺼번에 3척 이상의 피예인선을 끌지 아니하여야 한다.

나. 원칙적으로 예인선의 선미로부터 피예인선의 선미까지 길이는 200미터를 초과하지 못한다.

사. 다른 선박의 입항과 출항을 보조하는 경우 예인선의 길이가 200미터를 초과해도 된다.

아. 관리청은 무역항의 특수성 등을 고려하여 필요한 경우 예인선의 항법을 조정할 수 있다.

해설 시행규칙 제9조(예인선의 항법 등) ① 예인선이 무역항의 수상구역등에서 다른 선박을 끌고 항행하는 경우에는 다음 각 호에서 정하는 바에 따라야 한다.
1. 예인선의 선수로부터 피예인선의 선미까지의 길이는 200미터를 초과하지 아니할 것. 다만, 다른 선박의 출입을 보조하는 경우에는 그러하지 아니하다.
2. 예인선은 한꺼번에 3척 이상의 피예인선을 끌지 아니할 것
② 제1항에도 불구하고 지방해양수산청장 또는 시·도지사는 해당 무역항의 특수성 등을 고려하여 특히 필요한 경우에는 제1항에 따른 항법을 조정할 수 있다. 이 경우 지방해양수산청장 또는 시·도지사는 그 사실을 고시하여야 한다.

정답 _ 16 사　17 나　18 사　19 나

20 선박의 입항 및 출항 등에 관한 법률상 방파제 입구 등에서 입·출항하는 두 척의 선박이 마주칠 우려가 있을 때의 항법은?

가. 입항선은 방파제 밖에서 출항선의 진로를 피한다.

나. 입항선은 방파제 입구를 우현쪽으로 접근하여 통과한다.

사. 출항선은 방파제 입구를 좌현쪽으로 접근하여 통과한다.

아. 출항선은 방파제 안에서 입항선의 진로를 피한다.

[해설] 선박의 입항 및 출항 등에 관한 법률 제13조(방파제 부근에서의 항법) : 무역항의 수상구역등에 입항하는 선박이 방파제 입구 등에서 출항하는 선박과 마주칠 우려가 있는 경우에는 방파제 밖에서 출항하는 선박의 진로를 피하여야 한다.

21 ( )에 순서대로 적합한 것은?

> 선박의 입항 및 출항 등에 관한 법률상 ( )은/는 ( )로부터/으로부터 최고속력의 지정을 요청받은 경우 특별한 사유가 없으면 무역항의 수상구역 등에서 선박 항행 최고속력을 지정·고시하여야 한다.

가. 해양경찰서장, 시·도지사

나. 지방해양수산청장, 시·도시자

사. 시·도지사, 해양수산부장관

아. 관리청, 해양경찰청장

[해설] 선박의 입항 및 출항 등에 관한 법률 제17조 3항(속력 등의 제한) : 해양수산부장관은 제2항에 따른 요청을 받은 경우 특별한 사유가 없으면 무역항의 수상구역등에서 선박 항행 최고속력을 지정·고시하여야 한다. 이 경우 선박은 고시된 항행 최고속력의 범위에서 항행하여야 한다.

22 선박의 입항 및 출항 등에 관한 법률상 주로 무역항의 수상구역에서 운항하는 선박으로서 다른 선박의 진로를 피하여야 하는 선박이 아닌 것은?

가. 자력항행능력이 없어 다른 선박에 의하여 끌리거나 밀려서 항행되는 부선

나. 해양환경관리업을 등록한 자가 소유한 선박

사. 항만운송관련사업을 등록한 자가 소유한 선박

아. 예인선에 결합되어 운항하는 압항부선

[해설] 선박의 입항 및 출항 등에 관한 법률 제2조 : 선박법에 따른 부선(예인선이 부선을 끌거나 밀고 있는 경우의 예인선 및 부선을 포함하되, 예인선에 결합되어 운항하는 압항부선은 제외)은 무역항의 수상구역에서 운항하는 선박으로서 다른 선박의 진로를 피하여야 하는 선박이다.

23 해양환경관리법상 배출기준을 초과하는 오염물질이 해양에 배출되거나 배출될 우려가 있다고 예상되는 경우 신고의 의무가 없는 사람은?

가. 배출될 우려가 있는 오염물질이 적재된 선박의 선장

나. 오염물질의 배출원인이 되는 행위를 한 자

사. 배출된 오염물질을 발견한 자

아. 오염물질 처리업자

[해설] 해양환경관리법 제63조 1항 : 배출기준을 초과하는 오염물질이 해양에 배출되거나 배출될 우려가 있다고 예상되는 경우 신고의 의무
• 배출되거나 배출될 우려가 있는 오염물질이 적재된 선박의 선장 또는 해양시설의 관리자. 이 경우 해당 선박 또는 해양시설에서 오염물질의 배출원인이 되는 행위를 한 자가 신고하는 경우에는 그러하지 아니하다.
• 오염물질의 배출원인이 되는 행위를 한 자
• 배출된 오염물질을 발견한 자

24 해양환경관리법상 유해액체물질기록부는 최종 기재를 한 날부터 몇 년간 보존하여야 하는가?

가. 1년   나. 2년

사. 3년   아. 5년

[해설] 해양환경관리법 제30조 2항(선박오염물질기록부의 관리) : 선박오염물질기록부의 보존기간은 최종기재를 한 날부터 3년으로 하며, 그 기재사항·보존방법 등에 관하여 필요한 사항은 해양수산부령으로 정한다.

25 해양환경관리법상 분뇨오염방지설비를 갖추어야 하는 선박의 선박검사증서 또는 어선검사증서상 최대승선인원 기준은?

가. 10명 이상   나. 16명 이상

사. 20명 이상   아. 24명 이상

---

20 가 21 아 22 아 23 아 24 사 25 나

해설 분뇨 오염 방지 설비의 대상 선박
- 총톤수 400톤 이상의 선박(최대 승선 인원이 16인 미만인 부선은 제외)
- 선박 검사 증서 또는 어선 검사 증서 상 최대 승선 인원이 16명 이상인 선박
- 수상레저기구 안전검사증에 따른 승선정원이 16명 이상인 선박
- 소속 부대의 장 또는 경찰관서의 장이 정한 승선 인원이 16명 이상인 군함과 경찰용 선박

제 4 과목 기관

01 실린더 부피가 1,200[cm³]이고 압축부피가 100[cm³]인 내연 기관의 압축비는 얼마인가?

가. 11 나. 12
사. 13 아. 14

해설 압축비 : 실린더 부피/압축 부피 = (압축 부피 + 행정 부피)/압축 부피 = 1,200/100 = 12

02 동일 기관에서 가장 큰 값을 가지는 마력은?

가. 지시마력 나. 제동마력
사. 전달마력 아. 유효마력

해설 도시마력(지시마력, 실마력) : 실린더 내의 압력으로 피스톤을 밀어서 일이 이루어지는 것으로 계산한 공정으로 동일 기관에서 가장 큰 값을 가짐

03 소형 디젤기관에서 실린더 라이너의 심한 마멸에 의한 영향이 아닌 것은?

가. 압축 불량
나. 불완전 연소
사. 연소가스가 크랭크실로 누설
아. 착화 시기가 빨라짐

해설 실린더 마모의 영향 : 압축 압력이 불량해져 출력이 저하하고 연료소비율이 증가, 불완전연소로 실린더 내에 카본이 형성, 기관 시동이 곤란해짐, 윤활유 소비량 증가, 윤활유를 열화, 가스가 크랭크실로 누설

04 디젤기관의 메인 베어링에 대한 설명으로 옳지 않은 것은?

가. 크랭크축을 지지한다.
나. 크랭크축의 중심을 잡아준다.
사. 윤활유로 윤활시킨다.
아. 볼베어링을 주로 사용한다.

해설 메인 베어링 : 크랭크축을 지지하고 실린더 중심과 직각인 중심선에 크랭크축을 회전시킴

05 선박용 추진기관의 동력전달계통에 포함되지 않는 것은?

가. 감속기 나. 추진기축
사. 추진기 아. 과급기

해설 과급기 : 배기량이 일정한 상태에서 연소실에 강압적으로 많은 공기를 공급하여 엔진의 흡입 효율을 높임으로써 출력과 토크를 증대시키는 장치, 디젤 기관의 배기가스를 이용하여 구동

06 디젤기관에서 플라이휠의 역할에 대한 설명으로 옳지 않은 것은?

가. 회전력을 균일하게 한다.
나. 회전력의 변동을 작게 한다.
사. 기관의 시동을 쉽게 한다.
아. 기관의 출력을 증가시킨다.

해설 플라이 휠의 역할
㉠ 자체 관성을 이용하여 크랭크축이 일정한 속도로 회전할 수 있도록 함
㉡ 기동전동기를 통해 기관 시동을 걸고, 클러치를 통해 동력을 전달하는 기능
㉢ 크랭크축의 전단부 또는 후단부에 설치하며 기관의 시동을 쉽게 해주고 저속 회전을 가능하게 해 줌
㉣ 플라이휠 외부에는 링기어(ring gear)가 있어 시동할 때 시동 전동기의 피니언기어가 링기어와 맞물려 크랭크축을 회전

07 소형기관에서 다음 그림과 같은 부품의 명칭은?

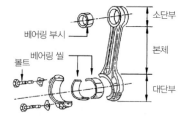

가. 푸시 로드 나. 크로스 헤드
사. 커넥팅 로드 아. 피스톤 로드

해설 커넥팅 로드
- 피스톤과 크랭크축을 연결하여 피스톤의 힘을 받아 크랭크축에 전달
- 그 경사 운동에 의해 피스톤의 왕복 운동을 크랭크의 회전 운동으로 바꾸어 주는 역할

정답_ 01 나 02 가 03 아 04 아 05 아 06 아 07 사

08 내연기관에서 피스톤 링의 주된 역할이 아닌 것은?

가. 피스톤과 실린더 라이너 사이의 기밀을 유지한다.

나. 피스톤에서 받은 열을 실린더 라이너로 전달한다.

사. 실린더 내벽의 윤활유를 고르게 분포시킨다.

아. 실린더 라이너의 마멸을 방지한다.

해설 피스톤링의 3대 작용 : 기밀 작용(가스 누설을 방지), 열 전달 작용(피스톤이 받은 열을 실린더로 전달), 오일 제어 작용(실린더 벽면에 유막 형성 및 여분의 오일을 제어)

09 다음 그림에서 내부로 관통하는 통로 ㉠의 주된 용도는?

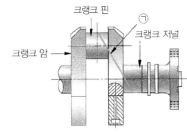

크랭크 핀
㉠
크랭크 저널
크랭크 암

가. 냉각수 통로　　　나. 연료유 통로

사. 윤활유 통로　　　아. 공기 배출 통로

해설 크랭크 축의 구조 : ㉠은 급유(연료유) 통로이다.

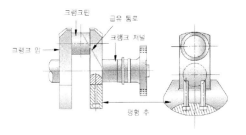

크랭크핀
급유 통로
크랭크 저널
크랭크 암
평형 추

10 디젤기관의 운전 중 진동이 심해지는 원인이 아닌 것은?

가. 기관대의 설치 볼트가 여러 개 절손되었을 때

나. 윤활유 압력이 높을 때

사. 노킹현상이 심할 때

아. 기관이 위험 회전수로 운전될 때

해설 기관의 진동이 심할 경우
① 위험 회전수로 운전을 하고 있을 때
② 기관 대 볼트가 풀렸거나 부러졌을 때
③ 기관이 노킹을 일으킬 때와 각 실린더의 최고압력이 고르지 않을 때
④ 각 베어링 틈새가 너무 클 때
⑤ 기관이 노킹을 일으켰을 때

11 디젤기관에서 실린더 라이너에 윤활유를 공급하는 주된 이유는?

가. 불완전 연소를 방지하기 위해

나. 연소 가스의 누설을 방지하기 위해

사. 피스톤의 균열 발생을 방지하기 위해

아. 실린더 라이너의 마멸을 방지하기 위해

해설 실린더 라이너 윤활유
• 역할 : 마멸 방지
• 점도가 너무 높은 윤활유 사용의 영향 : 기름의 내부 마찰 증대, 윤활 계통의 순환이 불량, 유막이 두꺼워짐, 시동이 곤란해지고 기관출력이 떨어짐

12 소형 가솔린기관의 윤활유 계통에 설치되지 않는 것은?

가. 오일 팬　　　　나. 오일 펌프

사. 오일 여과기　　아. 오일 가열기

해설 연료유(오일) 가열기 : 연료유를 기관에 적합한 점도로 공급하기 위해서 가열한다.

13 소형기관에서 윤활유를 오래 사용했을 경우에 나타나는 현상으로 옳지 않은 것은?

가. 색상이 검게 변한다.

나. 점도가 증가한다.

사. 침전물이 증가한다.

아. 혼입수분이 감소한다.

해설 윤활유를 오래 사용했을 경우 오일의 산화에 의해 윤활유에서 존재하는 수분이나 불순물이 증가한다.

14 양묘기의 구성 요소가 아닌 것은?

가. 구동 전동기　　나. 회전드럼

사. 제동장치　　　아. 플라이휠

해설 양묘기(windlass, 윈드라스) : 닻을 바다 속으로 투하하거나 감아올릴 때 사용되는 설비이다. 양묘기는 체인 드럼(chain drum), 클러치(clutch), 마찰 브레이크, 워핑 드럼, 원동기 등으로 구성되어 있다.

15 가변피치 프로펠러에 대한 설명으로 가장 적절한 것은?

　가. 선박의 속도 변경은 프로펠러의 피치조정으로만 행한다.

　나. 선박의 속도 변경은 프로펠러의 피치와 기관의 회전수를 조정하여 행한다.

　사. 기관의 회전수 변경은 프로펠러의 피치를 조정하여 행한다.

　아. 선박을 후진해야 하는 경우 기관을 반대방향으로 회전시켜야 한다.

　[해설] 프로펠러의 종류 : 고정 피치 프로펠러(날개를 움직여 피치를 조정할 수 없는 프로펠러), 가변 피치 프로펠러(날개를 움직여 피치를 조절할 수 있는 프로펠러, 추진축이 한 방향으로만 회전하여도 전·후진이 가능)

16 원심펌프에서 송출되는 액체가 흡입측으로 역류하는 것을 방지하기 위해 설치하는 부품은?

　가. 회전차　　　　나. 베어링

　사. 마우스링　　　아. 글랜드패킹

　[해설] 마우스 링(mouth ring) = 웨어링 링(wearing ring) : 회전차에서 송출되는 액체가 흡입구 쪽으로 역류하는 것을 방지하기 위해서 케이싱과 회전차 입구 사이에 설치

17 기관실에서 가장 아래쪽에 있는 것은?

　가. 킹스톤밸브　　　나. 과급기

　사. 윤활유 냉각기　　아. 공기 냉각기

　[해설] 킹스톤 밸브란 주 해수 흡입밸브이며, 일반적으로 기관실의 바닥에 설치된다.

18 기관실의 220[V], AC 발전기에 해당하는 것은?

　가. 직류 분권발전기

　나. 직류 복권발전기

　사. 동기발전기

　아. 유도발전기

　[해설] 교류(AC) 발전기[동기 발전기]
　• 대표적인 교류 발전기의 하나로 계자석과 전기자의 상대적 회전에 따라 전기자로부터 단상 또는 3상의 교류 전력을 발생시키는 발전기
　• 동기 속도로 회전하는 교류 발전기를 동기 발전기라고 하는데 배에서 사용하는 교류 발전기임
　• 교류발전기의 특징 : 저속에서 충전이 가능, 전압조정기만 필요, 소형 경량 등

19 납축전지의 방전종지전압은 전지 1개당 약 몇 [V]인가?

　가. 2.5[V]　　　　나. 2.2[V]

　사. 1.8[V]　　　　아. 1[V]

　[해설] 납축 전지의 용량
　• 기전력 : 보통 2.0~2.1[V]
　• 비상용 납축전지의 전압 : 24[V]
　• 납축전지 용량 : 방전 전류[A] × 방전 시간[h]
　　→ [Ah : 암페어시]
　• 방전종지전압 : 1.8V

20 납축전지의 용량을 나타내는 단위는?

　가. [Ah]　　　　나. [A]

　사. [V]　　　　아. [kW]

　[해설] 19번 문제 해설 참조

21 1마력(ps)이란 1초 동안에 얼마의 일을 하는가?

　가. 25[kgf·m]　　　나. 50[kgf·m]

　사. 75[kgf·m]　　　아. 102[kgf·m]

　[해설] 동력의 단위
　　킬로와트(kW), 마력(1PS=75kgf·m/s)

22 디젤기관의 윤활유에 물이 다량 섞이면 운전 중 윤활유 압력은 어떻게 되는가?

　가. 압력이 평소보다 올라간다.

　나. 압력이 평소보다 내려간다.

　사. 압력이 0으로 된다.

　아. 압력이 진공으로 된다.

　[해설] 기름과 물이 혼합되어 유화 현상이 일어나면, 윤활유의 산화가 촉진되고, 윤활 성능이 급격히 저하되며, 윤활유 압력은 평소보다 내려간다. 또 슬러지의 형성으로 각종 장애가 일어나기 쉽게 된다.

23 디젤기관을 장기간 정지할 경우의 주의사항으로 옳지 않은 것은?

　가. 동파를 방지한다.

　나. 부식을 방지한다.

　사. 주기적으로 터닝을 시켜준다.

　아. 중요 부품은 분해하여 보관한다.

정답_ 15 나　16 사　17 가　18 사　19 사　20 가　21 사　22 나　23 아

해설 디젤기관을 장기간 휴지할 때의 주의 사항
- 동파와 부식에 주의
- 정기적으로 터닝을 시켜 줌
- 냉각수를 전부 빼고, 각 운동부에 그리스를 도포
- 각 밸브 및 콕을 모두 잠금

24 연료유의 비중이란?

가. 부피가 같은 연료유와 물의 무게 비이다.

나. 압력이 같은 연료유와 물의 무게 비이다.

사. 점도가 같은 연료유와 물의 무게 비이다.

아. 인화점이 같은 연료유와 물의 무게 비이다.

해설 비중(specific gravity) : 부피가 같은 기름의 무게
와 물의 무게의 비(비중(밀도) = $\dfrac{질량}{부피}$
즉, 질량[무게]=비중×부피)

25 연료유 1,000[cc]는 몇 [l]인가?

가. 1[l]   나. 10[l]

사. 100[l]   아. 1,000[l]

해설 1,000cc = 1[l]

하루 전, 시험장 총정리 파이널 *100*선

01 우리나라에 영향을 미치는 난류는?
　가. 쿠로시오해류　　나. 북적도해류
　사. 북태평양해류　　아. 리만해류

02 등광은 꺼지지 않고 등색만 교체되는 등화를 무엇이라고 하나?
　가. 부동등　　　　　나. 섬광등
　사. 명암등　　　　　아. 호광등

03 우리나라에서 방위표시의 두표(Top Mark)로 사용하는 것은?
　가. 흑색 원뿔꼴2개
　나. 흑색 원통형 2개
　사. 흑색 둥근꼴2개
　아. 적색 둥근꼴2개

04 조석표를 이용하여 임의 항만의 조고를 구하는 방법은?
　가. 표준항의 조고에서 인근항의 평균해면을 뺀 값에 조고비를 곱하고 그 값에 임의 항만의 평균해면을 더한다.
　나. 표준항의 조고에서 표준항의 평균해면을 뺀 값에 조고비를 곱하고 그 값에 임의 항만의 평균해면을 더한다.
　사. 인근항의 조고에서 인근항의 평균해면을 뺀 값에 조고비를 곱하고 그 값에 임의 항만의 평균해면을 더한다.
　아. 인근항의 조고에서 표준항의 평균해면을 뺀 값에 조고비를 곱하고 그 값에 임의 항만의 평균해면을 더한다.

05 두 물표가 일직선상에 겹쳐 보일 때 구해지는 위치선은 무엇인가?
　가. 진위선　　　　　나. 항정선
　사. 중시선　　　　　아. 수평선

06 충분한 건현을 유지하도록 하는 이유는?
　가. 선속을 빠르게 하기 위함이다.
　나. 선박의 부력을 줄이기 위함이다.
　사. 화물의 적재를 용이하게 하기 위함이다.
　아. 예비 부력을 증대시키기 위함이다.

07 우선회 고정피치 단추진기를 설치한 선박에서 외력이 없을 때 정지상태에서 후진을 걸면 일반적으로 선수의 편향은?
　가. 선수 직후진　　　나. 선수 좌회두
　사. 좌로 평행후진　　아. 선수 우회두

08 북서태평양에서 발생하는 열대성 폭풍우를 무엇이라 하는가?
　가. 허리케인　　　　나. 태풍
　사. 사이클론　　　　아. 윌리윌리

09 전진 전속 중에 기관을 후진 전속으로 걸어서 선체가 물에 대하여 정지 상태가 될 때까지 진출한 최단 정지거리와 관계있는 타력은?
　가. 반전타력　　　　나. 정지타력
　사. 회두 타력　　　　아. 발동 타력

10 경사된 선박이 원위치로 되돌아가려는 성질은?
　가. 중심　　　　　　나. 부력
　사. 선회성　　　　　아. 복원성

11 야간에 사용하는 신호가 아닌 것은?

　가. 낙하산 신호　　　나. 신호홍염

　사. 전등　　　　　　아. 발연부신호

12 소형 디젤기관에서 피스톤과 연접봉을 연결하는 부속장치는?

　가. 피스톤 핀　　　　나. 크랭크 핀

　사. 크랭크핀 볼트　　아. 크랭크 암

13 전기기기의 절연 시험이란?

　가. 전류의 크기 측정

　나. 선로와 비선로 사이의 저항 측정

　사. 전압의 크기 측정

　아. 전기기기의 작동여부 확인

14 해사안전법상 어로에 종사하고 있는 선박은 어떤 선박의 진로를 피해야 하는가?

　가. 길이 7미터 미만의 소형선

　나. 수상항공기

　사. 조종불능선

　아. 쾌속 여객선

15 해사안전법상 다른 선박과 충돌을 피하기 위하여 적절하고 효과적인 동작을 취하거나 당시 상황에 알맞은 거리에서 선박을 멈출 수 있도록 하는 속력은?

　가. 경제속력　　　　나. 항해 속력

　사. 제한된 속력　　　아. 안전 속력

16 선박이 여객이나 화물을 싣고 안전하게 항행할 수 있는 최대한의 흘수는?

　가. 선수 흘수　　　　나. 만재 흘수

　사. 중앙 흘수　　　　아. 선미 흘수

17 온도계의 어는점(빙점)의 눈금을 32°, 끓는점의 눈금을 212°로 정하고, 그 사이를 180등분 한 것은?

　가. 섭씨 온도　　　　나. 화씨 온도

　사. 한랭 온도　　　　아. 해수 온도

18 디젤기관의 시동이 잘 되지 않는 이유가 아닌 것은?

　가. 실린더 내 연료 분사가 잘 되지 않거나 양이 극히 적을 때

　나. 실린더 내 압축압력이 너무 낮을 때

　사. 실린더의 온도가 높을 때

　아. 불량한 연료유를 사용했을 때

19 디젤기관의 운전 중 매일 점검 및 시행해야 할 사항으로 옳지 않은 것은?

　가. 연료분사밸브의 분사 압력 및 분무 상태 점검

　나. 감속기 및 과급기의 윤활유량 점검

　사. 연료유 탱크의 유량 및 탱크 하부의 드레인 배출

　아. 주기관의 윤활유량 점검

20 디젤기관에서 각 실린더의 출력이 고르지 못한 원인으로 옳은 것은?

　가. 윤활계통이 누설한다.

　나. 압축불량인 실린더가 있다.

　사. 조속기가 고장났다.

　아. 윤활유의 질이 나쁘다.

21 왕복 펌프에 공기실을 설치하는 주 목적은?

　가. 발생되는 공기를 모아 제거시키기 위하여

　나. 송출유량을 균일하게 하기 위하여

　사. 펌프의 발열을 방지하기 위하여

　아. 공기의 유입이나 액체의 누설을 막기 위하여

22 해사 안전법상 서로 시계 안에 있는 2척의 동력선이 항행 중 마주치는 상태에서 충돌의 위험이 있을 때 항법으로 옳은 것은?

　가. 양 선박이 속력을 증가시킨다.

　나. 작은 배가 큰 배를 피한다.

　사. 서로 좌현 변침하여 피한다.

　아. 서로 우현 변침하여 피한다.

23 해사안전법상 선박의 물에 대한 속력으로서 자기 선박 또는 다른 선박의 추진장치의 작용이나 그로 인한 선박의 타력에 의하여 생기는 속력을 무엇이라 하는가?

가. 평균속력　　　나. 최저속력

사. 대지속력　　　아. 대수속력

24 선박의 입항 및 출항 등에 관한 법률상 무역항의 수상구역등의 항로에서 항법을 잘못 기술한 것은?

가. 항로를 항행하는 선박은 항로 밖으로 나가는 선박의 진로를 피해여야 한다.

나. 범선은 항로에서 지그재그로 항행하지 못한다.

사. 선박은 항로에서 나란히 항행하지 못한다.

아. 선박이 항로에서 다른 선박과 마주칠 우려가 있는 경우에는 오른쪽으로 항행하여야 한다.

25 해양환경관리법상 해양환경의 보전.관리를 위하여 필요하다고 인정되는 경우에 지정.고시할 수 있는 해역의 명칭은?

가. 환경관리해역

나. 해양환경 생태해역

사. 오염물질 관리해역

아. 해양환경 조사해역

26 자기 컴퍼스를 사용하는 용도가 아닌 것은?

가. 선박의 침로유지에 사용

나. 물표의 방위측정에 사용

사. 선박의 속력을 측정하는 데 사용

아. 타선의 방위변화를 확인하는 데 사용

27 자침방위가 069°이고, 그 지점의 편차가 9°E일 때 진 방위는?

가. 060°　　　나. 069°

사. 070°　　　아. 078°

28 축척이 1//50,000 이하로서 연안 항해에 사용하는 것이며, 연안의 상황을 상세하게 그린 해도는?

가. 항박도　　　나. 해안도

사. 항해도　　　아. 총도

29 표준항의 조시를 이용하여 임의 항만의 조시를 구하는 데 사용되는 것은?

가. 거리표　　　나. 등대표

사. 항로지　　　아. 조석표

30 오차 삼각형이 생길 수 있는 선위 결정법은?

가. 수심 연측법　　　나. 4점 방위법

사. 양측 방위법　　　아. 교차 방위법

31 시각신호를 할 때 최상부에 무슨 기류신호를 게양하는가?

가. 엘(L)기　　　나. 큐(Q)기

사. 티(T)기　　　아. 제트(Z)기

32 운전 중인 기관이 갑자기 정지하였을 경우의 원인으로 옳지 않은 것은?

가. 연료유의 부족

나. 연료유 여과기의 막힘

사. 시동밸브의 누설

아. 조속 장치의 고장

33 디젤기관에서 피스톤의 왕복운동을 커넥팅로드에 의해 회전운동으로 변화시키고 이 회전력을 중간축 또는 프로펠러축에 전달하는 역할을 하는 것은?

가. 피스톤　　　나. 크랭크 축

사. 메인 베어링　　　아. 피스톤 핀

34 디젤기관의 고정부에 해당하는 부품은?

가. 실린더　　　나. 피스톤

사. 연접봉　　　아. 플라이 휠

35 해사안전법상 항행 중인 동력선이 대수속력이 있는 경우 안개로 인하여 부근의 항행하는 선박이 보이지 않을 때 울리는 신호는?

가. 장음 1회 단음 2회

나. 단음 2회 장음 2회 단음 1회

사. 2분을 넘지 않는 간격으로 장음 1회

아. 2분을 넘지 않는 간격으로 장음 2회

36 해사안전법상 전주등은 몇 도에 걸치는 수평의 호를 비추는가?

가. 112.5° 나. 135°

사. 225° 아. 360°

37 해양에 기름 등 폐기물이 배출되는 경우의 방제를 위한 응급 조치사항으로 옳지 않은 것은?

가. 배출된 기름 등의 회수조치

나. 선박의 손상부위의 긴급수리

사. 기름 등이 빨리 희석되도록 고압의 물을 분사

아. 기름 등 폐기물의 확산을 방지하는 울타리(Fence)의 설치

38 자기 컴퍼스를 사용하는 용도가 아닌 것은?

가. 선박의 침로유지에 사용

나. 물표의 방위측정에 사용

사. 선박의 속력을 측정하는 데 사용

아. 타선의 방위변화를 확인하는 데 사용

39 피험선이나 컴퍼스 오차를 측정하고자 할 때 가장 정확도가 높은 것은?

가. 교차 방위에 의한 위치선

나. 수평 협각에 의한 위치선

사. 중시선

아. 수심 측정에 의한 위치선

40 선저부의 선체나 키가 부식되는 것을 방지 하기 위해 부착하는 것은?

가. 동판 나. 아연판

사. 주석판 아. 아크릴판

41 선박의 복원성 및 안전성에 대한 설명으로 옳은 것은?

가. 선폭이 감소함에 따라 복원력은 커진다.

나. 건현의 크기를 감소시키면 무게 중심은 상승하나 복원력에 대응하는 경사각이 커진다.

사. 선박의 현호는 능파성을 증가시킬 뿐만 아니라 갑판의 끝단이 물이 잠기는 것을 방지하여 복원력을 증가 시킨다.

아. 배수량의 크기를 증가시키면 복원력은 상대적으로 급격히 감소한다.

42 저기압에 대한 설명으로 옳은 것은?

가. 기압이 1,000 헥토파스칼 이하이다.

나. 기압이 1,013 헥토파스칼 이하이다.

사. 주위와 비교하여 기압이 낮은 곳이다.

아. 우리나라 여름철에는 온대성 저기압이 자주 온다.

43 디젤기관의 운전 중 진동이 심해지는 원인이 아닌 것은?

가. 기관대의 설치 볼트가 이완 또는 절손 되었을 때

나. 기관의 윤활유 압력이 높을 때

사. 기관에서 노킹이 심해질 때

아. 기관이 위험회전수로 운전될 때

44 디젤기관에서 연료유관 계통의 프라이밍 완료는 어떠한 상태로 판단하는가?

가. 아무것도 나오지 않을 때

나. 공기만 나왔을 때

사. 연료유만 나왔을 때

아. 연료유와 공기의 거품이 나왔을 때

45 디젤기관에서 플라이휠의 가장 중요한 역할은?

가. 크랭크 축의 회전력을 균일하게 해준다.

나. 실린더 내를 왕복 운동하여 새로운 공기를 흡입하고 압축한다.

사. 회전속도의 변화를 크게 한다.

아. 피스톤의 상사점 눈금을 표시한다.

46 해양환경관리법에 의해 규제되는 해양오염 물질이 아닌 것은?

가. 기름 나. 쓰레기

사. 분뇨 아. 방사성 물질

47 서로 시계 안에 있는 선박이 접근해 오고 있는 경우 다른 선박의 의도 또는 동작을 이해할 수 없을 때 울리는 기적 신호는 어느 것인가?

가. 장음 5회 이상

나. 장음 3회 이상

사. 단음 5회 이상

아. 단음 3회 이상

48 해사안전법상 '다른 선박과의 충돌을 피하기 위한 동작이 아닌 것은?

가. 무선 통신으로 상대 선박의 의도를 확인한 후 동작을 취한다.

나. 충분한 시간적 여유를 두고 적극적으로 동작을 취한다.

사. 변침 동작은 될 수 있으면 크게 한다.

아. 안전한 거리를 두고 통과할 수 있도록 취한 동작의 효과를 다른 선박이 완전히 통과할 때까지 주의 깊게 확인한다.

49 선박의 동료로 비너클이 기울어지는 볼을 항상 수평으로 유지시켜 주는 장치는?

가. 피벗　　　　나. 컴퍼스 액

사. 짐벌스　　　아. 섀도 핀

50 와이어 로프의 취급에 대한 설명으로 옳지 않은 것은?

가. 마찰 부분에 기름을 치거나 그리스를 바른다.

나. 사리를 옮길 때 나무판에서 굴리면 안 된다.

사. 시일이 경과함에 따라 강도가 떨어지므로 주의해서 덮어둔다.

아. 사용하지 않을 때는 와이어 릴에 감고 캔버스 덮개를 덮어준다.

51 다량의 오렌지색 연기를 4~5분간 발연하는 신호는?

가. 낙하산 신호　　나. 신호홍염

다. 신호거울　　　라. 발연부신호

52 디젤기관에서 피스톤의 왕복운동을 커넥팅 로드에 의해 회전운동으로 변화시키고 이 회전력을 중간축 또는 프로펠러 축에 전달하는 역할을 하는 것은?

가. 피스톤　　　　나. 크랭크축

사. 메인 베어링　　아. 피스톤 핀

53 디젤기관에서 배기가스 색이 흑색일 때의 원인이 아닌 것은?

가. 불완전 연소

나. 과부하

사. 연료속의 수분 혼입

아. 공기부족

54 납축전지의 전해액으로 많이 사용되는 것은?

가. 묽은 황산 용액

나. 알칼리 용액

사. 가성소다 용액

아. 청산가리 용액

55 연료유관 내에서 기름이 흐를 때 가장 큰 영량을 미치는 것은?

가. 발열량　　　　나. 점도

사. 비중　　　　　아. 세탄가

56 해사안전법상 장음1회 기적신호는 몇초 동안 울리는 것인가?

가. 1~2초　　　　나. 2~3초

사. 4~6초　　　　아. 6~8초

57 예인선이 다른 선박을 끌고 있는 경우 예선등을 표시해야 하는 곳은?

가. 선수　　　　　나. 선미

사. 선교　　　　　아. 마스트

58 선수에서 선미에 이르는 건현 갑판의 만곡을 무엇이라 하는가?

가. 현호　　　　　나. 선체 중앙

사. 선미 돌출부　　아. 우현

59 "조금"에 대한 설명으로 옳은 것은?

　가. 삭과 망이 지난 뒤 1~2일 만에 생긴 조
　　 차가 극대인 조석
　나. 삭과 망이 지난 뒤 1~2일 만에 생긴 조
　　 차가 극소인 조석
　사. 상현 및 하현이 지안 뒤 1~2일 만에 생
　　 긴 조차가 극대인 조석
　아. 상현 및 하현이 지난 뒤 1~2일 만에 생
　　 긴 조차가 극소인 조석

60 4행정 기관의 작동 순서를 바르게 배열한 것은?

　가. 흡입 → 압축 → 작동 → 배기
　나. 흡입 → 팽창 → 압축 → 배기
　사. 배기 → 압축 → 팽창 → 흡입
　아. 배기 → 팽창 → 압축 → 흡입

61 디젤기관에서 피스톤링의 고착 원인이 아닌
　것은?

　가. 모든 링을 동시에 새 것으로 갈아 넣었
　　 을 때
　나. 링의 절구 틈이 과소 또는 과대할 때
　사. 연소 불량으로 링에 카본이 많이 부착되
　　 었을 때
　아. 실린더유 주유량이 아주 부족할 때

62 실린더 라이너에 윤활유를 공급하는 가장 근본
　적인 목적은?

　가. 연소가스의 누설을 방지한다.
　나. 실린더 라이너의 마멸을 방지한다.
　사. 피스톤의 균열 발생을 방지한다.
　아. 불완전 연소를 방지한다.

63 통항 분리 수역의 유지 쪽 경계선과 해안사이의
　수역을 무엇이라 하는가?

　가. 통항로　　　　나. 분리대
　사. 선회 해역　　　아. 연안통항대

64 유해액체물질기록부는 최종기재한 날로부터 몇
　년간 보존해야 하는가?

　가. 1년　　　　　나. 2년
　사. 3년　　　　　아. 5년

65 자차를 변하게 하는 요인으로 볼 수 없는 것은?

　가. 선수방위의 변화
　나. 선체의 경사
　사. 선저탱크 내로의 주수
　아. 선체내의 철구조물 변경

66 해도의 관리에 대한 사항으로 옳지 않은 것은?

　가. 해도를 서랍에 넣을 때는 구격지지 않도
　　 록 주의한다.
　나. 해도는 발행 기관별 번호 순서로 정리하
　　 고, 항해 중에는 사용할 것과 사용한 것
　　 을 분리하여 정리하면 편리하다.
　사. 해도를 운반할 때는 구겨지지 않게 반드
　　 시 펴서 다닌다.
　아. 해도에 사용하는 연필은 2B나 4B연필을
　　 사용한다.

67 선박의 위치를 구하는 위치선 중 가장 정확도가
　높은 것?

　가. 물표의 나침의 방위에 의한 위치선
　나. 중시선에 의한 위치선
　사. 천체의 관측에 의한 위치선
　아. 수심에 의한 위치선

68 다음 내용에 해당하는 통신 설비는?

> 초단파를 이용한 근거리용 통신 설비로 선
> 박 상호간 또는 출·입항시 선박과 항만 관
> 제소와의 교신에 주로 사용된다.

　가. 무선전신
　나. 팩시밀리
　사. 에스에스비(SSB) 무선 전화
　아. VHF 무선 전화

69 태풍 피항 조종법으로 옳지 않은 것은?

　가. 태풍 중심으로 조기에 파악하고 지름길을 택하여 항해한다.

　나. 태풍 중심의 좌반원에 있는 경우 우현선미에서 풍랑을 받도록 한다

　사. 태풍의 중심에서 멀어지도록 조선한다.

　아. 태풍 중심의 우반원에 있는 경우 우현선수에서 충량을 받도록 한다.

70 화물선에서 복원성을 확보하기 위한 방법으로 옳지 않은 것은?

　가. 선체의 길이 방향으로 화물을 배치한다.

　나. 선저부의 탱크에 밸러스트를 적재한다.

　사. 가능하면 높은 곳의 중량물을 아래쪽으로 옮긴다.

　아. 연료유나 청수를 공급 받는다.

71 디젤기관에서 스러스트 베어링의 역할로 옳은 것은?

　가. 축을 지지하는 역할

　나. 회전운동을 원운동으로 바꾸는 역할

　사. 프로펠러의 추력을 선체에 전달하는 역할

　아. 연접봉을 받치는 역할

72 해도상에 표시되어 있는 등질 표시 중 GP. Fl. (3) 20sec란 무슨 뜻인가?

　가. 군섬광으로 20초 간격으로 연속적인 3번의 섬광을 반복한다.

　나. 군섬광으로 20초간 발광하고 3초간 쉰다.

　다. 군섬광으로 3초간 발광하고 20초간 쉰다.

　라. 군섬광으로 3초에 20회 이하로 섬광한다.

73 선박의 레이더에서 발사된 전파를 받은 때에만 응답전파를 발사하는 전파표지는?

　가. 레이콘(Racon)

　나. 레이마크(Ramark)

　사. 토킹 비콘(Talking beacon)

　아. 무선방향탐지기(RDF)

74 디젤기관에서 연료분사조건 중 분사되는 연료유가 극히 미세화되는 것을 무엇이라 하는가?

　가. 관통　　　　　나. 무화

　사. 분포　　　　　아. 분산

75 선박의 밑바닥에 고인 액상유성혼합물을 해양환경관리법에서 무엇이라 하는가?

　가. 선저 폐수　　　나. 선저 세정수

　다. 선저 유류　　　라. 윤활유

76 연안에서 많이 사용하는 방법으로 뚜렷한 물표 2, 3개를 이용하여 선위를 구하는 방법을 무엇이라 하는가?

　가. 4점 방위법　　 나. 교차방위법

　다. 수심연측법　　 라. 3표 양각법

77 해도상에서 침선을 나타내는 영문기호는?

　가. Bk　　　　　나. Wk

　사. Sh　　　　　아. Rf

78 연중 해면이 그 이상으로 낮아지는 일이 거의 없다고 생각되는 수면을 무엇이라고 하는가?

　가. 평균수면　　　나. 기본수준면

　사. 일조부등　　　아. 월조간격

79 합성 섬유로프가 아닌 것은?

　가. 마닐라 로프

　나. 나일론로프

　사. 폴리프로필렌 로프

　아. 폴리에틸렌 로프

80 선박에서 주로 사용하는 기압계는?

　가. 아네로이드 기압계

　나. 수은 기압계

　사. 자기 기압계

　아. 해수 기압계

81 기관이 정해진 회전속도보다 증가 또는 감소하였을 때 연료의 공급량을 자동적으로 조절하여 필요한 회전수로 유지시키는 장치는?

　가. 플라이 휠　　　나. 평형추

　사. 주유기　　　　아. 조속기(거버너)

82 교류 전등 및 동력 회로에 사용하는 우리나라의 표준 주파수는?

가. 50[Hz] 　　나. 60[Hz]
사. 80[Hz] 　　아. 120[Hz]

83 해사안전법상 '조종불능선'에 해당하는 선박은?

가. 고장으로 주기관을 사용할 수 없는 선박
나. 선장이 질병으로 위독한 상태인 선박
사. 어구를 끌고 있는 선박
아. 기적신호 장치를 사용할 수 없는 선박

84 다음 설명 중에서 섬유로프 취급시 주의 사항으로 틀린 것은?

가. 항상 건조한 상태로 보관한다.
나. 마찰이 심한 곳에는 마찰포나 캔버스를 감아서 보호한다.
사. 로프에 기름이 스며들면 강해지므로 그대로 둔다.
아. 산성이나 알칼리성 물질에 접촉되지 않도록 한다.

85 청수, 기름 등의 액체가 탱크 내에 가득차 있지 않을 경우 선체 동요시에 그 액체들이 유동하면 복원력은 어떻게 되는가?

가. 증가한다.
나. 증가하는 경우가 많다.
사. 감소한다.
아. 아무런 영향을 받지 않는다.

86 전류의 흐름을 방해하는 성질인 저항의 단위로 옳은 것은?

가. [V] 　　나. 암페어[A]
사. [Ω] 　　아. [KW]

87 운전 중인 기관이 갑자기 정지하였을 경우 그 원인으로 옳지 않은 것은?

가. 연료유의 부족
나. 연료유 여과기의 막힘
사. 시동밸브의 누설
아. 조속장치의 고장

88 연료유 저장탱크에 연결되어 있지 않은 것은?

가. 측심관 　　나. 빌지관
사. 주입관 　　아. 공기배출관

89 해양오염방지설비 등을 선박에 최초로 설치하여 항행에 사용하고자 할 때 받는 검사는?

가. 정기검사 　　나. 임시검사
사. 특별검사 　　아. 제조검사

90 디젤기관을 시동한 후의 점검사항으로 옳지 않은 것은

가. 윤활유 압력
나. 각 운동부의 이상 여부
사. 배전반의 전압계 정상 여부
아. 냉각수의 원활한 공급 여부

91 다음 중 조난신호에 해당되지 않는 것은?

가. 약 1분간을 넘지 아니하는 간격의 총포 신호
나. 자기발연부 신호
사. 로케트 및 낙하산 신호
아. 지피에스 신호

92 윤활유 펌프는 주로 ( )를 사용한다. ( )에 알맞은 말은?

가. 플런저펌프 　　나. 기어펌프
사. 원심펌프 　　아. 분사펌프

93 디젤기관에서 배기가스의 온도가 상승하는 원인이 아닌 것은?

가. 과급기의 작동 불량
나. 흡입공기의 냉각 불량
사. 배기밸브의 누설
아. 윤활유 압력의 저하

94 자북이 진북의 오른쪽에 있을 때 이를 무엇이라 부르는가?

가. 편서편차 　　나. 편동자차
사. 편동편차 　　아. 편서자차

95 피스톤링의 고착 원인이 아닌 것은?

가. 모든 링을 동시에 새 것으로 갈아 넣었을 때

나. 절구 틈이 과소 또는 과대할 때

사. 연소 불량으로 링에 카본이 많이 부착되었을 때

아. 실린더유 주유량이 아주 부족할 때

96 정박 중의 황천 준비 사항으로 틀린 것은?

가. 이동물을 고정시킨다.

나. 하역 작업을 중지한다.

사. 선체 개구부를 개방한다.

아. 기관을 항상 사용할 수 있도록 준비한다.

97 야간에 본선의 정선수 방향으로 다른 선박의 마스트등과 양현등을 동시에 본다면 그 선박과는 어떠한 상태인가?

가. 횡단하는 상태 관계

나. 서로 마주치는 상태

사. 추월과 피추월 상태

아. 안전한 상태

98 가까이 있는 다른 선박으로부터 단음 2회의 기적신호를 들었다. 그 선박이 취하고 있는 동작은 무엇인가?

가. 우현변침   나. 좌현변침

사. 감속   아. 침로유지

99 다음 중 윤활유 온도의 상승 원인이 아닌 것은?

가. 윤활유 압력이 낮고 윤활유량이 부족한 경우

나. 윤활유 냉각기의 냉각수 온도가 낮을 경우

사. 윤활유의 불량 또는 열화가 된 경우

아. 주유 부분이 과열 또는 고착을 일으킨 경우

100 다음 출력의 종류 중 동일기관에서 가장 큰 값은?

가. 도시마력   나. 제동마력

사. 전달마력   아. 유효마력

01 가	02 아	03 가	04 나	05 사	06 아	07 아	08 나	09 가	10 아
11 아	12 가	13 나	14 사	15 아	16 나	17 나	18 사	19 가	20 나
21 나	22 아	23 아	24 사	25 가	26 사	27 아	28 나	29 아	30 아
31 사	32 사	33 나	34 가	35 사	36 아	37 사	38 사	39 사	40 나
41 사	42 사	43 나	44 사	45 가	46 아	47 사	48 가	49 사	50 나
51 라	52 나	53 사	54 가	55 나	56 사	57 나	58 가	59 아	60 가
61 가	62 나	63 나	64 사	65 사	66 사	67 나	68 아	69 가	70 가
71 사	72 가	73 가	74 나	75 가	76 나	77 나	78 나	79 사	80 가
81 아	82 나	83 가	84 사	85 사	86 사	87 사	88 나	89 가	90 사
91 아	92 나	93 아	94 사	95 가	96 사	97 나	98 나	99 나	100 가

참고문헌

- 〈2015 개정 교육 과정 해사고 교과서〉 : 항해사 직무, 전자통신기초, 전자통신운용, 선박운용, 선박보조기계, 열기관, 항해기초, 선박보조기계, 전자통신운용, 기관실무기초, 자동차기관
- 〈2009 개정 교육 과정 해사고 교과서〉 : 선박운용, 항해, 해사법규, 열기관, 선박의장, 선박이론, 해사일반, 선박건조, 자동차기관
- 〈7차 교육 과정 해사고 교과서〉 : 열기관

- 해문도서편찬위원회, 6급 기관사 교본, 2010, 해문출판사
- 조석태, 해양실무 항해학, 1997, 경안기획
- 김성곤 편저, 해양경찰 항해술, 2008, 서울고시각
- 최일영 편저, 해양경찰 기관술, 2015, 서울고시각
- 김성곤 편저, 표준 소형선박조종사, 2007, 해문출판사
- 한국선원선박연구소, 소형선박조종, 2001, 해문출판사
- 오동훈, 6급 항해사 필기, 2018, 시대고시 기획
- 조성민, 6급 기관사 필기, 2018, 시대고시 기획
- 수상레저 해기사 문제연구소 저, 해기사 시험대비 소형선박조종사 한권으로 끝내기, 2018, 신지원
- 해기사 시험 연구회, 소형선박조종사, 2017, 해광출판사
- 해기사 시험 연구회, 6급 기관사, 2017, 해광출판사
- 강홍주 외, 6급 항해사, 2013, 현대고시사
- 김성곤, 4급 항해사, 2017, 서울고시각
- 선박기관 정비, 2008, 한국산업인력공단
- 장세호, 선박기관 실무, 2009, 청송

적중 TOP 소형선박조종사

초판인쇄 2021년 11월 19일
초판발행 2021년 11월 26일

지은이 | 소형선박 자격연구회
펴낸이 | 노소영
펴낸곳 | 도서출판 마지원

등록번호 | 제559-2016-000004
전화 | 031)855-7995
팩스 | 02)2602-7995
주소 | 서울 강서구 마곡중앙로 171

http://blog.naver.com/wolsongbook

ISBN | 979-11-88127-92-4 (13550)

정가 18,000원
ⓒ 소형선박조종사 필기

좋은 출판사가 좋은 책을 만듭니다.
도서출판 마지원은 진실된 마음으로 책을 만드는 출판사입니다.
항상 독자 여러분과 함께 하겠습니다.